普通高等教育“十三五”规划教材

电磁学

主　编　黄国庆　王　洪
副主编　刘笑兰　徐雪春　王慧琴
王同标　谢卫军

西安交通大学出版社
XI'AN JIAOTONG UNIVERSITY PRESS

内容简介

电磁学是研究电磁现象的规律以及物质的电学和磁学性质的科学，是物理学的一门十分重要的分支学科。电磁学课程成为物理专业的一门十分重要的基础理论课程。该课程的主要特点是通过对电场与磁场的研究来说明宏观领域内各种电磁现象。

全书系统地阐述了电磁现象的基本规律和基本概念，内容包括：静电场、静电场中的导体和电介质、稳恒电流、稳恒磁场、电磁感应、磁介质、交流电、麦克斯韦电磁理论和电磁波。

本书可作为高等学校物理专业电磁学课程教材，也可供其他专业有关教师、学生参考。

图书在版编目(CIP)数据

电磁学/黄国庆，王洪主编. —西安：西安交通大学出版社，2016.12

ISBN 978-7-5605-9215-2

Ⅰ.①电… Ⅱ.①黄…②王… Ⅲ.①电磁学-高等学校-教材 Ⅳ.①O441

中国版本图书馆 CIP 数据核字(2016)第 291222 号

书　　名 电磁学
主　　编 黄国庆　王　洪
责任编辑 任振国　王　蓁

出版发行 西安交通大学出版社
地　　址 (西安市兴庆南路 10 号　邮政编码 710049)
网　　址 http://www.xjtupress.com
电　　话 (029)82668357　82667874(发行中心)
(029)82668315(总编办)
传　　真 (029)82668280
印　　刷 虎彩印艺股份有限公司

开　　本 787mm×1092mm　1/16　**印张** 11.5　**字数** 276 千字
版次印次 2016 年 12 月第 1 版　2016 年 12 月第 1 次印刷
书　　号 ISBN 978-7-5605-9215-2
定　　价 29.50 元

读者购书、书店添货、如发现印装质量问题，请与本社发行中心联系、调换。
订购热线：(029)82665248　(029)82665249
投稿热线：(029)82664954
读者信箱：jdlgy31@126.com

前 言

本书是编者在南昌大学历年使用的电磁学讲义的基础上，按高等教育物理专业电磁学教学大纲修改补充而成的。

本书主要内容包括真空中的静电场、静电场中的导体、静电场中的电介质、稳恒磁场、磁场中的磁介质、电磁感应与电磁场及正弦交流电路。在讲义的基础上，对教学内容做了部分调整。此外，为了便于读者掌握每章的要点和各章知识之间的联系，在每章开始都对该章内容进行了简单说明，章末附有思考题和习题。编者对例题、思考题和习题进行了有针对性的筛选，既考虑了涵盖所有的知识点，又注意了题型的多样性。思考题主要是引导学生深入钻研重要的物理概念和规律；习题是为了巩固并加深学生对电磁学规律的理解，最终学会用所学的书本知识来解决简单的实际问题。

在科学和技术日新月异的现代社会，电磁学的应用必将有更为广阔的前景，它的内容和理论也更加丰富。电磁学是研究电、磁和电磁相互作用现象及其规律与应用的物理学分支学科。它可以分为研究电现象的电学部分、研究磁现象的磁学部分和研究电磁相互作用规律的电磁场理论三个部分。由于电磁现象的普遍存在和广泛应用，电磁学已成为自然科学和技术科学的重要基础，无线电电子学、电工学、材料科学都是以电磁学为基础建立和发展起来的。因而，我们学习电磁学，对掌握电磁运动的基本规律具有重要的意义，还可以深刻体会到自然规律的神奇奥秘。

本书第 1～4 章和第 7 章由黄国庆执笔，第 5 章由徐雪春执笔，第 6 章由王洪执笔，刘笑兰负责习题和审稿。全书由黄国庆统稿。

南昌大学理学院物理系的王慧琴、胡爱荣、魏昇、辛勇、姜卫群、何弦、于天宝、王震东等同志在本书编写过程中提出了很多宝贵意见，在此对于以上各位同仁朋友的热情帮助表示衷心的感谢。

另外在本书的编写过程中还参考了多年来本单位物理专业本科生使用过的一些兄弟院校教材以及其它相关书籍和文献，在此对相关作者致以衷心的感谢。

由于水平有限，本书难免有错漏之处，恳请广大教师和读者批评指正。

编　者

2016 年 9 月

目　录

第 1 章

真空中的静电场

本章将研究的对象是真空中相对观察者静止的电荷及其产生的静电场，探讨它们的基本性质与规律，从静电场的两条最基本的实验规律——库仑定律和场强叠加原理出发，推导出反映静电场性质的两条基本定理——高斯定理和环路定理，并从电荷在电场中受力和电场力对电荷做功两方面引入了电场强度和电势的概念，讨论静电场的研究方法和基本规律，建立静电场的基本方程式。

1.1 电荷性质

从远古开始，无论是东方还是西方都有对电磁现象观察的记载。据记载，古希腊（公元前6世纪）“七贤之一”的哲学家泰利斯发现，毛皮摩擦过的琥珀能够吸引灰尘、绒毛、麦秆等轻小物体，这是人类历史上第一次记载的摩擦起电现象。1600 年，英国女皇伊丽莎白一世的御医吉尔伯特（W. Gilbert）认为，这些摩擦过的物体带上了一种特殊物质而琥珀化了，他给这种物质定名为电荷。我国东汉初期（公元 25—220 年）的王充在《论衡》一书中有“顿牟掇芥”等记载，所谓“顿牟”就是琥珀，“掇芥”意即吸引芥草，就是说摩擦琥珀能吸引轻小物体。后来人们发现，许多不同材料的物体相互摩擦后都能吸引轻小物体。

按照原子理论，在每个原子里，电子环绕由中子和质子组成的原子核而运动。一般来说，原子核的线度（即直径）约为 5×10^{-15} m，而原子的线度约为 2×10^{-10} m。这就是说，原子的线度约为原子核线度的 105 倍。在正常情况下，每个原子中的电子数和质子数相等，故整个原子呈电中性。由于电子离原子核较远，特别是最外层的电子，受原子核引力作用很小，容易离去。如果原子中有一个或多个电子离去，原子就表现为带正电，称为正离子；如果一个原子获得了一个或多个电子，原子就表现为带负电，称为负离子。原子失去或获得电子的过程，称为电离。在正常情况下，物质是由电中性的原子组成的，其整体也呈电中性，即物体里正、负电子的代数和为零。通过摩擦或其他方法使物体带电的过程，就是使原子电离而转变为离子的过程。电荷（electric charge）是物体具有的吸引轻小物体的性质，而不是一种特殊物质，应称之为电性。有了电荷的物体称为带电体，除摩擦方法外，其他如感应、剥离、接触等方法也可以使物体带电。物体能产生电磁现象，都归因于物体带上了电荷以及这些电荷的运动。表示物体所带电荷多少程度的物理量称为电量（electric quantity），常用 Q 或 q 表示。

在国际单位制中，它的单位名称为库仑，符号为 C，是一个导出单位。在工程上，常用的电量单位还有毫库（10^{-3}）、微库（10^{-6} C）、纳库（10^{-9} C）和皮库（10^{-12} C）。通过对电荷的各种相互作用和效应的研究，人们现在认识到电荷的基本性质有以下几方面。

1.1.1 电荷守恒定律

由物质的原子结构可知，一般情况下，物体内部的正电荷和负电荷量值相等，物体处于中性状态，使物体带电的过程就是使它获得或失去电子的过程。实验证明，在一个与外界没有电荷交换的封闭系统内发生任何化学的或物理的过程，电荷都只能从一个物体传递到另一个物体，从物体的一部分传递到另一部分，在任何孤立体系中的电量，正负电荷的代数和在任何物理过程中始终保持不变(守恒)。广而言之，对于整个自然界，电荷既不创生，也不能消灭，只能转移，电荷的总量是不变的，这一规律称为电荷守恒定律(law of conservation of charge)。

它不仅在一切宏观过程中成立，而且在一切微观过程中也是成立的，它是电荷的一种重要特性；是物理学守恒定律中的重要规律之一

近代物理研究表明，在粒子的相互作用过程中，电荷是可以产生和消失的，然而电荷守恒并未因此而遭到破坏。例如，一个高能光子(Φ_m 射线)与一个重原子核作用时，该光子可以转化为一个正电子和一个负电子(电子对的"产生")；而一个正电子和一个负电子在一定条件下相遇，又会同时消失而产生两个或三个光子(电子对的"湮灭")。

$$\gamma \rightarrow e^+ + e^- \quad (\text{电子对产生}) \qquad e^+ + e^- \rightarrow \gamma + \gamma \quad (\text{电子对湮灭})$$

在这些过程中，正、负电荷总是成对出现或消失。由于光子不带电，正、负电子又各带有等量异号电荷，故在此微观过程中，尽管粒子产生或消灭了，但过程前后电荷的代数和仍没有变。这便是在微观领域中对电荷既不被创生，也不被消灭的新理解，同时，也表明电荷守恒定律还存在着更深刻的根源。

1.1.2 电荷量子化

1897 年，J. J. 汤姆逊从实验中测出电子的比荷(即电子的电荷与质量之比)。1906—1917 年，密立根(美国物理学家)用液滴法测定了电子电荷，证明微小粒子带电量的变化是不连续的，它只能是基本电荷 e 的整数倍，即粒子的电荷是量子化的。迄今所知，电子是自然界中存在的最小负电荷，质子是最小的正电荷，它们的带电量都是基本电荷的整数倍。由于 R. A. 密立根在基本电荷和光电效应方面的突出贡献，1923 年他获得了诺贝尔物理学奖。

现代物理实验表明，物体得失电子而带电时，其电量只能是电子电量的整数倍，电量的变化必然是不连续的，是以电子的电量为最小单位一份一份地增加或减少的，这一特性称为电荷量子化(charge quantization)。人们把电子的电量(与质子电量等量异号)叫作基本电量，以 e 表示。在通常计算中，这个基本电量值近似为 $e=1.602\times10^{-19}$C。

这样，自然界任何一个带电体的电荷为 $q-ne$，$(n=0,\pm1,\pm2,\cdots)$ 非常之小，以至使电荷的量子性在研究宏观现象的绝大多数实验中未能表现出来。因此，常把带电体当作电荷连续分布的带电体来处理，并认为电荷的变化是连续的。

电荷量子化已在相当高的精度下得到了检验。那么基本电荷 e 是不是最基本的呢？20 世纪 60 年代，由物理学家默里·盖尔曼和乔治·茨威格独立提出夸克模型，理论预言每一个夸克或反夸克可能带有 $\pm\frac{1}{3}e$ 或 $\pm\frac{2}{3}e$ 的电量，然而至今单独存在的夸克尚未在实验中发现。即使人们发现了单个夸克，也只是把基本电量的大小缩小到目前的 $\frac{1}{3}$，电荷的量子化依然不变。

1.1.3　电荷相对论不变性

我们知道在相对论中，随着物体的运动速度增加，物体的质量也要增加。人们自然要问，当带电体的速度增加时，其电量是否发生变化呢？近代物理实验证明，带电体的电量与它的运动状态无关。例如，加速器将电子或质子加速时，随着粒子速度的变化，电量没有任何变化。这样，在不同的参照系中，同一个带电体的运动状态不同，而电量是恒定的，与其运动状态无关。也可以表述为：在不同的参照系内观察，同一带电粒子的电量不变，电荷的这种特性叫作电荷相对论不变性(relativistic invariance electric charge)。

1.2　库仑定律

1747 年，美国科学家富兰克林(B. Franklin，1706—1790)已经得出带同号电荷的物体互相排斥，带异号电荷的物体互相吸引的结论。那么，带电体之间的相互作用力究竟遵循怎样的规律呢？从 18 世纪中期开始就有人对这一问题进行了探索，1750 年左右，法国的埃皮诺斯第一个发现，当相互作用的电荷之间的距离缩短时，两者之间的吸引力或排斥力就增加。后来，英国科学家亨利·卡文迪许(H. Cavendish，1731—1810)采用实验方法研究两个带电体之间的相互作用规律，但他没有公开发表他的这项发现，只是把结果记录在笔记本上。1784—1785 年，法国的库仑(C. A. Coulomb，1736—1806)根据悬丝扭力矩与扭角成正比的关系设计了一台精巧的扭秤，对两个带电小球之间的相互作用力进行了定量研究。

1.2.1　点电荷模型

一般说来，电荷间的相互作用是相当复杂的，其作用力的大小和方向与两个带电体的电量、距离、形状大小和带电体上的电荷分布等因素有关。为了使问题简化，人们引入点电荷这一理想模型作为研究对象。所谓点电荷(point charge)，就是带电体的大小——线度(最大直径)与研究所考虑的距离相比小到可以忽略，而将带电体看成一个没有形状大小的几何点。显然，点电荷的概念与质点、刚体等概念一样，是对实际情况的抽象，是一种理想模型。例如，地球是带负电的球体，在地球附近研究电现象，它可以看作无限大，绝不能看作点电荷；但在太阳系或银河系中，地球就可以被看成点电荷。

此外，点电荷还应具备宏观上无限小和微观上无限大的特性。只有在宏观上无限小，才能将其视为点电荷；而在微观上无限大，才能将带电的基本粒子例如电子和质子的大小忽略，将电荷看成均匀分布而非点状分布。有时不能把一个带电体看成为点电荷，但总可以把它看为许多点电荷的集合体，从而能够由点电荷所遵从的规律出发，得出所要寻找的结论。

点电荷概念需注意下面三点。

(1)点电荷是抽象出来的概念，是理想化的模型，并非真实存在。(从理论上讲就是只有电量而没有大小形状的带电体，由于实际带电体都不可能小到一个点，所以点电荷像质点力学中的质点一样是一种理想化模型。实际上，当带电体的线度比起带电体间的距离小得多时，带电体就可看作是点电荷。)但却使问题大为简化，并且具有重要的理论意义和实际意义。

(2)一个真实的带电体可否视作点电荷，除上述要求外，还取决于讨论问题的精度。但却没有一个绝对的标准。

(3)适用对象和条件是相对于惯性系静止的点电荷。

1.2.2 真空中的库仑定律

1785 年,库仑根据自己有关扭力方面的知识,设计了精确的扭秤进行实验,总结出了电荷相互作用的基本规律,称为库仑定律(coulomb law)。库仑定律开创了电学史上定量研究的先例,为静电学的建立奠定了基础。这一定律的表述如下:

在真空中,两个静止的点电荷 q_1 及 q_2 之间的相互作用力的大小 F 和 q_1 与 q_2 的乘积成正比,和它们之间距离 r 的平方成反比;作用力的方向沿着它们的连线,同号电荷相斥,异号电荷相吸。为了能够同时表示 F 的大小和方向,库仑定律数学表达式的矢量式可写为

$$\boldsymbol{F} = k\frac{q_1q_2}{r^2}\boldsymbol{e}_r \tag{1-1}$$

式中,$\boldsymbol{e}_r$ 是由施力电荷指向受力电荷的矢径方向的单位矢量。在采用 MKSA 制时,$\boldsymbol{F}$ 的单位用牛顿(N),q_1,q_2 的单位用库仑(C),r 的单位用米(m),比例系数 k 的实验测定值为 $k = 8.99\times10^9 \approx 9\times10^9\ \mathrm{N\cdot m^2\cdot C^{-2}}$。为了使电磁学中大多数公式的形式更为简化,人们采用有理化的 MKSA 制时,可令 $k = 1/4\pi\varepsilon_0$ 。

在库仑定律表达式中引入"4π"因子的作法,称为单位制的有理化。这样做的结果虽然使库仑定律的形式变得复杂些,但却使以后经常用到的电磁学规律的表达式因不出现"4π"因子而变得简单。ε_0 称为真空介电常量(或真空电容率)(permittivity of vacuum),是电学中常用的一个常数,实验测定值为 $\varepsilon_0 = 8.85\times10^{-12}\ \mathrm{C^2\cdot N^{-1}\cdot m^{-2}}$。由此可得,库仑定律的最终矢量表达式为

$$\boldsymbol{F} = \frac{1}{4\pi\varepsilon_0}\frac{q_1q_2}{r^2}\boldsymbol{e}_r \tag{1-2}$$

人们称静止电荷之间的相互作用力 $\boldsymbol{F}$ 为静电力,或库仑力。应当注意,式(1-2)只适用于计算真空中两个静止的电荷之间的静电力,这种作用力满足牛顿第三定律。例如,令 $\boldsymbol{F}_{12}$ 代表 q_1 对 q_2 的作用力,$\boldsymbol{e}_{12}$ 代表由 q_1 到 q_2 方向的单位矢量,则

$$\boldsymbol{F}_{12} = \frac{1}{4\pi\varepsilon_0}\frac{q_1q_2}{r^2}\boldsymbol{e}_{12}$$

无论 q_1,q_2 的正负如何,此式都适用。当 q_1,q_2 同号时,$\boldsymbol{F}_{12}$ 沿 $\boldsymbol{e}_{12}$ 方向,即为排斥力,如图 1-1 所示;当 q_1,q_2 异号时,q_1 与 q_2 的乘积为负。$\boldsymbol{F}_{12}$ 沿 $-\boldsymbol{e}_{12}$ 方向,即为吸引力,如图 1-2 所示。当下标 1,2 对调时,$\boldsymbol{e}_{21} = -\boldsymbol{e}_{12}$,故式(1-2)还表明,$q_2$ 给 q_1 的力 $\boldsymbol{F}_{21} = -\boldsymbol{F}_{12}$,即静止电荷之间的库仑力满足牛顿第三定律。应该指出,由于我们所研究的电荷或是处于静止,或是其速度非常小($v\ll c$),都属于低速的情况,牛顿第二定律以及由牛顿第二定律所导出的结论,也都能适用于有库仑力作用的情形。

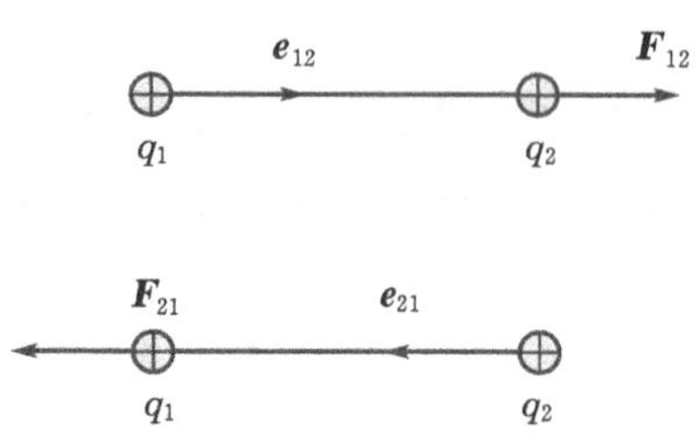

图 1-1 q_1 与 q_2 同号时的作用力

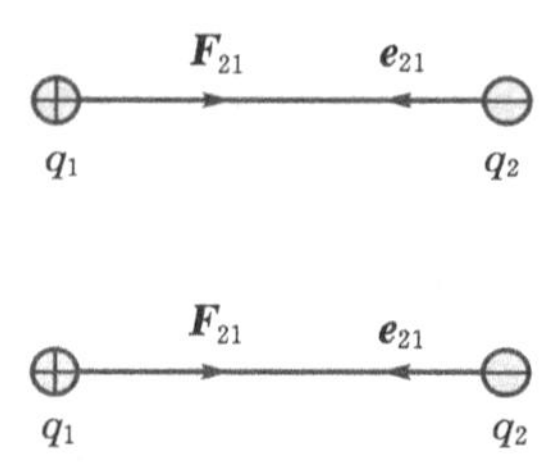

图 1-2 q_1 与 q_2 异号时的作用力

关于库仑定律需要说明的是：

(1)库仑定律只适用于描述真空中两个静止点电荷之间的相互作用。当两个点电荷相对于观察者运动时，若仍用库仑定律表示它们之间的相互作用，则须对结果进行修正。如果运动速度远小于光速，修正量很小。

(2)库仑定律虽然是描述处于真空中的两个点电荷之间的相互作用，但对处于空气中的点电荷也可以适用。因为在通常大气压下，空气对电荷之间相互作用的影响很小，只使作用力的大小偏离其真空中数值的 1/2000 左右。除了空气以外的其他物质对电荷之间的相互作用有较大或很大的影响，将在以后讨论。

(3)库仑定律是关于一种基本力的定律，直接由宏观实验总结出来，是静电场理论的基础。后面将以库仑定律中力与距离平方成反比为基础导出其他重要的电场方程。尽管库仑定律是从宏观带电体的实验结果中总结出来的，但它的正确性不断经历着实验的考验。现代高能粒子散射实验进一步证实，在 r 小到 10^{-17} m 的范围内，库仑定律仍然精确地成立。通过人造地球卫星研究地球的电磁场时，发现库仑定律精确地适用于大到 10^7 m 的范围。这些实验表明，库仑定律在 $10^{-17}\sim10^7$ m 范围内是极其准确、可靠的。

1.2.3　静电力叠加原理

库仑定律决定了两个点电荷之间的静电力的大小和方向。实际上，往往存在多个点电荷同时对某一个点电荷作用的情形。根据力的作用独立性原理，点电荷系对某一点电荷的总静电力等于电荷系中每一个点电荷单独存在时对该点电荷作用力的矢量和，这就是静电力叠加原理(superposition principle of electrostatic force)。

叠加原理是物理学中运用的基本原理之一，若物理量是矢量，其计算则服从平行四边形法则，若为标量则直接相加减，如图 1－3 所示。叠加原理在物理量的合成、运算及公式的推导方面有广泛的应用。

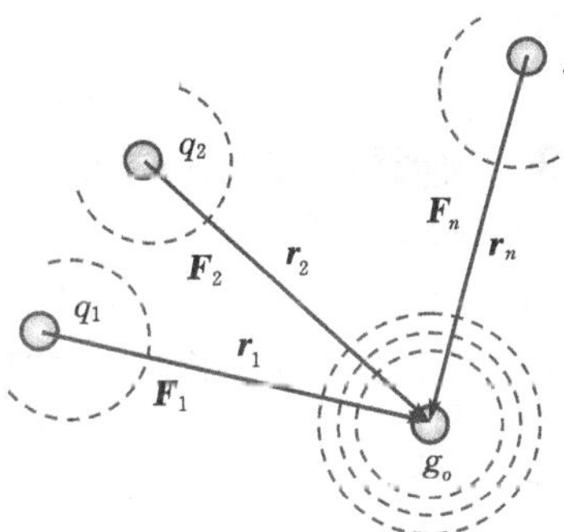

图 1－3　叠加原理

设 $\boldsymbol{F}_1,\boldsymbol{F}_2,\cdots,\boldsymbol{F}_n$ 分别为点电荷 $q_1,q_2,\cdots,q_n$ 单独存在时对点电荷 q_0 作用的静电力，则 q_0 所受静电力的合力 $\boldsymbol{F}$ 的矢量和为

$$\boldsymbol{F}=\boldsymbol{F}_1+\boldsymbol{F}_2+\cdots+\boldsymbol{F}_n=\sum_i^n\boldsymbol{F}_i \qquad (1-3)$$

将库仑定律表达式代入式(1－3)，即得静电力叠加原理的表达式

$$\boldsymbol{F}=\frac{q_0}{4\pi\varepsilon_0}\sum_i^n\frac{q_i}{r_{i0}^2}\boldsymbol{e}_{i0} \qquad (1-4)$$

式中，r_{i0} 为 q_i 与 q_0 之间的距离；$\boldsymbol{e}_{i0}$ 为从点电荷 q_i 指向 q_0 的单位矢量。

实际上，库仑定律与静电力叠加原理是静电学的最基本规律，有关静电学的问题都可用这两条规律解决。例如，在求两个带电体之间的作用力时，若不能把它们当作点电荷，就无法直接应用库仑定律，这时根据上述叠加原理，可将它们划分成无数个能看成为点电荷的小块，求出一个带电体上每一小块对另一带电体上每一小块的相互作用力，再求其矢量和，就可得到两个带电体之间相互作用的静电力。

例 1-1 计算氢原子内电子和原子核之间的静电作用力与万有引力之比值(已知氢原子核质量 $m_2=1840m_1$，m_1 为核外电子质量，$m_1=9.11\times10^{-31}$ kg，$e=1.6\times10^{-19}$ C，$G=6.67\times10^{-11}$ N·m²·kg⁻²。

解 设在氢原子里电子和原子核间的距离为 r，由于电子和原子核所带的电荷等量异号，电量大小均为 e，故电子和原子核间的静电力为吸引力，其大小为

$$f_e=-\frac{1}{4\pi\varepsilon_0}\frac{e^2}{r^2}$$

根据万有引力定律，电子与原子核间的万有引力大小为

$$f_m=G\frac{m_1m_2}{r^2}$$

因此，两力之比值为

$$\frac{f_e}{f_m}=\frac{\frac{e^2}{4\pi\varepsilon_0}}{Gm_1m_2}=\frac{9\times10^9\times(1.6\times10^{-19})^2}{6.67\times10^{-11}\times1840\times(9.11\times10^{-31})^2}$$
$$\approx2.26\times10^{39}$$

上述结果表明，在研究带电粒子的相互作用时，其万有引力比起静电作用力来说是很小很小的，所以它们之间的万有引力通常可以忽略不计。

另外，自然界存在四种力，即强力、弱力、电磁力和万有引力，若把在 10^{-15} m 的尺度上两个质子之间的强力的强度规定为 1，那么其他各力的强度依次是：电磁力学 10^{-2}，弱力为 10^{-9}，万有引力为 10^{-39}。强力和弱力只在 10^{-15} m 的范围之内起作用。于是可以得出这样的结论：在原子的构成、在原子结合或分子以及在固体的形成和液体的凝聚等方面，库仑力都起着主要作用。

1.3 电场 电场强度

库仑定律虽然确定了两个点电荷相互作用的定量关系，但是我们会提出这样的问题：互不接触的两个电荷间的作用力是通过什么方式传递的呢？又如何来描述电场力的性质呢？

1.3.1 电 场

早期的电磁理论对于这个问题的回答，有两种不同观点：超距作用的理论认为，相隔一定距离的两个电荷间的相互作用既不需要传递介质，也不需要传递时间；后来，英国物理学家、化学家法拉第(Michael Faraday，1791—1867)在大量实验研究的基础上，提出了近距作用观点，电荷间的相互作用都必须通过它们的直接接触，或者通过它们之间的媒介传递才能实现。为了解释"近距作用"，法拉第提出了场和力线的概念，并认为带电体对其周围电荷的作用是通过"以太"场来传递的。

近代物理证明，超距作用的观点是错误的，而近距作用的观点认为作用必须有物质的传递是正确的，但"以太"说是错误的，宇宙间不存在任何形式的"以太"。法拉第提出的场的概念是新颖可取的，任何电荷都要在其周围激发电场，电荷相互作用就是借助于电场传递的。电场(electric field)是电荷在其周围空间激发的一种特殊物质。这种特殊物质不是由电子、质子和中子构成的实物物质，而是由光子构成的，同样具有质量、能量和动量等物质属性。电荷所受

到的作用力实际上是由电场施加的，也叫电场力，电荷间的相互作用模式如图 1-4 所示。

如上所述，当有带电体存在时，其周围就伴随有一个电场。如果带电体相对于观察者所在的惯性参考系(例如地球等)是静止的，那么，在这带电体周围存在的电场称为静电场。静电场虽然不能像一般实物那样直接看得见，但是可以从它的对外表现来发现它的存在。静电场对外表现主要有：①引入静电场中的任何带电体都要受到电场所施加的力的作用，库仑力实际上就是这种电场力；②当带电体在静电场中移动时，电场力就将对它做功，即静电场中储存着能量；③静电场能使引入电场中的导体产生静电感应现象，也会使引入电场中的电介质产生极化现象。

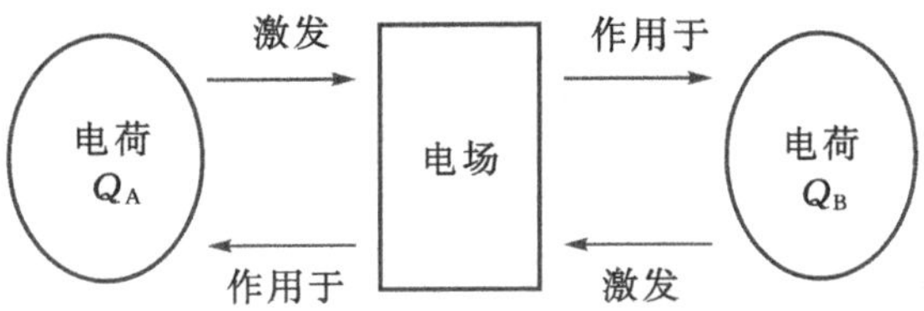

图 1-4　电荷间的作用模式

1.3.2　电场强度

电场的一个重要作用就是传递电荷间的相互作用，电场强度(electric field intensity)是用来定量地描述电场在传递作用方面的性质。为了精确地确定电场强度，在静电场中放入一个试探电荷 q_0，用以观察各点电场对它的作用情况。试探电荷(test charge)应该具有以下两点特征：首先，要求试探电荷 q_0 的电量要充分小，引入该电荷并不会改变原电荷的分布及电场的分布；其次，试探电荷 q_0 的几何尺寸必须很小，当它放在电场中时，它的位置在所取的直角坐标系中可用一组坐标 (x,y,z) 来确定，这样才可以用它来确定空间各点的电场性质。

试探电荷在电场中某一点受到的电场力与其电量的比值为这一点的电场强度矢量，简称场强，用 $\boldsymbol{E}$ 表示，即

$$\boldsymbol{E}=\frac{\boldsymbol{F}}{q_0} \tag{1-5}$$

式(1-5)说明，电场中某点的电场强度(大小和方向)等于位于该点的单位正电荷所受的力。也就是说，某一点的电场强度矢量，其大小等于单位正电荷在该点所受电场力的大小，其方向与正电荷在该点所受电场力的方向一致，与负电荷在该点所受电场力的方向相反。由定义式(1-5)可知，只要知道电场中某一点的场强 $\boldsymbol{E}$，位于该点的试探电荷 q_0 所受到的电场力便可由式(1-6)求得

$$\boldsymbol{F}=q_0\boldsymbol{E} \tag{1-6}$$

如果电场中各点场强的大小和方向都相同，则该电场称为匀强电场(uniform electric field)。在国际单位制，电场强度的单位为牛顿/库仑(N/C)，以后将会讲到电场强度的单位还可以写成伏特/米(V/m)，在电工学中常使用后者。必须指出，电场强度反映了电场本身的性质，电场的存在与否是客观的，与是否引入试探电荷无关，引入试探电荷只是为了检验电场的存在和讨论电场的性质而已。一些电场强度的量值如表 1-1 所示。

表 1-1 电场强度的一些量值

地点(或情况)	量值(N/C)	地点(或情况)	量值(N/C)
铀原子核表面	3×10^{21}	摩擦起电塑料头梳附近	10^{3}
氢原子中离核 5.29×10^{-11}m	5×10^{11}	下层大气层中	10^{2}
空气击穿场强	3×10^{6}	日光灯内	10
电视机的电子枪内	10^{5}	无线电波内	10^{-1}
闪电内	10^{4}	家庭电路电线(铜线)中	10^{-2}

由库仑定律和式(1-5)很容易得到点电荷 q 在与其相距为 r 的 P 点所产生的电场强度

$$\boldsymbol{E}=\frac{1}{4\pi\varepsilon_0}\frac{q}{r^2}\boldsymbol{e}_0 \tag{1-7}$$

式中,单位矢量 $\boldsymbol{e}_0$ 是由 q 指向场点 P 的单位矢径。式(1-7)说明,点电荷 q 在空间某一点产生的电场强度,除与场源电荷有关外,仅与该点与场源的相对位置 r 有关,与试探电荷无关。若 $q>0$,$\boldsymbol{E}$ 与 $\boldsymbol{e}_0$ 同方向,沿矢径向外,呈辐射状;若 $q<0$,则 $\boldsymbol{E}$ 与 $\boldsymbol{e}_0$ 方向相反,沿矢径指向 q,呈汇聚状。

一般来说,描述电场的分布不能靠单个矢量,而是在空间每一点上都要有一个矢量,这些矢量的总体称为矢量场。用数学的语言来说,矢量场是空间坐标的一个矢量函数。在研究电场时,着眼点往往不是个别地方的场强,而是求它与空间坐标的函数关系,可记作 $\boldsymbol{E}(x,y,z)$。电场力是矢量,它服从矢量叠加原理。也就是说,点电荷系在空间某一点产生的总场强,等于点电荷系中每一个点电荷单独存在时在该点激发场强的矢量和,这一结论称为电场强度叠加原理(principle of superposition of electric field intensity),其数学表达式为

$$\boldsymbol{E}=\boldsymbol{E}_1+\boldsymbol{E}_2+\cdots+\boldsymbol{E}_n=\sum_{i=1}^{0}\boldsymbol{E}_i=\frac{1}{4\pi\varepsilon_0}\sum_{i=1}^{0}\frac{q_i}{r^2{}_i}\boldsymbol{e}_i \tag{1-8}$$

式中,$\boldsymbol{e}_i$ 为由 q_i 指向场点 P 的单位矢径,由式(1-8)可见,可叠加性是电场的基本性质之一,对任何带电系统都成立。

现在,我们来讨论连续分布电荷产生的电场强度。从微观看,由于电荷的量子性,电荷集中在一个个带电的微观粒子上;从宏观看,人们常忽略带电体电荷的量子性,视它们的电荷是连续分布的,包括连续分布在曲线、曲面或体积内。其实,可以将电荷连续分布的带电体看成无数个电荷元 $\mathrm{d}q$ 的集合,每一个 $\mathrm{d}q$ 都可以看成是无限小量。$\mathrm{d}q$ 在与它相距为 r 的一点 P 产生的场强为

$$\mathrm{d}\boldsymbol{E}=\frac{1}{4\pi\varepsilon_0}\frac{\mathrm{d}q}{r^2}e_0 \tag{1-9}$$

其中,e_0 由向 $\mathrm{d}q$ 指点 P 点。根据场强叠加原理,整个带电体在 P 点产生的总场强就等于这无数个 $\mathrm{d}q$ 在 $\mathrm{d}\boldsymbol{E}$ 点单独产生场强的矢量和,即 $\mathrm{d}\boldsymbol{E}$ 的矢量和。由于电荷连续分布,且 $\mathrm{d}q$ 和 $\mathrm{d}\boldsymbol{E}$ 均为无限小量,这个矢量和可以用积分的方法来计算。这是一个对电荷 q 的积分,必须知道 q 的分布函数才能进行运算。为此,引入电荷密度的概念。

(1)体密度。在电荷连续分布的体积内某一点周围取一小体元 ΔV,如图 1-5 所示,其内电量为 Δq,则这一点处的电荷体密度(volume density of charge)定义为

$$\rho_e=\lim_{\Delta V\to0}\frac{\Delta q}{\Delta V}=\frac{\mathrm{d}q}{\mathrm{d}V} \tag{1-10}$$

若某区域中各点的体密度相等，就说电荷在该区域是均匀分布的。

(2)面密度。同理，电荷连续分布在曲面上时(见图 1－6)，也可以给出电荷面密度(surface density of charge)的定义

$$\sigma_e=\lim_{\Delta S\to 0}\frac{\Delta q}{\Delta S}=\frac{\mathrm{d}q}{\mathrm{d}S} \tag{1-11}$$

若某区域中各点的面密度相等，就说电荷在该区域是均匀分布的。

(3)线密度。同理，电荷连续分布在曲线上时(见 1－7)，也可以给出电荷线密度(linear density of charge)的定义

$$\eta_e=\lim_{\Delta l\to 0}\frac{\Delta q}{\Delta l}=\frac{\mathrm{d}q}{\mathrm{d}l} \tag{1-12}$$

若某区域中各点的线密度相等，就说电荷在该区域是均匀分布的。

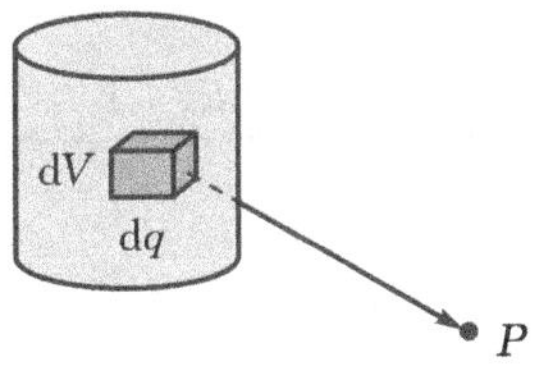

图 1－5　电荷的体密度 ρ_e

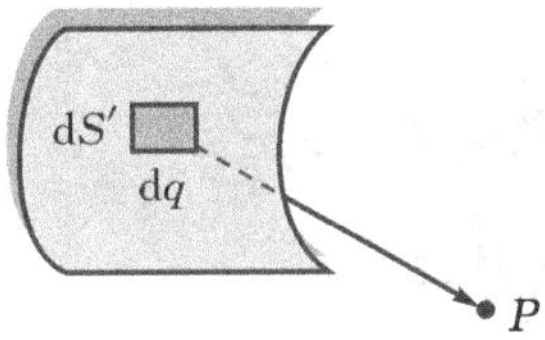

图 1－6　电荷的面密度 σ_e

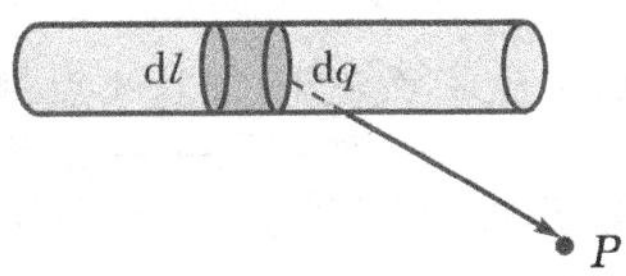

图 1－7　电荷的线密度 η_e

这里需要说明几点：第一，电荷密度是描述电荷分布的物理量，除了均匀分布的情况以外，它是与位置有关的函数；第二，上述定义式中的 $\mathrm{d}V$，$\mathrm{d}S$，$\mathrm{d}l$ 和 $\mathrm{d}q$ 均为物理无限小量；第三，在考虑电荷面密度和线密度时，是将面和线看成理想的几何模型的，忽略了它们的厚度和粗细，也没有考虑它们横端面上的电荷分布情况。

有了电荷密度，便可由它们的定义写出 $\mathrm{d}q$ 的分布函数了，代入式(1－9)可进行积分运算，便可得到电荷连续分布的带电体的场强。

1.3.3　电场强度的计算

对于电场强度的计算，具体方法如下：首先，在带电体上取一电荷微元，并建立适当的坐标系，将各变量用坐标量(如直角坐标系 x,y,z)表示出来；其次，求出场强在各坐标轴上的分量 $\mathrm{d}E_x,\mathrm{d}E_y,\mathrm{d}E_z$，然后进行标量积分，求出各坐标轴上的总场强分量 E_x,E_y,E_z；最后，将各场强分量合成起来求出总场强的大小和它的方向角。

例 1－2　两个等量异号的点电荷 $+q$ 和 $-q$ 组成的点电荷系，当它们之间的距离 $-q$ 比起所讨论问题中涉及的距离 $+q$ 小得多时，这对点电荷系称为电偶极子(electric dipole)。由负电荷 $-q$ 指向正电荷 $+q$ 的矢径 $\boldsymbol{l}$ 称为电偶极子的轴。$q\boldsymbol{l}$ 为电偶极矩(electric dipole moment)，简称电矩，用 $\boldsymbol{P}_e$ 表示，即 $\boldsymbol{P}_e=q\boldsymbol{l}$。试计算电偶极子轴线延长线上一点 A 和轴的中垂面上一点 B 的场强，设 A 点和 B 点到两电荷连线中点 O 的距离都是 r。

解　(1)求 A 点的场强，选取如图 1－8 所示的坐标，A 点到点电荷 $+q$ 和 $-q$ 的距离分别为 $r-l/2$ 和 $r+l/2$，所以点电荷 $+q$ 和 $-q$ 在 A 点产生场强的大小分别为

$$E_+=\frac{1}{4\pi\varepsilon_0}\frac{q}{\left(r-\dfrac{l}{2}\right)^2}\qquad E_-=\frac{1}{4\pi\varepsilon_0}\frac{q}{\left(r+\dfrac{l}{2}\right)^2}$$

E_+ 沿 x 轴向右，E_- 沿 x 轴向左，故总场强 E_A 的大小为

$$E_A = E_+ - E_- = \frac{q}{4\pi\varepsilon_0}\left[\frac{1}{\left(r-\frac{l}{2}\right)^2} - \frac{1}{\left(r+\frac{l}{2}\right)^2}\right]$$

$$= \frac{2qlr}{4\pi\varepsilon_0\left[\left(r-\frac{l}{2}\right)^2\left(4+\frac{l}{2}\right)^2\right]}$$

因为 $r \gg l$，故

$$E_A \approx \frac{2ql}{4\pi\varepsilon_0 r^3} = \frac{2P}{4\pi\varepsilon_0 r^3}$$

$\boldsymbol{E}_A$ 方向沿 x 轴向右，与电矩 $\boldsymbol{P}_e$ 同方向，所以

$$\boldsymbol{E}_A = \frac{2\boldsymbol{P}_e}{4\pi\varepsilon_0 r^3}$$

(2)求 B 点的场强，B 点到点电荷 $+q$ 和 $-q$ 的距离都是 $\sqrt{r^2+\frac{l^2}{4}}$，它们在 B 点产生的场强大小相等：$E_+ = E_- = \frac{q}{4\pi\varepsilon_0\left(r^2+\frac{l^2}{4}\right)}$，但它们方向不同，如图 1-8 所示。

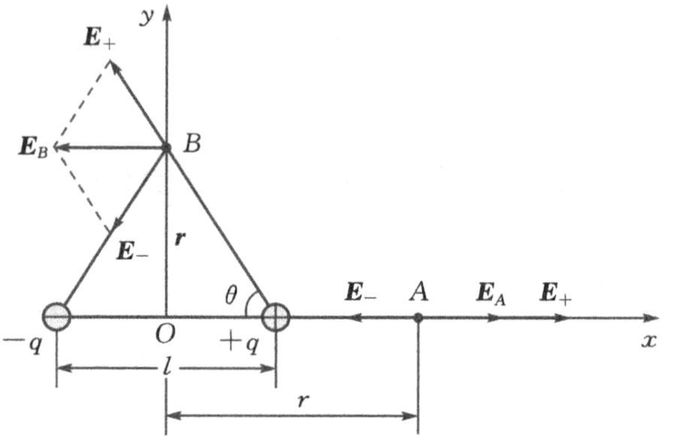

图 1-8 电偶极子的场强

为了求二者的矢量和，可取直角坐标系，其 x 轴与点电荷 $+q$ 和 $-q$ 的连线相平行，方向向右，y 轴沿它们的中垂线将 $\boldsymbol{E}_+$ 和 $\boldsymbol{E}_-$ 分别投影到 x，y 方向各自叠加。根据对称性可以看出，$\boldsymbol{E}_+$ 和 $\boldsymbol{E}_-$ 的 x 分量大小相等，方向都沿 x 轴的负向；y 分量大小相等，方向相反。故即得

$$E_x = E_{+x} + E_{-x} = 2E_+ x = 2E_+ \cos\theta \qquad E_y = E_{+y} + E_{-y} = 0$$

由图可以看出。$\cos\theta = \frac{\frac{l}{2}}{\sqrt{r^2+\frac{l^2}{4}}}$，故总场强 $\boldsymbol{E}_B$ 的大小为

$$E_B = E_x = 2E_+ \cos\theta = \frac{ql}{4\pi\varepsilon_0\left(r^2+\frac{l^2}{4}\right)^{\frac{3}{2}}}$$

因为 $r \gg l$，故

$$E_B \approx \frac{ql}{4\pi\varepsilon_0 r^3}\ \frac{P}{4\pi\varepsilon_0 r^3}$$

$\boldsymbol{E}_B$ 方向沿 x 轴的负向，与电矩 $\boldsymbol{P}_e$ 方向相反，所以

$$\boldsymbol{E}_B = \frac{\boldsymbol{P}_e}{4\pi\varepsilon_0 r^3}$$

由此可知，A、B 两点场强的大小都只与乘积 ql 以及距离 r 有关。只要保持乘积 ql 即 P 不变，增大 q 减小 l 或减小 q 增大 l，场强都不变。正因为有这个性质，定义电矩才是有意义的事。还可得知，电偶极子场是按 $\frac{1}{r^3}$ 变化的，而点电荷场则是按 $\frac{1}{r^2}$ 变化的。

例 1-3 一根带电直棒，如果我们限于考虑离棒的距离比棒的截面尺寸大很多的地方的电场，则该带电直棒就可以看作一条带电直线。如图 1-9 所示，设一均匀带电细直棒，长为 L，线电荷密度为 η_e（设 $\eta_e>0$），求带电细直棒中垂线上的场强分布。

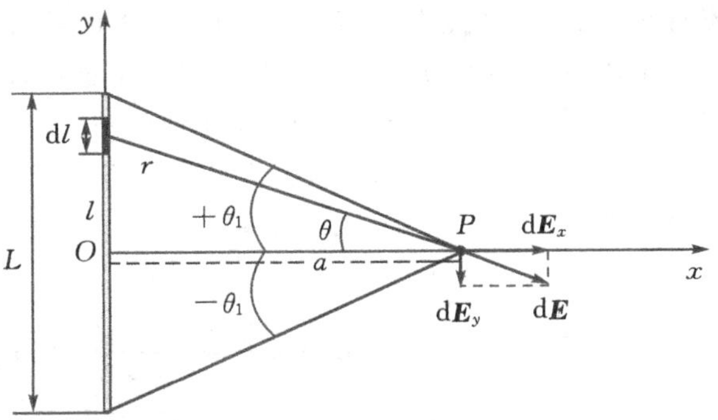

图 1-9 带电细直棒中垂线上的场强分布

解 在带电细直棒上任取一长为 $\mathrm{d}l$ 的电荷元，其电量 $\mathrm{d}q=\eta_e\mathrm{d}l$，以带电直线中点 O 为原点建立坐标系，如图 1-9 所示。在细直棒中垂线上任取一点 P，OP 的距离为 a，电荷元 $\mathrm{d}q$ 在 P 点的场强为 $\mathrm{d}\boldsymbol{E}$，$\mathrm{d}\boldsymbol{E}$ 沿两个轴方向的分量分别为 $\mathrm{d}\boldsymbol{E}_x$ 和 $\mathrm{d}\boldsymbol{E}_y$。由于细直棒上电荷的分布对于中垂线 OP 来说具有对称性，所以全部电荷在 P 点的场强沿 y 轴方向的分量之和为零，因而 P 点的总场强 $\boldsymbol{E}$ 应沿 x 轴方向，并且其大小为

$$E=\int\mathrm{d}E_x$$

而且

$$\mathrm{d}E_x=\mathrm{d}E\cos\theta=\frac{\eta_e\mathrm{d}la}{4\pi\varepsilon_0 r^3}$$

由于 $l=a\tan\theta$，所以 $\mathrm{d}l=\dfrac{a}{\cos^2\theta}\mathrm{d}\theta$，由图可知 $r=\dfrac{a}{\cos\theta}$，则

$$\mathrm{d}E_x=\frac{\eta_e\mathrm{d}la}{4\pi\varepsilon_0 r^3}=\frac{\eta_e\cos\theta}{4\pi\varepsilon_0 a}\mathrm{d}\theta$$

对整个带电细直棒来说，θ 的变化范围是从 $-\theta_1$ 到 $+\theta_1$，因而 P 点的总场强 $\boldsymbol{E}$ 的大小为

$$E=\int\mathrm{d}E_x=\int_{-\theta_1}^{+\theta_1}\frac{\eta_e\cos\theta}{4\pi\varepsilon_0 a}\mathrm{d}\theta=\frac{\eta_e\sin\theta_1}{2\pi\varepsilon_0 a}$$

将 $\sin\theta_1=\dfrac{L}{2\sqrt{\dfrac{L^2}{4}+a^2}}$ 代入上式，可得

$$E=\frac{\eta_e L}{4\pi\varepsilon_0 a\sqrt{\dfrac{L^2}{4}+a^2}}$$

此总电场的方向垂直于带电细直棒，而且指向远离直棒的一方。

讨论：当 $a\ll L$ 时，即在带电直棒中部附近区域内，$E\approx\dfrac{\eta_e}{2\pi\varepsilon_0 a}$，此时相对于距离 a，可将该带电直棒看作“无限长”。此结果表明，在一根无限长带电直棒周围任意点的场强与该点到带电直棒的距离成反比。

当 $a\gg L$ 时，即在远离带电直棒的区域内，$E\approx\dfrac{\eta_e L}{4\pi\varepsilon_0 a^2}=\dfrac{q}{4\pi\varepsilon_0 a^2}$，其中 $q=\eta_e L$ 为带电直棒所带的总电量。此结果表明，离带电直棒很远处，该带电直棒的电场相当于一个点电荷 q 的电场。

例 1-4 半径为 R 的均匀带电圆环，线电荷密度为 η_e（设 $\eta_e>0$），求轴线上的场强分布。

解 如图 1-10 所示，把圆环分割成许多小段，任取一小段 $\mathrm{d}l$，其上带电量为 $\mathrm{d}q=\eta_e\mathrm{d}l$。

设此电荷元 $\mathrm{d}q$ 在点 P 的场强为 $\mathrm{d}\boldsymbol{E}$，并设 P 点与 $\mathrm{d}q$ 的距离为 r，而 $OP = x$。显然，$\mathrm{d}\boldsymbol{E}$ 可分解为平行和垂直于轴线的两个分量，分别为 $\mathrm{d}\boldsymbol{E}_x$ 和 $\mathrm{d}\boldsymbol{E}_y$。由于圆环具有轴对称性，因此沿圆环一周，各个电荷在 P 点产生的 $\mathrm{d}\boldsymbol{E}_y$ 是相互抵消的。因此 P 点的总场强 $\boldsymbol{E}$ 沿轴线方向，其大小为

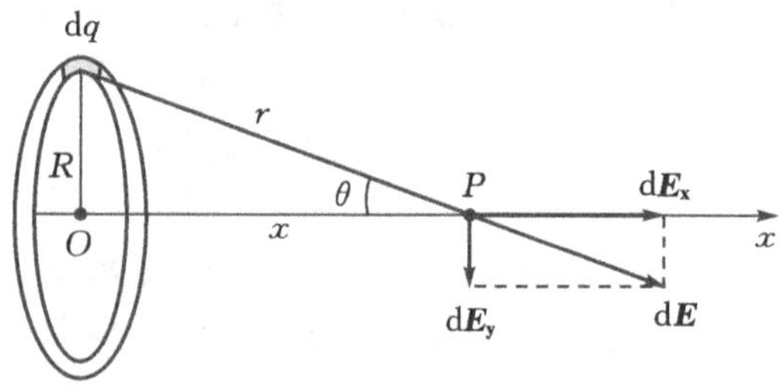

图 1－10　均匀带电圆环轴线上的场强分布

$$E = E_x = \int \mathrm{d}E_x = \int \mathrm{d}E\cos\theta = \int \frac{\eta_e \mathrm{d}l}{4\pi\varepsilon_0 r^2}\cos\theta$$

$$= \int \frac{\eta_e \mathrm{d}l}{4\pi\varepsilon_0 r^2} \cdot \frac{x}{r}$$

$$= \frac{\eta_e x}{4\pi\varepsilon_0 r^3}\int_0^{2\pi R}\mathrm{d}l = \frac{2\pi R\eta_e x}{4\pi\varepsilon_0 r^3}$$

又因为 $r = \sqrt{x^2 + R^2}$，$q = 2\pi R\eta_e$，故得 P 点的总场强

$$E = \frac{qx}{4\pi\varepsilon_0 (R^2 + x^2)^{\frac{3}{2}}}$$

显然，P 点总场强 $\boldsymbol{E}$ 的大小与 P 点到环心 O 的距离 x 有关。为了弄清其变化的情况，可作以下的讨论。

(1)当 $x \gg R$，即在距环心很远处，$E \approx \frac{q}{4\pi\varepsilon_0 x^2}$，相当于点电荷产生的场强与 x 平方成反比关系递减。

(2)当 $x = 0$ 时，即在环心处，$E = 0$；当 $x \to \pm\infty$ 时，$E = 0$。由此可知，在 $x = 0$ 与 $x \to \pm\infty$ 之间，$\boldsymbol{E}$ 必存在最大植。$\boldsymbol{E}$ 取最大值时，必有

$$\frac{\mathrm{d}E}{\mathrm{d}x} = \frac{\mathrm{d}}{\mathrm{d}x}\left[\frac{qx}{4\pi\varepsilon_0 (R^2 + x^2)^{\frac{3}{2}}}\right]$$

由此，可求出 $\boldsymbol{E}$ 取最大值的位置为 $x = \pm\frac{\sqrt{2}}{2}R$，场强最大值为

$$E_{\max} = \frac{q}{6\sqrt{3}\pi\varepsilon_0 R^2}$$

由以上讨论，还可以看出，一个圆环在非常远处也可视为点电荷。这说明，带电体能否被看成点电荷，不在于其本身的形状和绝对大小，而在于其线度大小与所考虑的距离相比是否足够小，小到可以忽略。

例 1－5　对于带电平板，如果我们限于考虑离板的距离比板的厚度大得多的地方的电场，则该带电板就可以被看成一个带电平面。设有一均匀带电圆盘，半径为 R，面电荷密度为 σ_e（设 $\sigma_e > 0$），求带电圆盘轴线上的场强分布。

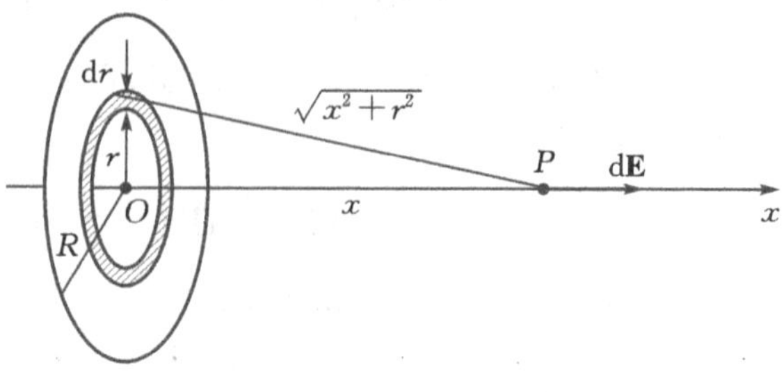

图 1－11　均匀带电圆盘轴线上的场强分布

解　带电圆盘可看成由许多同心的带电细圆环组成。取一半径为 r，宽度为 $\mathrm{d}r$ 的细圆环，如图 1－11 所示，此细圆环所带的电荷为

$$\mathrm{d}q = \sigma_e \mathrm{d}S = \sigma_e \cdot 2\pi r \mathrm{d}r$$

所以由例题 1-3 可知,此细圆环在 P 点的场强大小为

$$\mathrm{d}E = \frac{x\mathrm{d}q}{4\pi\varepsilon_0 (r^2 + x^2)^{\frac{3}{2}}} = \frac{\sigma_e \cdot 2\pi r \mathrm{d}r \cdot x}{4\pi\varepsilon_0 (r^2 + x^2)^{\frac{3}{2}}}$$

由于各个带电细圆环在 P 点的场强的方向都是沿着 x 轴指向远方,所以带电圆盘在 P 点的场强方向也是沿着 x 轴方向的,其大小为

$$E = \int \mathrm{d}E = \frac{\sigma_e x}{2\varepsilon_0}\int_0^R \frac{r\mathrm{d}r}{\sqrt{(r^2 + x^2)^3}} = \frac{\sigma_e}{2\varepsilon_0}\left(1 - \frac{x}{\sqrt{R^2 + x^2}}\right)$$

通过本例进一步讨论,可以发现:

(1)当 $x \ll R$ 时,即从 P 点看来圆盘可以视为"无限大"带电平面。这时有

$$E = \frac{\sigma_e}{2\varepsilon_0}$$

因此可以说,在一无限大均匀带电平面附近,电场是一个均匀场,而方向垂直于平面。若 $\sigma_e > 0$,则 $\boldsymbol{E}$ 从带电平面指向两侧;若 $\sigma_e < 0$,则 $\boldsymbol{E}$ 从两侧指向带电平面。

(2)当 $x \gg R$ 时,首先将 $(R^2 + x^2)^{-\frac{1}{2}}$ 按二项式展开并略去高次项,有

$$(R^2 + x^2)^{-\frac{1}{2}} = \frac{1}{x}\left(1 - \frac{R^2}{2x^2} + \cdots\right) \approx \frac{1}{x}\left(1 - \frac{R^2}{2x^2}\right)$$

于是可得

$$E \approx \frac{\pi R^2 \sigma_e}{4\pi\varepsilon_0 x^2} = \frac{q}{4\pi\varepsilon_0 x^2}$$

式中,$q = \sigma_e \pi R^2$ 为圆盘所带的总电量。这个结果也说明,在远离带电圆盘处的电场也相当于一个点电荷的电场。

1.4　静电场的高斯定理

我们已经研究了描述电场性质的一个重要物理量——电场强度,并从叠加原理出发讨论了点电荷系和带电体的电场强度。为了更形象地描述电场,这一节将在介绍电场线的基础上,引进电场强度通量的概念,并导出静电场的重要定理——高斯定理。

1.4.1　电场线

电场线(electric field line)是人们为了描述电场,而在电场中画出一些曲线,对电场中各处场强的分布情况给出的直观物理图像。在任何电场中,每一点的场强 $\boldsymbol{E}$ 都有一定的方向。据此,我们可以在电场中画出一系列曲线,使曲线上每一点的切线方向都和该点的场强方向一致,这样画出来的曲线就是电场的电场线,如图(1-12)所示。

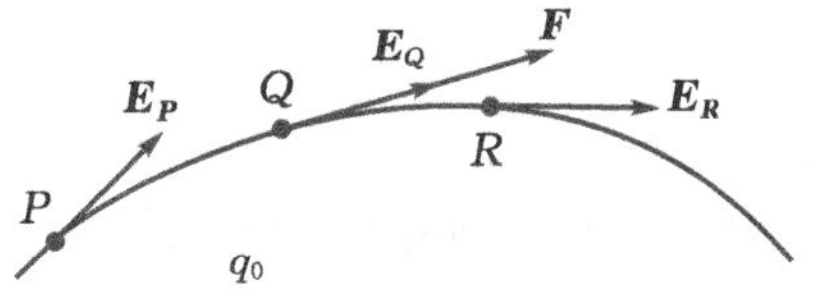

图 1-12　电场的电场线

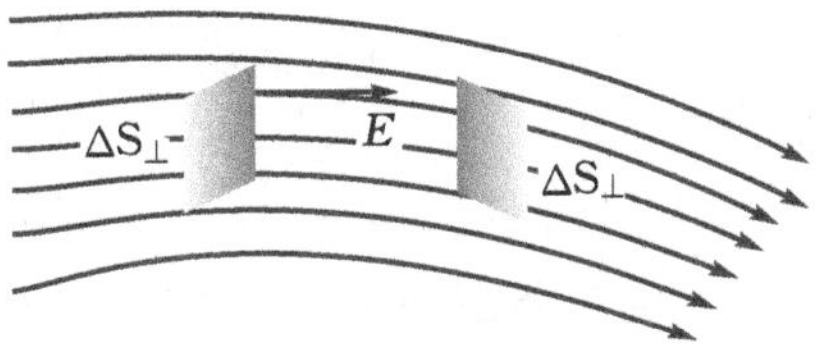

图 1-13　电场线疏密反映场强的大小

利用电场线，可确定它所通过的每一点的场强 $\boldsymbol{E}$ 的方向，因而也就可以表示出放在该点上的正电荷 q_0 所受电场力 $\boldsymbol{F}$ 的方向。但要注意，一般情况下，电场线并非是正电荷 q_0 受电场力作用而运动的轨迹，因为电荷运动方向（即速度方向）不一定沿力的方向。

电场线不仅能够表示出场强的方向，而且其疏密程度也能反映场强的大小。为了找出两者之间的定量关系，我们引入电场线数密度概念。如图 1 - 13，经过电场中任一点，作一个面积元 $\Delta S_{\perp}$，并使它与该点的 $\boldsymbol{E}$ 垂直，由于 $\Delta S_{\perp}$ 很小，所以 $\Delta S_{\perp}$ 面上各点的 $\boldsymbol{E}$ 可认为是相同的，则通过面积元 $\Delta S_{\perp}$ 的电场线数 ΔN 与该点的 $\boldsymbol{E}$ 的大小有如下关系：

$$\frac{\Delta N}{\Delta S_{\perp}}=E \tag{1-13}$$

这就是说，通过电场中某点垂直于 $\boldsymbol{E}$ 的单位面积的电场线数等于该点处电场强度 $\boldsymbol{E}$ 的大小，$\frac{\Delta N}{\Delta S_{\perp}}$ 也叫作电场线数密度。在电场中，任一点处的电场线数密度在数值上等于该点处场强的大小。在静电场中，电场线具有下列性质。

(1)静电场中任何一条电场线，都是起自正电荷（或来自无穷远处），止于负电荷（或伸向无穷远），它们不会在没有电荷的地方中断，更不会回到电场线的起始点上的电荷处，而形成闭合的曲线。

(2)静电场中任何一点（除点电荷所在处以外），只有一个确定的场强方向，所以任何两条电场线不可能相交。

(3)电力线的疏密程度表示电场强度的大小，电力线密的地方电场强度就大，电力线疏的地方电场强度就小。

总之，虽然电场中并不存在电场线，但引入电场线概念可以形象地描绘出电场的总体情况，对于分析某些实际问题很有帮助。在研究某些复杂的电场时，如电子管内部的电场、高压电器设备附近的电场，常采用模拟的方法把它们的电场线画出来。

1.4.2 电通量

为了利用电场线来研究电场的性质，我们还需要引入电通量的概念。通过电场中某一给定面的电场线的总条数称为通过该面的电通量（electric flux），用 Φ_e 表示，电通量是标量。

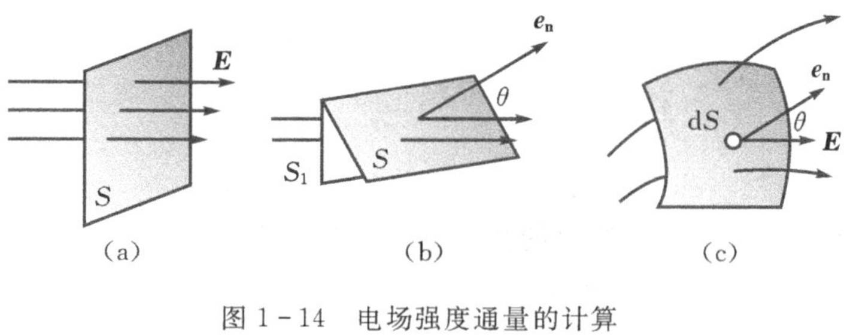

图 1 - 14 电场强度通量的计算

我们先讨论匀强电场的情况。设在匀强电场中取一个平面 S，并使它和电场强度 $\boldsymbol{E}$ 的方向垂直，如图 1 - 14(a)所示。由于匀强电场的电场强度处处相等，所以电场线数密度也应处处相等。这样，通过面 S 的电通量为

$$\Phi_e = ES \tag{1-14}$$

如果平面 $\boldsymbol{S}$ 与电场强度 $\boldsymbol{E}$ 的方向不垂直。为了把面 S 在电场中的大小与方向同时表示出来，我们引入面积矢量 $\boldsymbol{S}$，规定其大小为 S，其方向用它的单位法线矢量 $\boldsymbol{e}_n$ 来表示，有 $\boldsymbol{S} = S\boldsymbol{e}_n$。

在图 1－14(b)中，平面 S 的单位法线矢量 $\boldsymbol{e}_n$ 与电场强度 $\boldsymbol{E}$ 之间的夹角为 θ。由于面 S 上各处电场强度处处相等，因此，通过面的电场强度通量为

$$\Phi_e = ES\cos\theta \tag{1-15}$$

由矢量标积的定义可知，$ES\cos\theta$ 为矢量 $\boldsymbol{E}$ 和 $\boldsymbol{S}$ 的标积，故上式可用矢量表示为

$$\Phi_e = \boldsymbol{E}\cdot\boldsymbol{S} = \boldsymbol{E}\cdot\boldsymbol{e}_n S \tag{1-16}$$

如果电场是非匀强电场，并且面 S 不是平面，而是任意曲面，如图 1－14(c)所示，则可以把曲面分成无限多个面积元 $\mathrm{d}\boldsymbol{S}$，每个面积元 $\mathrm{d}\boldsymbol{S}$ 都可看成是一个小平面，而且在面积元 $\mathrm{d}\boldsymbol{S}$ 上，$\boldsymbol{E}$ 也可以看成处处相等。若 $\boldsymbol{e}_n$ 为面积元 $\mathrm{d}S$ 的单位法线矢量，则 $\boldsymbol{e}_n\mathrm{d}S = \mathrm{d}\boldsymbol{S}$。如设面积元 $\mathrm{d}\boldsymbol{S}$ 的单位法线矢量 $\boldsymbol{e}_n$ 与该处的电场强度 $\boldsymbol{E}$ 成 θ 角，于是，通过面积元 $\mathrm{d}\boldsymbol{S}$ 的电场强度通量为

$$\mathrm{d}\Phi_e = E\mathrm{d}S\cos\theta = \boldsymbol{E}\cdot\mathrm{d}\boldsymbol{S}$$

所以通过曲面 S 的电场强度通量 Φ_e，就等于通过面 S 上所有面积元 $\mathrm{d}\boldsymbol{S}$ 的电场强度通量 $\mathrm{d}\Phi_e$ 的总和，即

$$\Phi_e = \int_S \mathrm{d}\Phi_e = \int_S E\cos\theta\mathrm{d}S = \int_S \boldsymbol{E}\cdot\mathrm{d}\boldsymbol{S} \tag{1-17}$$

式中“$\int_S$”表示对整个曲面 S 进行积分。如果曲面是闭合曲面，式(1－17)中的曲面积分应换成对闭合曲面积分，用表示“$\oint_S$”，故通过闭合曲面的电场强度通量为

$$\Phi_e = \oint_S E\cos\theta\mathrm{d}S = \oint_S \boldsymbol{E}\cdot\mathrm{d}\boldsymbol{S} \tag{1-18}$$

对于一个曲面有正、反两面，与此对应，它的法线矢量也有正、反两种取法。正和反本身是相对的，对于单个面元或不闭合的曲面，法线矢量的正向取向是无关紧要的。但闭合曲面则把整个空间划分成内、外两部分，其法线矢量正方向的两种取向就有了特定的含义：指向曲面外部空间的叫外法线矢量，指向曲面内部空间的叫内法线矢量。对于闭合曲面，总是取它的外法线矢量为正。按照这个规定，如图 1－15 所示，在 A 处，电场线从 $\mathrm{d}\boldsymbol{S}$ 曲面里向外穿出，$\theta < 90°$，所以 $\mathrm{d}\Phi_e$ 为正；在曲面的 B 处，电场线从外穿进曲面 $\mathrm{d}\boldsymbol{S}$，$\theta > 90°$，所以 $\mathrm{d}\Phi_e$ 为负；如果，电场线与曲面 $\mathrm{d}\boldsymbol{S}$ 相切，$\theta = 90°$，所以 $\mathrm{d}\Phi_e$ 为零。

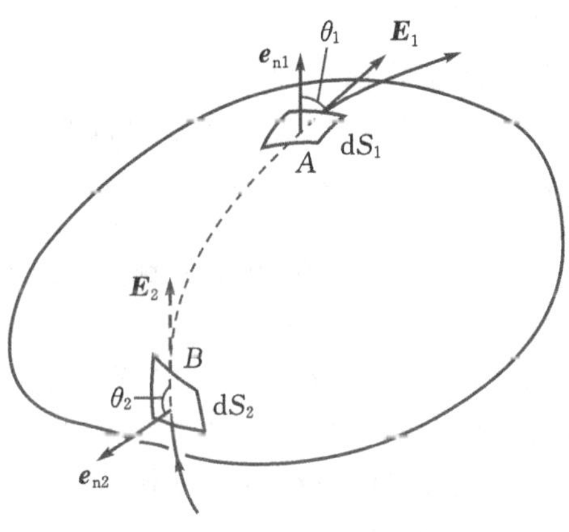

图 1－15　通过封闭曲面的电通量

应当注意，式(1－18)中的 Φ_e 是指通过闭合曲面电通量的代数和，如果通过闭合曲面的 Φ_e 为零，并不表示一定没有电场线穿过该闭合曲面，更不是闭合曲面上的场强 $\boldsymbol{E}$ 处处为零。

1.4.3　高斯定理

高斯定理是用电通量表示的电场和场源电荷关系的定理，它给出了通过任一封闭面的电通量与封闭面内部所包围的电荷的关系。下面我们利用电通量的概念根据库仑定律和场强叠加原理来导出这个关系。

(1)点电荷电场,电荷在闭合曲面内部。先讨论一个静止的正点电荷 q 的电场。如图 1-16 所示,以 q 所在点为中心,取任意长度 r 为半径作一球面 S 。很显然,球面上任一点的电场强度 $\boldsymbol{E}$ 的大小都是 $\frac{1}{4\pi\varepsilon_0}\frac{q}{r^2}$,方向都沿半径 r 向外呈辐射状。在球面上任取一面积元 $\mathrm{d}\boldsymbol{S}$,其正单位法线矢量 $\boldsymbol{e}_n$ 与场强 $\boldsymbol{E}$ 的方向相同,即 $\boldsymbol{E}$ 与面积元 $\mathrm{d}\boldsymbol{S}$ 垂直。根据式(1-18),通过 $\mathrm{d}\boldsymbol{S}$ 的电场强度通量为

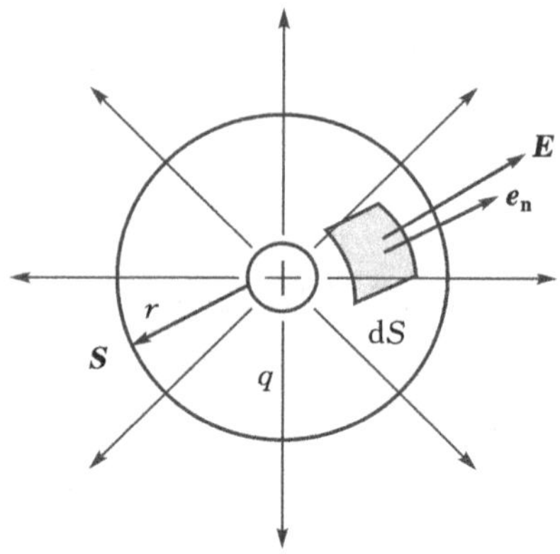

图 1-16 正点电荷电场

$$\mathrm{d}\Phi_e=\boldsymbol{E}\cdot\mathrm{d}\boldsymbol{S}=E\mathrm{d}S=\frac{1}{4\pi\varepsilon_0}\frac{q}{r^2}\mathrm{d}S$$

于是,可得通过整个球面的电通量为

$$\Phi_e=\oint_S\mathrm{d}\Phi_e=\oint_S\boldsymbol{E}\cdot\mathrm{d}\boldsymbol{S}=\frac{1}{4\pi\varepsilon_0}\frac{q}{r^2}\oint_S\mathrm{d}S$$

$$=\frac{1}{4\pi\varepsilon_0}\frac{q}{r^2}4\pi r^2=\frac{q}{\varepsilon_0}\qquad(1-19)$$

此结果与球面半径 r 无关,只与它所包围的电荷的电量有关。这意味着,对以正点电荷 q 为中心的任意球面来说,通过它们的电通量都一样,都等于 $\frac{q}{\varepsilon_0}$。如图 1-17所示,现在讨论另一个任意的闭合面 S',S' 与球面 S 包围同一个点电荷 q,由于电场线的连续性,可以得出通过闭合面 S' 和 S 的电力线数目是一样的。因此,我们可以认为,通过任意形状的包围点电荷 q 的闭合面的电通量都等于 $\frac{q}{\varepsilon_0}$。

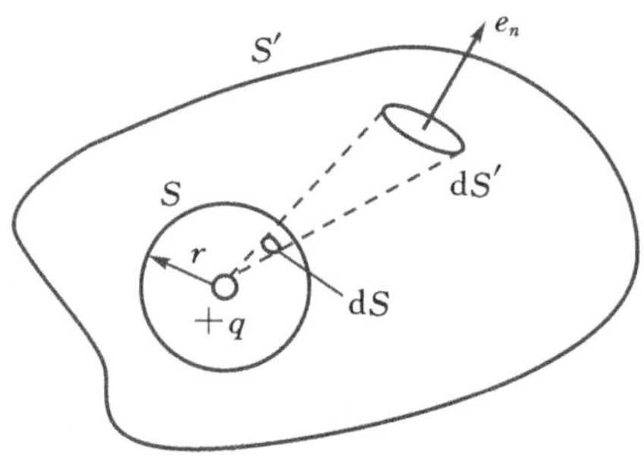

图 1-17

(2)点电荷电场,电荷在闭合曲面外部。我们知道,电场线是始于正电荷,而终止于负电荷的。如果电荷 q 在闭合曲面以外,如图 1-18 所示。由图可以看出,它产生的每一条电场线对于闭合曲面总是有进必有出,其总电通量必然为零。所以,闭合曲面外的电荷对曲面的电通量没有贡献,或者说通过不包围点电荷的任意闭合面 S 的电通量恒为 0。

$$\oint_S\boldsymbol{E}\cdot\mathrm{d}\boldsymbol{S}=0\ (q\text{ 在 }S\text{ 之外})\qquad(1-20)$$

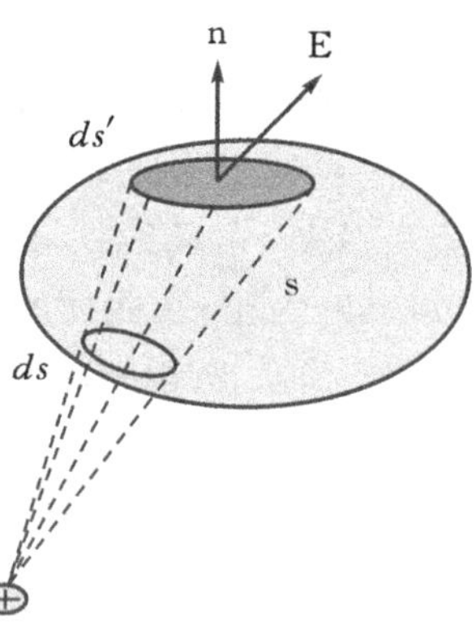

图 1-18

(3)电场为处于真空中的许多点电荷所激发。如图 1-19 所示,设有点电荷 $q_1,q_2,\cdots,q_n$ 位于闭合曲面之内,点电荷 $q',q'',\cdots$ 位于闭合曲面之外。由电场叠加原理,空间任一点的合场强为

$$\boldsymbol{E}=\boldsymbol{E}_1+\boldsymbol{E}_2+\cdots+\boldsymbol{E}_n+\boldsymbol{E}'+\boldsymbol{E}''+\cdots$$

式中,$\boldsymbol{E}_1,\boldsymbol{E}_2,\cdots,\boldsymbol{E}_n$ 分别为 $q_1,q_2,\cdots,q_n$ 激发的分场强;$\boldsymbol{E}',\boldsymbol{E}'',\cdots$ 分别为 $q',q'',\cdots$ 激发的分场强,则通过闭合曲面 S 的电通量为

$$\Phi_e=\oint_S\boldsymbol{E}\cdot\mathrm{d}\boldsymbol{S}=\oint_S(\boldsymbol{E}_1+\boldsymbol{E}_2+\cdots+\boldsymbol{E}_n)\cdot\mathrm{d}\boldsymbol{S}+\oint_S(\boldsymbol{E}'+\boldsymbol{E}''+\cdots)\cdot\mathrm{d}\boldsymbol{S}$$

因 $q', q'', \cdots$ 等电荷位于 S 之外，故

$$\oint_S (\boldsymbol{E}' + \boldsymbol{E}'' + \cdots) \cdot \mathrm{d}\boldsymbol{S} = 0$$

因而

$$\begin{aligned}\Phi_e &= \oint_S \boldsymbol{E} \cdot \mathrm{d}\boldsymbol{S} \\ &= \oint_S (\boldsymbol{E}_1 + \boldsymbol{E}_2 + \cdots + \boldsymbol{E}_n) \cdot \mathrm{d}\boldsymbol{S} \\ &= \frac{q_1 + q_2 + \cdots q_n}{\varepsilon_0}\end{aligned}$$

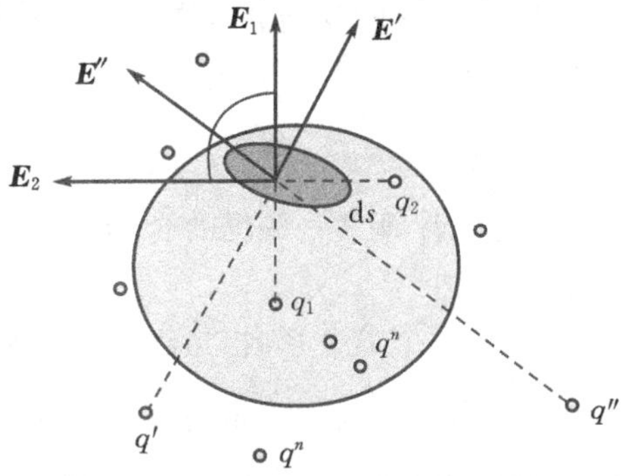

图 1-19

上式可写成

$$\Phi_e = \oint_S \boldsymbol{E} \cdot \mathrm{d}\boldsymbol{S} = \frac{1}{\varepsilon_0}\sum_{i=1}^{n} q_i = \frac{1}{\varepsilon_0}\sum_{S_内} q \qquad (1-21)$$

注意，在以上证明里，都未明确规定 $q_1, q_2, \cdots, q_n$ 的正负，实际上它们对正负电荷都适用，式(1-21)的求和是代数和。式(1-21)就是高斯定理(gauss theorem)的数学表达式，它表明：在真空中的静电场内，通过任意一闭合曲面的电通量 Φ_e，等于该闭合面所包围的所有电量代数和的 $\frac{1}{\varepsilon_0}$ 倍，而与闭合面外的电荷无关。在高斯定理中，常把所选取的闭合曲面称作高斯面。如果用电场线帮助理解，那么高斯定理说明自闭合曲面内部穿出的电场线的数目减去穿入闭合曲面的电场线的数目，等于闭合曲面所包围的电量代数和除以 ε_0。

因为电荷连续分布带电体可以看成无数个点电荷集合，所以式(1-21)对包围电荷连续分布带电体的闭合曲面也成立，只是其中的总电量 $\sum_{i=1}^{n} q_i = \int \mathrm{d}q$，应该用积分的方法求得，则高斯定理表示式为

$$\oint_S \boldsymbol{E} \cdot \mathrm{d}\boldsymbol{S} = \frac{1}{\varepsilon_0}\int \mathrm{d}q \qquad (1-22)$$

由以上高斯定理的推证过程可知，高斯定理是由库仑定律和场强叠加原理导出的，尤其是与库仑定律中的平方反比($\frac{1}{r^2}$)关系分不开，所以高斯定理也称为另一种形式的库仑定律。对高斯定律的理解应注意以下几点：

(1)高斯定理表达式左边的场强 $\boldsymbol{E}$ 是曲面上各点的场强，它是由全部电荷(既包括封闭曲面内，又包括封闭曲面外的电荷)共同产生的合场强，并非只由封闭曲面内的电荷 $\sum q_i$ 所产生。

(2)通过封闭曲面的总电通量只决定于它所包围的电荷，即只有封闭曲面内部的电荷才对总电通量有贡献，封闭曲面外部电荷对总电通量无贡献。

(3)高斯定理表明，若闭合面内有正电荷，则它对闭合曲面的电通量是正的，即有电场线从它发出并穿出闭合曲面；若闭合面内有负电荷，则它对闭合曲面的电通量是负的，即有电场线穿入闭合曲面而终止于它。可见，正电荷是发出电通量的源，负电荷是吸收电通量的闾(负源)，具有这种性质的场称为有源场。因此，静电场是有源场。

1.4.4　高斯定理的应用举例

根据电场叠加原理，原则上可以计算任何电荷系统所激发静电场的场强，但因点电荷(或

电荷元)所激发的分场强是矢量,在叠加时运算往往较复杂。高斯定理指出合场强 $\boldsymbol{E}$ 在闭合曲面 $\boldsymbol{S}$ 上的面积分

$$\oint_S \boldsymbol{E}\cdot \mathrm{d}\boldsymbol{S} = \frac{1}{\varepsilon_0}\sum_{S_{内}} q$$

用它来计算某些情况的合场强,比直接用叠加原理方便得多。但我们在使用高斯定理时一定要注意:

(1)在一个参考系内,当静止的电荷分布具有某种对称性时,才可以应用高斯定理求场强分布。因为根据电荷分布的对称性选取合适的封闭曲面(高斯面),以便使积分 $\oint_S \boldsymbol{E}\cdot \mathrm{d}\boldsymbol{S}$ 中的 $\boldsymbol{E}$ 能以标量形式从积分号内提出来。

(2)静电场的高斯定理表达式中的场强 $\boldsymbol{E}$ 是带电体系中所有电荷(无论在高斯面内或高斯面外)产生的总场强,而 $\sum q$ 只是对高斯面内的电荷求和。这是因为高斯面外的电荷对总通量 Φ_e 没有贡献,但不是对总场强没有贡献。

下面举几个例子,应用高斯定理求解具有对称性的带电体(如球形、圆柱形、无限长和无限大平板型等)的空间场强分布。

例 1-6 已知半径为 R,带电量为 $q(q>0)$ 的均匀带电球面,求其空间场强分布。

解 首先,求解在均匀带电球壳外部空间的场强分布,现按下列步骤求解。

(1)分析对称性。由于电荷均匀分布在球壳上,具有球对称性,所以场强 $\boldsymbol{E}$ 的分布也具有球对称性,即距球心等距离的球面上各点的场强大小相等,方向沿各自的矢径方向。

(2)选取高斯面。根据场强分布的对称性的特点,以为 O 球心,过 P 点作半径为 r 的闭合球面 $\boldsymbol{S}$(高斯面),其截面图如图 1-20 所示。

(3)计算电通量。由于高斯面上各点处面积元 ds 的法线方向与该点处 $\boldsymbol{E}$ 同向,则 $\cos\theta=1$,所以通过 $\boldsymbol{S}$ 面的电通量为

$$\Phi_e = \oint_S \boldsymbol{E}\cdot \mathrm{d}\boldsymbol{S} = \oint_S E\cos\theta \mathrm{d}S = E\oint_S \mathrm{d}S = 4\pi r^2 E$$

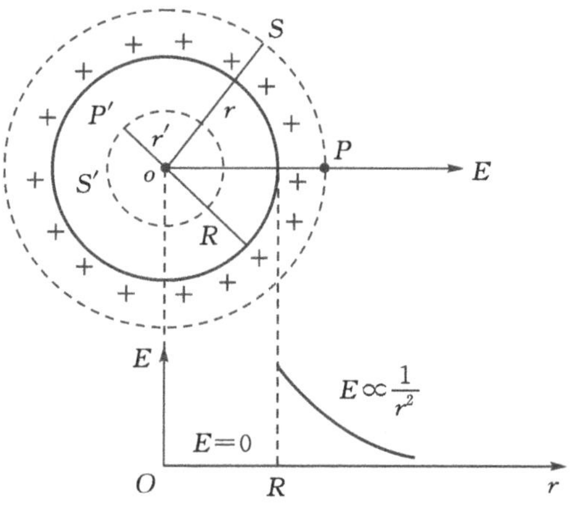

图 1-20 均匀带电球壳的电场

(4)求电场强度。由于闭合球面 $\boldsymbol{S}$ 所包围的电荷为 q,由高斯定理 $\Phi_e=4\pi r^2 E=\frac{q}{\varepsilon_0}$,可得电场强度的大小为 $E=\frac{q}{4\pi\varepsilon_0 r^2}(r>R)$,其矢量表达式为

$$\boldsymbol{E} = \frac{q}{4\pi\varepsilon_0 r^2}\boldsymbol{e}_r$$

$\boldsymbol{E}$ 的方向沿半径方向,式中 $\boldsymbol{e}_r$ 为沿矢径的单位矢量。对球面内部任一点 P',上述关于场强的大小和方向的分析仍然适用。过 P'点作半径为 r'的同心球面为高斯面 $\boldsymbol{S}'$。通过它的电通量仍可表示为 $4\pi r'E$,但由于此 $\boldsymbol{S}'$面内没有电荷,根据高斯定理,应该有 $4\pi r'E=0$,即当 $r<R$ 时,$E=0$。这表明,均匀带电球面内部的场强 $\boldsymbol{E}$ 处处为零。

通过上述讨论可知，均匀带电球壳在外部空间产生的电场，与电荷全部集中在球心处的一个点电荷产生的电场一样，而球面内部的场强处处为零，场强 $\boldsymbol{E}$ 的大小随 r 距离变化的曲线如图 1－20 所示。从曲线 $E-r$ 中还可看出，场强值在球面($r=R$)上是不连续的，有个跃变。

例 1－7　求无限长均匀带电细棒的空间电场分布。已知细棒上线电荷密度为 η_e。

解　对于本题的情形，如图 1－21 所示，应先进行以下分析。

(1)分析对称性。因为均匀带电细棒是无限长的，所以棒上的每一点都是中点，任意从那里分割，上下两段棒都是无限长，谁也不比谁更长。因此，细棒外任何地方的场强既不会向上偏，也不会向下偏，场强方向与细棒相垂直呈辐射状，而且所有与细棒等距离的点场强大小相等。

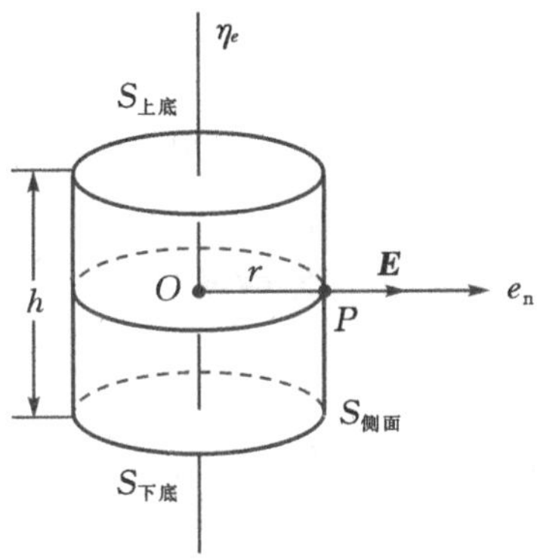

图 1－21　无限长均匀带电直线的电场

(2)选取高斯面。根据场强分布的对称性的特点，作一个通过 P 点，以带电细棒为轴，半径为 r，高为 h 的圆柱形高斯面 $\boldsymbol{S}$。

(3)计算电通量。通过圆柱形高斯面 $\boldsymbol{S}$ 的电通量为

$$\Phi_e=\oint_S \boldsymbol{E}\cdot d\boldsymbol{S}=\int_{S_{上底}}\boldsymbol{E}\cdot d\boldsymbol{S}+\int_{S_{下底}}\boldsymbol{E}\cdot d\boldsymbol{S}+\int_{S_{侧面}}\boldsymbol{E}\cdot d\boldsymbol{S}$$

由于圆柱形高斯面 $\boldsymbol{S}$ 的上、下底面处，场强方向与底面平行，因此，通过上、下底面的电通量为 0；在侧面上各点场强大小相等，方向与各该点的法线方向 $\boldsymbol{e}_n$ 相同($\theta=0$)，所以有

$$\Phi_e=\oint_S \boldsymbol{E}\cdot d\boldsymbol{S}=\int_{S_{侧面}}\boldsymbol{E}\cdot d\boldsymbol{S}=\boldsymbol{E}\int_{S_{侧面}} dS=2\pi hE$$

(4)求电场强度。由于高斯面 $\boldsymbol{S}$ 只包围长度为 l 的一段细棒，其中电荷为 $q=\eta_e h$，由高斯定理

$$\Phi_e=2\pi rhE=\frac{\eta_e h}{\varepsilon_0}$$

故可得到 P 点的场强

$$E=\frac{\eta_e}{2\pi\varepsilon_0 r}$$

即无限长均匀带电细棒外一点的电场强度，与该点距带电细棒的垂直距离成反比，与电荷线密度成正比。

例 1－8　求无限大均匀带电薄平板的空间场强分布，设电荷密度为 σ_e。

解　在平板左右两侧任取两对称点 P 和点 P'，如图 1－22 所示。

(1)分析对称性。无限大均匀带电薄平板可看成无数根无限长均匀带电直线排列而成。由于电荷分布对于垂线 OP 是对称的，所以带电平面两侧附近的场强必然垂直于该带电平面，并且离平面等距处的场强大小都相等。P 点场强方向垂直于平面向右，P' 点场强方向垂直于平面向左。

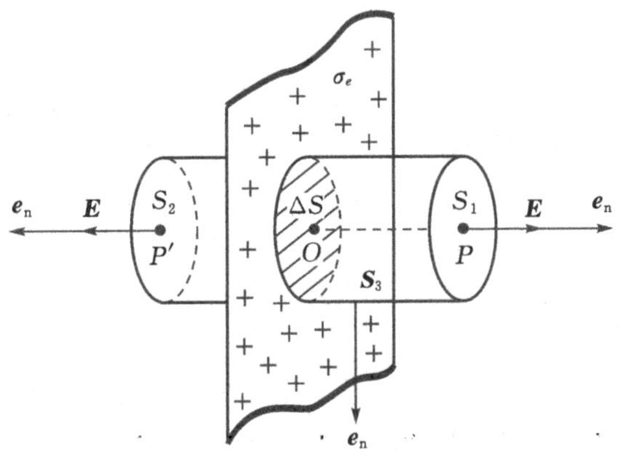

图 1－22　无限大均匀带电平面的电场

(2)选取高斯面。做一个其轴垂直于带电平面的圆柱形封闭面作为高斯面 S，带电平面平分此圆筒，而 P 点和 P' 点位于它的两底面上。

(3)计算电通量。圆柱形高斯面 $\boldsymbol{S}$ 可分为三部分，即两底面 S，S_2(其大小均为 ΔS)和侧面 S_3。在 S_1 和 S_2 上，场强与底面的法线 $\boldsymbol{e}_n$ 平行($\theta=0$)，在 $\boldsymbol{S}_3$ 上，场强与侧面的法线 $\boldsymbol{e}_n$ 垂直($\theta=\frac{\pi}{2}$)，因而，通过圆柱形高斯面 S 的电通量为

$$\Phi_e=\oint_S \boldsymbol{E}\cdot \mathrm{d}\boldsymbol{S}=\int_{S_1}\boldsymbol{E}\cdot \mathrm{d}\boldsymbol{S}+\int_{S_2}\boldsymbol{E}\cdot \mathrm{d}\boldsymbol{S}+\int_{S_3}\boldsymbol{E}\cdot \mathrm{d}\boldsymbol{S}$$

(4)求电场强度。由于高斯面 S 在带电平面上截出的面积也是 ΔS，因而被包围的电量为 $q=\sigma_e\Delta S$，由高斯定理

$$2E\Delta S=\frac{\sigma_e\Delta S}{\varepsilon_0}$$

故可得到点 P' 和 P 的场强大小为

$$E=\frac{\sigma_e}{2\varepsilon_0}$$

此结果说明，无限大均匀带电平面两侧的电场与场点到平面的距离无关，而且场强方向与带电平面垂直，无限大均匀带电平面附近的电场为均匀电场。利用上述结果，根据场强叠加原理，可以求得两无限大均匀带等量异号电荷的平行平面间的场强大小为

$$E=E_A+E_B=\frac{\sigma_e}{2\varepsilon_0}+\frac{\sigma_e}{2\varepsilon_0}=\frac{\sigma_e}{\varepsilon_0}$$

方向如图 1-23 所示。在两板外侧的场强为

$$E=E_A-E_B=0$$

可见，均匀带等量异号电荷的平行板，在板面的线度远大于两板间距时，除了边缘附近外，电场全部集中于两板之间，而且是均匀电场。

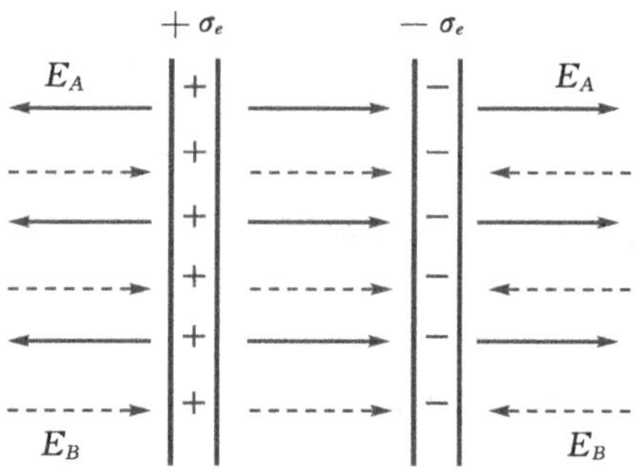

图 1-23 两无限大均匀带电平面的电场

由上面的各例子可以发现，带电体的电荷分布都具有某种对称性，利用高斯定理计算这类带电体的场强分布是很方便的。应用高斯定理求场强的方法与步骤如下：

(1)根据电荷分布的对称性，分析场强分布的对称性。

(2)选取适当的高斯面。选取时需注意首先高斯面一定是闭合的，如圆柱的侧面和上下两底面共同组成一个高斯面。其次要根据对称性来取高斯面，使穿过该面的电场强度通量的积分易于计算。例如，使高斯面的一部分或全部与场强垂直，而且大小处处相等，或者使高斯面的一部分与场强平行，因而通过这部分面积的电场强度通量为零，等等。

(3)计算高斯面上穿过的电场强度通量。

(4) 根据高斯定理求出场强的表达式。

另外，当带电体上的电荷分布对称性不好时，利用高斯定理是无法求出场强的，不过这不能说高斯定理不成立，只是此时无法取一合适的高斯面方便地表达出场强来，高斯定理是真空静电场的普适规律。

1.5 静电场的环路定理

在牛顿力学中，我们知道保守力(例如万有引力和弹性力等)对质点做功只与起始和终止位置有关，而与路径无关这一重要特性，并由此而引入相应的势能概念。那么静电场力——库仑力的情况怎样呢？是否也具有保守力做功的特性而可引入电势能的概念呢？

1.5.1 静电场力的功

自由电荷在电场力的作用下发生位移时，电场力要做功。电场除了能传递作用力以外，还具有做功的本领。现在我们通过研究电场力做功的特点，进一步揭示静电场的性质。研究分为两个步骤，第一步先证明在单个点电荷产生的电场中，电场力的功与路径无关；第二步再证明对任何带电体系产生的电场来说，也有相同的结论。

如图 1-24 所示，设正点电荷 q 固定于原点 O，试探电荷 q_0 在 q 的电场中由 A 点沿任意路径 L 移到 B 点。显然，在这一过程中，q_0 受到的电场力 $\boldsymbol{F}$ 的大小和方向都是变化的，路径也是曲线，做功必须采用积分的方法来计算。我们将 L 分成无数个线元 $\mathrm{d}\boldsymbol{l}$，使每一个 $\mathrm{d}\boldsymbol{l}$ 都足够小，以至可将其视为直线，其上场强的大小和方向都可以是不变的。考虑其中任一线元 $\mathrm{d}\boldsymbol{l}$，与场强 $\boldsymbol{E}$ 夹角为 θ，则电场力在 $\mathrm{d}\boldsymbol{l}$ 上做的微元功为

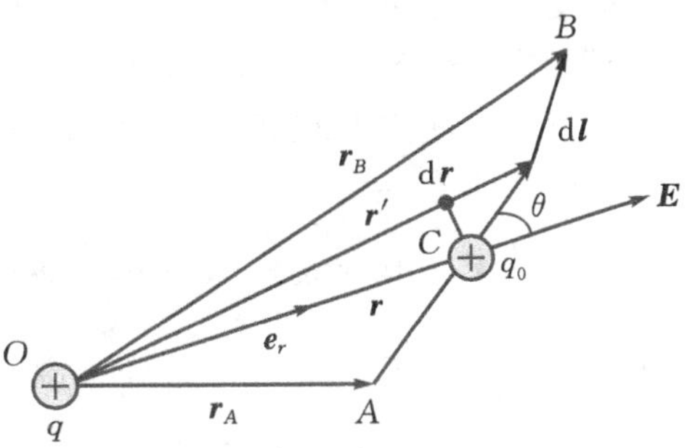

图 1-24

$$\mathrm{d}W=\boldsymbol{F}\cdot\mathrm{d}\boldsymbol{l}=q_0\boldsymbol{E}\cdot\mathrm{d}\boldsymbol{l} \tag{1-23}$$

已知点电荷的电场强度为

$$\boldsymbol{E}=\frac{1}{4\pi\varepsilon_0}\frac{q}{r^2}\boldsymbol{e}_r$$

式中，$\boldsymbol{e}_r$ 为沿矢径的单位矢量，于是微元功可表示为

$$\mathrm{d}W=\frac{1}{4\pi\varepsilon_0}\frac{qq_0}{r^2}\boldsymbol{e}_r\cdot\mathrm{d}\boldsymbol{l}$$

从图 1-24 可以看出，$\boldsymbol{e}_r\cdot\mathrm{d}\boldsymbol{l}=\mathrm{d}l\cos\theta=\mathrm{d}r$ 所以上式可写成

$$\mathrm{d}W=\frac{1}{4\pi\varepsilon_0}\frac{qq_0}{r^2}\mathrm{d}r \tag{1-24}$$

于是，在试探电荷 q_0 从 A 点移到 B 点的过程中，电场力所做的总功为

$$W=\int\mathrm{d}W=\frac{qq_0}{4\pi\varepsilon_0}\int_{P_1}^{P_2}\frac{\mathrm{d}r}{r^2}=\frac{qq_0}{4\pi\varepsilon_0}\left(\frac{1}{r_1}-\frac{1}{r_2}\right) \tag{1-25}$$

由于 r_1 和 r_2 分别为试探电荷 q_0 移动时的起点和终点距点电荷 q 的距离，此结果说明，在静止的点电荷 q 的电场中，移动正电荷时，电场力所做的功只取决于被移动的电荷的起点和终点的位置，而与移动的路径无关。

在一般情况下，电场并非由单个点电荷产生，但是可以把产生电场的带电体划分为许多带电元，每个带电元可以看成是一个点电荷，这样就可把任何带电体系视为点电荷组。总场强 $\boldsymbol{E}$ 是各点电荷 $q_1, q_2, \cdots, q_n$ 单独产生的场强 $\boldsymbol{E}_0, \boldsymbol{E}_2, \cdots, \boldsymbol{E}_n$ 的矢量和，即

$$\boldsymbol{E}=\boldsymbol{E}_1+\boldsymbol{E}_2+\cdots+\boldsymbol{E}_n=\sum_{i=1}^{n}\boldsymbol{E}_i$$

从而当试探电荷 q_0 由 A 点沿任意路径 L 到达 B 点时，电场力 $\boldsymbol{F}=q\boldsymbol{E}$ 所做的功为

$$W=\int_L \boldsymbol{F}\cdot \mathrm{d}\boldsymbol{l}=q_0\int_L \boldsymbol{E}\cdot \mathrm{d}\boldsymbol{l}=q_0\int_L\Big(\sum_{i=1}^{n}\boldsymbol{E}_i\Big)\cdot \mathrm{d}\boldsymbol{l}$$

$$=W_1+W_2+\cdots+W_n=\sum_{i=1}^{n}\frac{q_0q_i}{4\pi\varepsilon_0}\Big(\frac{1}{r_{iA}}-\frac{1}{r_{iB}}\Big)$$

式中，r_{iA}，r_{iB} 分别为试探电荷 q_0 的起点和终点距场源 q_i 的距离。由此得出结论：在任何带电体系的静电场中，电场力移动试探电荷所做的功，只与试探电荷起止点的位置有关，与路径无关，即静电场力做功与路径无关。

1.5.2 静电场的环路定理

静电场力做功与路径无关的特性还可以表述成另一种形式。如图 1-25 所示，在静电场中作任意闭合路径 $ABCDA$，试探电荷 q_0 沿此闭合路径运动时，电场力做的功为

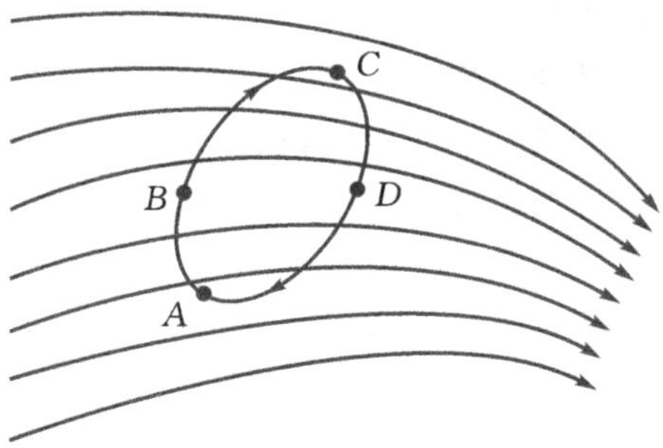

图 1-25 q_0 沿闭合路径做功

$$W=q_0\oint_L \boldsymbol{E}\cdot \mathrm{d}\boldsymbol{l}=q_0\int_{ABC}\boldsymbol{E}\cdot \mathrm{d}\boldsymbol{l}+q_0\int_{CDA}\boldsymbol{E}\cdot \mathrm{d}\boldsymbol{l}$$

又因为 $\int_{CDA}\boldsymbol{E}\cdot \mathrm{d}\boldsymbol{l}=-\int_{ADC}\boldsymbol{E}\cdot \mathrm{d}\boldsymbol{l}$

由于电场力做功与路径无关，即

$$q_0\int_{ABC}\boldsymbol{E}\cdot \mathrm{d}\boldsymbol{l}=q_0\int_{ADC}\boldsymbol{E}\cdot \mathrm{d}\boldsymbol{l}$$

这样，可得

$$W=q_0\oint_L \boldsymbol{E}\cdot \mathrm{d}\boldsymbol{l}=q_0\int_{ABC}\boldsymbol{E}\cdot \mathrm{d}\boldsymbol{l}-q_0\int_{ADC}\boldsymbol{E}\cdot \mathrm{d}\boldsymbol{l}=0 \tag{1-26}$$

在上式中，由于 q_0 不为零，故式(1-26)成立的条件为

$$\oint_L \boldsymbol{E}\cdot \mathrm{d}\boldsymbol{l}=0 \tag{1-27}$$

式(1-27)表明，在静电场中，电场强度 $\boldsymbol{E}$ 沿任意闭合路径的线积分为零。$\boldsymbol{E}$ 沿任意闭合路径的线积分又叫作 $\boldsymbol{E}$ 的环流，在静电场中电场强度 $\boldsymbol{E}$ 的环流为零，这结论称为静电场的环路定理(circuital theorem of electrostatic field)。它与高斯定理一样，也是表述静电场性质的一个重要定理。高斯定理说明静电场是有源场，环路定理说明静电场是有势场，或者说是保守力场。因此，可以确定静电场力与万有引力、弹性力一样，也都是保守力。

应用静电场环路定理可以证明，静电场的电场线不可能闭合。用反证法来证明，设有一条电场线是闭合曲线，则以这条闭合电场线为环路，并沿电场线方向积分 $\oint_L \boldsymbol{E}\cdot \mathrm{d}\boldsymbol{l}$ 。因为每一点的切线方向即 $\mathrm{d}\boldsymbol{l}$ 的方向都与该点 $\boldsymbol{E}$ 的的方向一致，所有的 $\boldsymbol{E}\cdot \mathrm{d}\boldsymbol{l}>0$，故 $\oint_L \boldsymbol{E}\cdot \mathrm{d}\boldsymbol{l}>0$，这与环路定理是相矛盾的。这说明，有一条电场线是闭合曲线的假设是不成立的。电场线不闭合性表明了静电场具有无旋性，是无旋场。

1.5.3　电势能

在力学中，为了反映重力、弹性力这类保守力做功与路径无关的特点，曾引进重力势能和弹性势能。由于静电场是保守场，具有静电场力做功与路径无关的特性，因此相应地可以引入电势能的概念。物体在重力场中具有重力势能，并且可以用重力势能的改变量来量度重力所做的功。与此相似，电荷在静电场中的一定位置上具有一定的电势能(electrostatic energy)，而且规定：静电场力所做之功等于静电势能增量的负值。

如果以 E_{Pa} 和 E_{Pb} 分别表示试探电荷 q_0 在静电场中点 a 和点 b 时具有的电势能，则试探电荷 q_0 从 a 点移到 b 点时，静电场力对它所做的功为

$$W_{ab}=\int_a^b q_0\boldsymbol{E}\cdot \mathrm{d}\boldsymbol{l}=-(E_{Pb}-E_{Pa})=E_{Pa}-E_{Pb} \tag{1-28}$$

可见，电场力做正功时，$W_{ab}>0$，则 $E_{Pa}>E_{Pb}$，电势能减少；电场力做负功时，$W_{ab}<0$，则 $E_{Pa}<E_{Pb}$，电势能增大。在国际单位制中，电势能的单位是焦耳，符号为 J。

与其他形式的势能一样，电势能也是相对量。只有先选定一个电势能为零的参考点，才能确定电荷在某点的电势能的绝对大小。电势能零点可以任意选择，如选择电荷在 b 点的电势能为零，即选定 $E_{Pb}=0$，则由式(1-28)可得 a 点电势能绝对大小为

$$E_{Pa}=W_{ab}=\int_a^b q_0\boldsymbol{E}\cdot \mathrm{d}\boldsymbol{l} \tag{1-29}$$

当场源电荷局限在有限大小的空间里时，为了方便，常把电势能零点选在无穷远处，即规定 $W_\infty=0$，则 q_0 在 a 点的电势能为

$$E_{Pa}=W_{A\infty}=\int_a^\infty q_0\boldsymbol{E}\cdot \mathrm{d}\boldsymbol{l} \tag{1-30}$$

可见，在规定无穷远处电势能为零时，试探电荷 q_0 在电场中任一点 a 的电势能在数值上等于把 q_0 由 a 点移到无穷远处时电场力所做的功。应该指出，电势能是试探电荷和电场的相互作用能，它属于试探电荷和电场组成的系统。

1.6　电　势

前面从电荷在电场中受电场力出发引入了描述静电场性质的物理量　　电场强度，下面将从电场力对电荷做功的特性出发，引入描述静电场性质的另外一个物理量——电势。而且，在本节将进一步探讨电场强度与电势之间的相互关系。

1.6.1　电势的有关概念

电势(electric potential)是描述静电场性质的另一个重要物理量。由式(1-30)可知，电势能 E_{Pa} 不仅与电场性质及 a 点位置有关，而且还与电荷 q_0 有关，而比值$\dfrac{E_{Pa}}{q_0}$则与 q_0 无关，仅由电场性质和 a 点的位置决定。因此，$\dfrac{E_{Pa}}{q_0}$是描述电场中任一点 a 电场性质的一个基本物理量，称为 a 点的电势，用 V_a 表示，即

$$V_a=\frac{E_{Pa}}{q_0}=\frac{W_{a\infty}}{q_0}=\int_a^\infty \boldsymbol{E}\cdot \mathrm{d}\boldsymbol{l} \tag{1-31}$$

式(1－31)表明，若规定无穷远处为电势零点，则电场中某点 a 的电势在数值上等于把单位正电荷从该点沿任意路径移到无穷远处的电场力所做的功。电势是标量，在 MKSA 制中，电势的单位是伏特，符号为 V。在静电场中，任意两点 a 和 b 电势之差称为 a，b 两点的电势差(electric potential difference)，也称为电压(voltage)，用 U_{ab} 表示，即

$$U_{ab}=V_a-V_b=\int_a^{\infty}\boldsymbol{E}\cdot\mathrm{d}\boldsymbol{l}-\int_b^{\infty}\boldsymbol{E}\cdot\mathrm{d}\boldsymbol{l}=\int_a^b\boldsymbol{E}\cdot\mathrm{d}\boldsymbol{l} \tag{1-32}$$

上式表明，静电场中 a、b 两点的电势差等于单位正电荷从 a 点移到 b 点时电场力做的功。因此，当任一电荷 q_0 从 a 点移到 b 点时，电场力做的功为

$$W_{ab}=q_0(V_a-V_b)$$

在近代物理学中，电子、质子的能量(包括电势能和动能)常用电子伏特作单位，符号为 eV。1 eV 表示 1 个电子通过 1 V 电势差时所获得的能量。当微观粒子的能量很大时，常用千电子伏 keV(10^3 eV)，兆电子伏 MeV(10^6eV)，吉电子伏 GeV(10^9eV)等作为单位。电子伏特与焦耳间的关系为 $1\ \mathrm{eV}=1.60\times10^{-19}$ J。应该指出，电场中某一点的电势值与电势零点的选取有关，而电场中任意两点的电势差则与电势零点的选取无关。

前面已经谈及，电势零点的选择有很大的任意性，但又不是绝对任意的。在某种情况下，有些点是不能选择作为电势零点的。下面先看一个例子。设有一均匀带正电无限长直线，线电荷密度为，如图 1－26 所示，以带电直线为 x 轴，现计算垂直于直线的 x 轴上各点的电势。前面已经证明，上述线电荷分布所激发的场强为

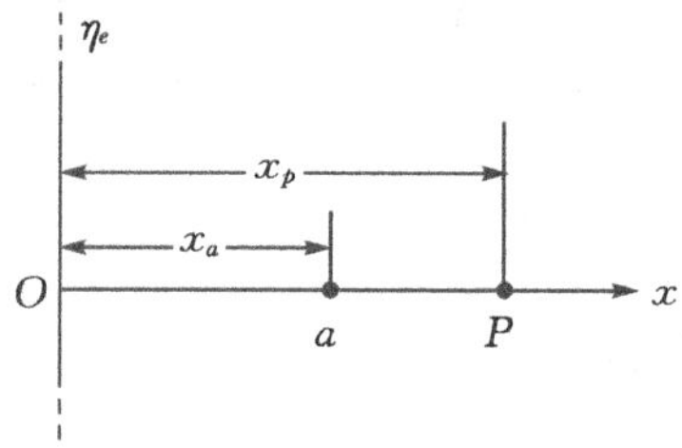

图 1－26

$$\boldsymbol{E}=\frac{1}{2\pi\varepsilon_0}\frac{\eta_e}{x}\boldsymbol{i}$$

式中，x 是给定点与带电直线的垂直距离。值得注意的是，此场强 $\boldsymbol{E}$ 的大小与 x 的一次方成反比，与点电荷场强比较，它随 x 递减要慢得多。下面计算 x 轴上某 a 点的电势，a 点的坐标为 x_a。我们可以选择 x 轴上的 P 点作为电势的零点。P 点的坐标为 x_P，于是 a 点的电势为

$$V_a=\int_a^P\boldsymbol{E}\cdot\mathrm{d}\boldsymbol{l}=\int_{X_a}^{X_P}\boldsymbol{E}\mathrm{d}x=\frac{\eta_e}{2\pi\varepsilon_0}\int_{x_a}^{x_P}\frac{\mathrm{d}x}{x}=\frac{\eta_e}{2\pi\varepsilon_0}\ln\frac{x_P}{x_a}$$

不难看出，如果把 P 点选在无穷远处，则 $x_P\to\infty$，$\ln x_P\to\infty$，从而对 x 轴上任一点来说，电势都趋向无穷大。这显然是不合理的，这是由于电势的零点选择不当的缘故。

如果电荷分布局限在不大的空间范围内，就不会出现上述情况。因为这时无论电荷分布多么复杂，从很远的地方来看，这个电荷体系与点电荷相差甚微，当距离增大到一定程度以后，电荷体系所激发的场强，就会像点电荷的场强那样，将以 r^{-2} 的方式趋于零。电势也会像点电荷那样以 r^{-1} 递减。所以在这种情况下选择无穷远点作为电势的零点，自然是不会有什么问题的。

因此，对于有限带电体的电场，如不作特殊规定，一般选在“无穷远”处即电场“外”；而无限大带电体的电场，电势零点却不能选在无限远处，而应选带电体本身或附近一个已知点为电势零点。其原则是在进行电势的积分运算中，不要出现 1/0，$\ln\infty$，$\ln 0$ 等无意义的结果。在实际中，常常取大地的电势为零，这样，任何导体接地后，就认为它的电势也为零。在电子仪器中，常取机壳或公共地线的电势为零，各点的电势值就等于它们与公共地线(或机壳)之间的电势差，只要测出这些电势差的数值，就容易判定仪器工作是否正常。

1.6.2 电势的计算

设场源为点电荷 q，则离 q 为 r 处的任意点 P 的电势可根据定义式(1-31)计算。由于电场力做功与路径无关，所以我们可选取沿径矢方向至无限远的直线作为积分路径，即

$$V=\int \boldsymbol{E}\cdot\mathrm{d}\boldsymbol{l}=\int_r^{\infty}E\mathrm{d}r=\int_r^{\infty}\frac{q}{4\pi\varepsilon_0 r^2}\mathrm{d}r=\frac{q}{4\pi\varepsilon_0 r} \tag{1-33}$$

这就是点电荷电场的电势公式。式(1-33)表明，以无限远处为电势零点的情况下，正的点电荷电场中的电势都为正，距场源越远(越大)，电势越低；负电荷电场的电势则都为负，离场源越近，电势越低。也就是说，以无限远处为电势零点时，电场中电势的正负号与场源电荷一致。

若是点电荷系产生的电场，则由场强叠加原理和式(1-33)可得在电场中某点 P 的电势。设场源电荷系由若干个带电体组成，它们各自分别产生的电场强度为 $\boldsymbol{E}_1,\boldsymbol{E}_2,\cdots,\boldsymbol{E}_n$ 由场强叠加原理知道总场强 $\boldsymbol{E}=\boldsymbol{E}_1+\boldsymbol{E}_2+\cdots+\boldsymbol{E}_n$。根据电势的定义公式，可得它们的电场中 P 点的电势应为

$$\begin{aligned}V_P&=\int_{P\infty}\boldsymbol{E}\cdot\mathrm{d}\boldsymbol{l}=\int_{P\infty}\boldsymbol{E}_1\cdot\mathrm{d}\boldsymbol{l}+\int_{P\infty}\boldsymbol{E}_2\cdot\mathrm{d}\boldsymbol{l}+\cdots+\int_{P\infty}\boldsymbol{E}_n\cdot\mathrm{d}\boldsymbol{l}\\&=V_1+V_2+\cdots+V_n\end{aligned}$$

$$V_P=\sum_{i=1}^{n}V_i=\frac{1}{4\pi\varepsilon_0}\sum_{i=1}^{n}\frac{q_i}{r_i} \tag{1-34}$$

式中，r_i 为从点电荷 q_i 到 P 点的距离。式(1-34)表明：在点电荷系的电场中，某一点的总电势等于电荷系中各个电荷单独存在时在该点电势的代数和，这称为电势叠加原理(superposition principle of electric potential)。可见，在应用电势叠加原理时，可以先从点电荷的电势出发，考虑场源电荷系是由许多点电荷组成的，然后将点电荷电势公式(1-33)代入式(1-34)，可得点电荷系的电场中 P 点的电势。应该指出的是，场强叠加是矢量和，而电势叠加则是代数和，这就使得计算电势一般比计算场强方便。

对于电荷连续分布的带电体而言，可以设想它由许多电荷 $\mathrm{d}q$ 所组成，将每个电荷元都当成点电荷，其电势为

$$\mathrm{d}V=\frac{1}{4\pi\varepsilon_0}=\frac{\mathrm{d}q}{r}$$

带电体 q 的总电势为

$$V=\int\mathrm{d}V=\frac{1}{4\pi\varepsilon_0}\int_q\frac{\mathrm{d}q}{r} \tag{1-35}$$

应该指出的是，电荷连续分布带电体的总电势计算只是标量积分，用不着考虑方向问题，电势零点一般选取在无限远处。在真空中，当电荷系的电荷分布已知时，计算电势的方法有两种。

(1)用电场强度积分法求电势。利用公式

$$V_P=\int_P^{\infty}\boldsymbol{E}\cdot\mathrm{d}\boldsymbol{l} \tag{1-36}$$

可求得电场中某点 P 的电势，而 P 点电势等于场强从 P 点到参考点(电势零点)沿任意路径的线积分。应用式(1-36)时，应注意参考点的选取，只有电荷分布在有限空间里，才能选无限远处的电势为零点($V_\infty=0$)。在具体问题中，可以选择一条最简捷的积分路线，只要知道了积分

路线上的场强分布,就可以用场强积分的方法求出电势。

(2)电势叠加原理法。利用公式

$$V_P=\int \mathrm{d}V=\frac{1}{4\pi\varepsilon_0}\int_q \frac{\mathrm{d}q}{r} \tag{1-37}$$

可求得电场中某点 P 的电势。在应用电势叠加原理时,可以先从点电荷的电势出发,考虑场源电荷系是由许多微元点电荷组成的,然后将微元点电荷的电势公式代入式(1-37)进行计算,可得场源电荷系的电场中 P 点的电势。下面举几个计算电势的例子,供大家分析比较。

首先,电偶极子的电势。

例 1-9 求电偶极子在空间任意点 P 处的电势。如图 1-27 所示,已知电偶极子中两电荷 $+q,-q$ 间的距离为,设 $r\gg l$,r 与 l 的夹角为 θ。

解 设场点 P 离 $+q$ 和 $-q$ 的距离分别为 r_+ 和 r_-,则 $+q$ 和 $-q$ 各自在 P 点的电势为

$$V_+=\frac{q}{4\pi\varepsilon_0 r_+},\quad V_-=\frac{q}{4\pi\varepsilon_0 r_-}$$

根据电势叠加原理,可得 P 点的总电势

$$V_P=V_++V_-=\frac{q}{4\pi\varepsilon_0}\left(\frac{1}{r_+}-\frac{1}{r_-}\right)=\frac{q}{4\pi\varepsilon_0}\frac{r_--r_+}{r_+r_-}$$

由 $+q$ 和 $-q$ 分别作 OP 的垂线,垂足为 C 和 D。由于 $r\gg 1$,可近似认为

$$r_+\approx PC=r-\frac{l\cos\theta}{2},\quad r_-\approx PD=r+\frac{l\cos\theta}{2}$$

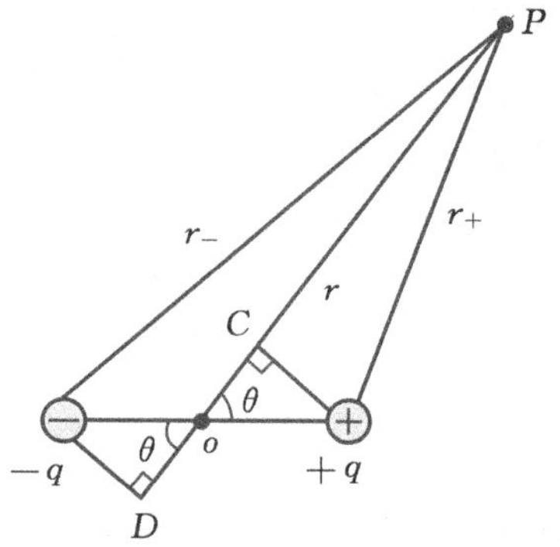

图 1-27 电偶极子的电势

应有 $r_+r_-\approx r^2$,$r_--r_+\approx l\cos\theta$,所以

$$V_P=V_++V_-=\frac{ql\cos\theta}{4\pi\varepsilon_0 r^2}=\frac{p\cos\theta}{4\pi\varepsilon_0 r^2}$$

式中,p 是电偶极子电矩 $\boldsymbol{p}=q\boldsymbol{l}$ 的大小。

第二,均匀带电球面的电势。

例 1-10 如图 1-28 所示,在真空中,有一半径为 R,总带电量为 $q(q>0)$ 的均匀带电薄球壳,求均匀带电球壳内外的电势分布。

解 用电势定义法求解。由高斯定理已求得均匀带电球壳场强大小分布规律为

$$\boldsymbol{E}=\begin{cases}0, & (r<R)\\ \dfrac{1}{4\pi\varepsilon_0}\dfrac{q}{r^2}\boldsymbol{e}_r, & (r>R)\end{cases}$$

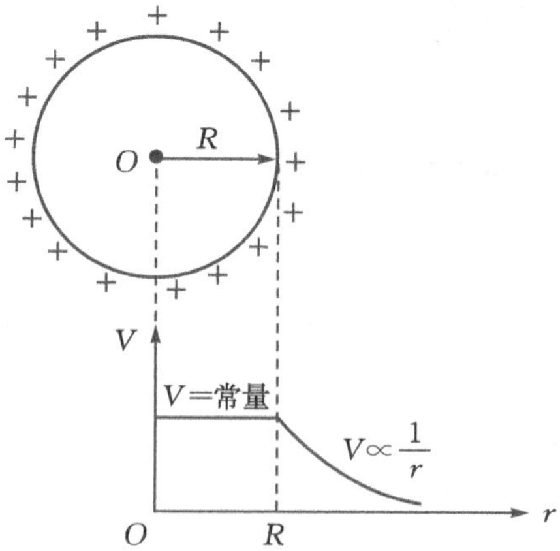

图 1-28 均匀带电球壳的电势

场强 $\boldsymbol{E}$ 的方向是沿径矢的,$\boldsymbol{e}_r$ 为沿径矢的单位矢量。根据电势的定义,沿径向路径进行积分,可求得球壳内外任意点 P 的电势

$$V_P=\int_P^\infty \boldsymbol{E}\cdot\mathrm{d}\boldsymbol{r}$$

(1)若 P 点在球壳外($r>R$),这时

$$V_P = \int_P^{\infty} \boldsymbol{E} \cdot \mathrm{d}\boldsymbol{r} = \int_r^{\infty} \frac{q}{4\pi\varepsilon_0 r^2}\mathrm{d}r = \frac{q}{4\pi\varepsilon_0 r}$$

(2)若 P 点在球壳内($r\leqslant R$)，由于球壳内、外场强的分布不同，所以积分路径要分为两段，即

$$V_P = \int_P^{\infty} \boldsymbol{E} \cdot \mathrm{d}\boldsymbol{r} = \int_r^{R} \boldsymbol{E} \cdot \mathrm{d}\boldsymbol{r} + \int_R^{\infty} \boldsymbol{E} \cdot \mathrm{d}\boldsymbol{r} = \int_R^{\infty} \frac{q}{4\pi\varepsilon_0 r^2}\mathrm{d}r = \frac{q}{4\pi\varepsilon_0 R}$$

综上可知

$$V_P = \begin{cases} \dfrac{q}{4\pi\varepsilon_0 r}, & (r<R) \\ \dfrac{q}{4\pi\varepsilon_0 R}, & (r\geqslant R) \end{cases}$$

这说明均匀带电球壳内各点电势相等，都等于球壳上各点的电势；球壳外电势与电量为 q 并位于球心的点电荷的电势相同。电势 V 随 r 的变化曲线(V-r 曲线)如图 1-28 所示。和场强分布曲线 E-r(见图 1-20)相比，可看出，在球面处($r=R$)，场强不连续，而电势是连续的。

第三，均匀带电细圆环轴线上的电势。

例 1-11　如图 1-29 所示，有一半径为 R 的均匀带电细圆环，所带总电量为 q($q>0$)，求圆环轴线上任意点的电势分布。

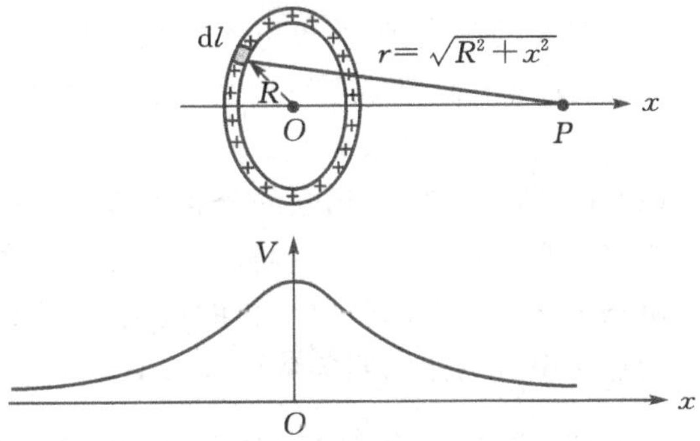

图 1-29　均匀带电细圆环轴线上的电势

解　(1)叠加原理法。在圆环上任取一线元 $\mathrm{d}l$，其电量为 $\mathrm{d}q=\eta_e \mathrm{d}l$，它在轴线上任一点 P 的电势为

$$\mathrm{d}V = \frac{\mathrm{d}q}{4\pi\varepsilon_0 r} = \frac{\eta_e \mathrm{d}l}{4\pi\varepsilon_0 r}$$

故 P 点的总电势为

$$V_P = \int \mathrm{d}V = \int_L \frac{\eta_e \mathrm{d}l}{4\pi\varepsilon_0 r} = \frac{\eta_e 2\pi r}{4\pi\varepsilon_0 r} = \frac{q}{4\pi\varepsilon_0 \sqrt{x^2+R^2}}$$

式中，x 为 P 点到环心的距离。

(2)场强积分法。我们已经求得圆环轴线上的场强分布为

$$E = \frac{qx}{4\pi\varepsilon_0 (R^2+x^2)^{3/2}}$$

由场强积分，可得到 P 点的电势(以无限远处为电势零点)

$$V_P = \int_P^{\infty} \boldsymbol{E} \cdot \mathrm{d}\boldsymbol{x} = \frac{q}{4\pi\varepsilon_0}\int_x^{\infty} \frac{x\,\mathrm{d}x}{(R^2+x^2)^{3/2}} = \frac{q}{4\pi\varepsilon_0 \sqrt{x^2+R^2}}$$

两种方法所得结果完全一样。当 P 点位于环心 O 处时，$x=0$，则

$$V_P = \frac{q}{4\pi\varepsilon_0 R}$$

第四，均匀带电薄圆盘轴线上的电势。

例 1-12　如图 1-30 所示，有一半径为 R 的均匀带电薄圆盘，所带总电量为 q($q>0$)，求圆盘轴线上任意点的电势分布。

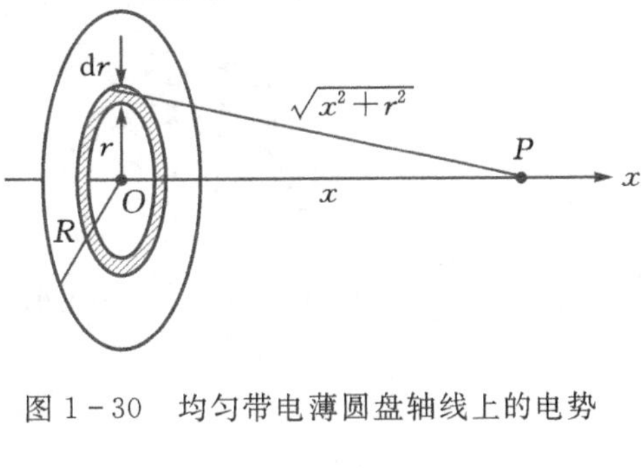

图 1-30　均匀带电薄圆盘轴线上的电势

解 由于薄圆盘均匀带有电荷 $q(q>0)$，其电荷面密度为 $\sigma_e=\dfrac{q}{\pi R^2}$。可以把薄圆盘分割成许多个小细圆环，其中取一个半径为 r，宽为 $\mathrm{d}r$ 的细圆环，则该圆环上的电荷为

$$\mathrm{d}q=\sigma_e 2\pi r\mathrm{d}r$$

利用例题 1 - 10 的结果，可得到均匀带电薄圆盘轴线上 P 点的电势为

$$V_P=\frac{1}{4\pi\varepsilon_0}\int_0^R\frac{\sigma_e 2\pi r\mathrm{d}r}{\sqrt{x^2+r^2}}=\frac{\sigma_e}{2\varepsilon_0}\int_0^R\frac{r\mathrm{d}r}{\sqrt{x^2+r^2}}=\frac{\sigma_e}{2\varepsilon_0}(\sqrt{x^2+R^2}-x)$$

当 $x\gg R$ 时，$\sqrt{x^2+R^2}\approx x+\dfrac{R^2}{2x}$，由上式可得

$$V_P\approx\frac{\sigma_e}{2\varepsilon_0}\frac{R^2}{2x}=\frac{1}{4\pi\varepsilon_0}\frac{\sigma_e\pi R^2}{x}=\frac{1}{4\pi\varepsilon_0}\frac{q}{x}$$

由这个结果可以看出，在离开薄圆盘很远处，可以把整个带电薄圆盘看成一个点电荷。

1.6.3 电场强度与电势梯度

对于给定的静电场，既可以用场强矢量 $\boldsymbol{E}$，也可以用标量电势 V 来描述电场中各点的性质。因此，这两个物理量之间必然存在某种确定的关系。下面，我们来研究场强与电势之间的相互关系。

(1)等势面。电场中场强的分布可借助电场线图来形象地描绘，电势的分布是否也可形象地描绘出来呢？同样可以，我们常用等势面来表示电场中电势的分布。

电场中的电势是随位置变化的点函数，但总可以找到一些电势相等的点。在电场中，电势相等的点所组成的曲面叫等势面(equipotential surface)。不同的电荷分布的电场具有不同形状的等势面，如图 1 - 31 所示。例如，对于一个点电荷 q 的电场，根据点电荷的电势 $V=\dfrac{1}{4\pi\varepsilon_0}\dfrac{q}{r}$ 可知，它的等势面是由相同的点集合而成的，是一系列以点电荷所在点为球心的同心球面。

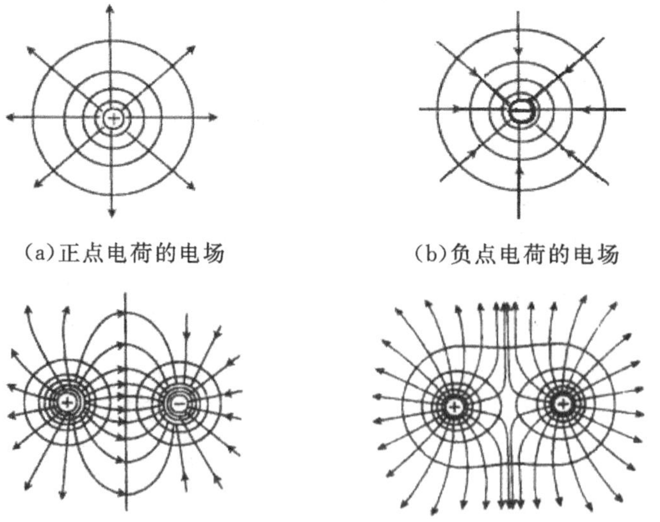

(a)正点电荷的电场　(b)负点电荷的电场

(c)等量异种点电荷的电场　(d)等量同种点电荷的电场

图 1 - 31 电场线与等势面

为了直观地比较电场中各点的电势，画等势面时，使相邻等势面的电势差为常数，实线表示电场线，虚线表示等势面的截面图。综合各种等势面图，可以得出等势面具有如下性质。①等势面与电场线处处正交；②电场线总是指向电势降落的方向；③等势面较密区域场强大，较疏区域场强小。等势面的概念在实际问题中也很有用，主要是因为在实际遇到的很多带电问题中，等势面（或等势线）的分布容易通过实验条件描绘出来，并由此可以分析电场的分布。

(2)电场强度与电势梯度。电场强度和电势都是描述电场中各点性质的物理量，式(1-33)以积分形式表示了场强与电势之间的关系，即电势等于电场强度的线积分。反过来，场强与电势的关系也应该可以用微分形式表示出来，即场强等于电势的导数。但由于场强是一个矢量，这样场强等于电势的导数关系显得复杂一些。下面，我们来导出场强与电势的关系的微分形式。

所谓梯度，就是一个物理量的空间变化率。它是对物理量随空间位置增加快慢的量度。在数学上，梯度就是物理量对空间坐标的微分。电势梯度就是电势的空间变化率，即电势对坐标的微分。

如图1-32所示，设a和b为相距很近的两个等势面，电势分别为V和$V+\mathrm{d}V$。由前面讨论可知，场强$\boldsymbol{E}$由b指向a，并与a，b两等势面垂直。在两等势面上沿任意的l方向，分别取相距很近的两点A，B，从A到B的微小位移矢量为$\mathrm{d}\boldsymbol{l}$。根据定义式(1-32)，这两点间的电势差为

$$V_A-V_B=-\mathrm{d}V=\boldsymbol{E}\cdot\mathrm{d}\boldsymbol{l}=E\mathrm{d}l\cos\theta$$

式中，θ为$\boldsymbol{E}$与$\mathrm{d}\boldsymbol{l}$之间的夹角。由此式可得

$$E\cos\theta=E_l=-\frac{\mathrm{d}V}{\mathrm{d}l} \tag{1-38}$$

式中，$\frac{\mathrm{d}V}{\mathrm{d}l}$为电势函数沿$l$方向经过单位长度时的变化量，即电势对空间的变化率。式(1-38)说明，在电场中某点场强沿某方向的分量等于电势沿此方向的空间变化率的负值。式中的负号表明，当$\frac{\mathrm{d}V}{\mathrm{d}l}<0$时，$E_l>0$，即沿着电场强度的方向，电势由高到低；逆着电场强度的方向，电势由低到高。

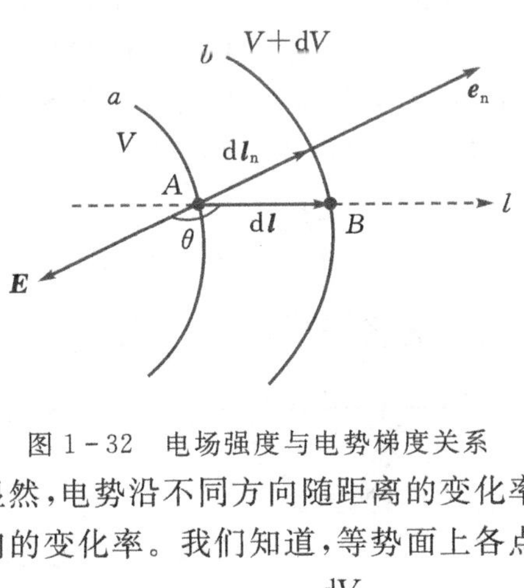

图1-32 电场强度与电势梯度关系

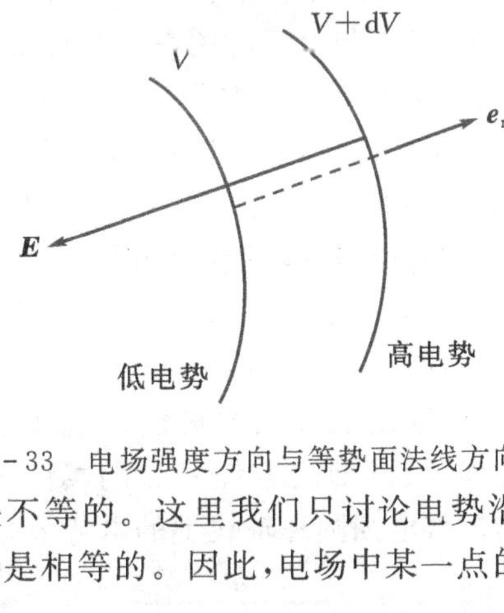

图1-33 电场强度方向与等势面法线方向相反

显然，电势沿不同方向随距离的变化率一般是不等的。这里我们只讨论电势沿切向和法向方向的变化率。我们知道，等势面上各点的电势是相等的。因此，电场中某一点的电势在沿等势面上任意切向的变化率$\frac{\mathrm{d}V}{\mathrm{d}l_t}=0$。这说明，等势面上任一点电场强度的切向分量为零，即$\boldsymbol{E}_t$

=0。此外，如图 1-33 所示，由于两等势面相距很近，且两等势面法线方向的单位法线矢量为 $\boldsymbol{e}_n$，它的方向通常规定由低电势指向高电势。于是由式(1-38)可知，电场强度沿法线的分量 $\boldsymbol{E}_n$ 为

$$\boldsymbol{E}_n=-\frac{dV}{dl_n}\boldsymbol{e}_n \tag{1-39}$$

式中，$\frac{dV}{dl_n}$是沿法线方向单位长度上电势的变化率。而且不难明白，它比任何方向上的空间变化率都大，是电势空间变化率的最大值。此外，因为等势面上任一点电场强度的切向分量为零，所以电场中任意点 $\boldsymbol{E}$ 的大小就是该点法向分量 $\boldsymbol{E}_n$ 的大小。于是有

$$\boldsymbol{E}=\boldsymbol{E}_t+\boldsymbol{E}_n=-\frac{dV}{dl_n}\boldsymbol{e}_n \tag{1-40}$$

可见，电场中电势的变化率具有方向性，只有沿等势面法线方向的变化率最大，而且具有唯一的确定值，因此定义，电场中某一点的电势变化率的最大值，即电势沿等势面法线方向的变化率为该点的电势梯度(electric potential gradient)。电势梯度是一个矢量，其方向沿着等势面的法线指向电势升高的方向，大小等于该点的电场强度。电场中任意点的场强等于该点电势梯度的负值，负号表示该点场强方向和电势梯度方向相反，即场强指向电势降低的方向。

当电势函数用直角坐标表示，即 $V=V(x,y,z)$时，可求得电场强度沿三个坐标轴方向的分量，它们是

$$E_x=-\frac{\partial V}{\partial x},\quad E_y=-\frac{\partial V}{\partial y},\quad E_z=-\frac{\partial V}{\partial z} \tag{1-41}$$

将式(1-41)合在一起用矢量表示为

$$\boldsymbol{E}=-\left(\frac{\partial V}{\partial x}\boldsymbol{i}+\frac{\partial V}{\partial y}\boldsymbol{j}+\frac{\partial V}{\partial Z}\boldsymbol{k}\right) \tag{1-42}$$

这就是式(1-40)用直角坐标表示的形式。梯度常用 grad 或算符 ∇（在直角坐标系中 ∇ 算符定义为 $\nabla=\frac{\partial}{\partial x}\boldsymbol{i}+\frac{\partial}{\partial y}\boldsymbol{j}+\frac{\partial}{\partial z}\boldsymbol{k}$）表示，这样式(1-42)又常写作

$$\boldsymbol{E}=-\mathrm{grad}V=-\nabla V \tag{1-43}$$

式(1-42)就是电场强度与电势的微分关系，由它可方便地根据电势分布求出场强分布。

需要指出，场强与电势的关系的微分形式说明，电场中某点的场强决定于电势在该点的空间变化率，而与该点电势值本身无直接关系。还应指出，电势梯度的单位是伏每米，符号为 $\mathrm{Vm^{-1}}$。同时，场强的单位也可用 $\mathrm{Vm^{-1}}$表示，它与场强的另一单位 $\mathrm{NC^{-1}}$是等价的。

例 1-13 利用场强与电势梯度的关系。如图 1-34 所示，求半径为 R，所带总电量为 $q(q>0)$的均匀带电细圆环轴线上的场强。

解 由于均匀带电细圆环的电荷分布对于轴线是对称的，所以轴线上各点的场强在垂直于轴线方向的分量为零，因而轴线上任一点的场强方向沿 x 轴。根据均匀带电细圆环轴线上的电势公式

$$V=\frac{q}{4\pi\varepsilon_0\sqrt{x^2+R^2}}$$

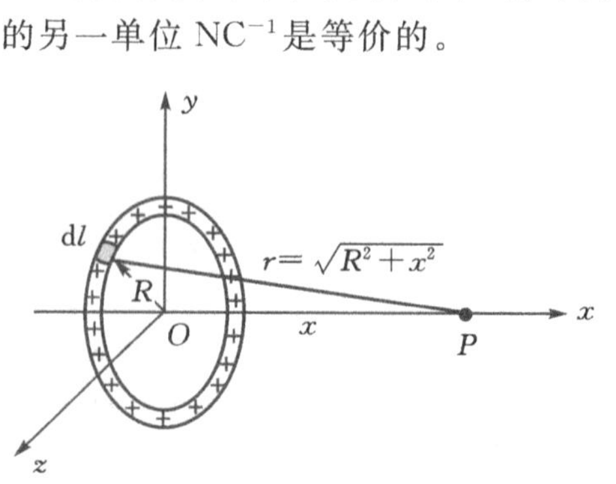

图 1-34 均匀带电圆环轴线上的电势

利用场强与电势梯度的关系，可得到圆环轴线上的场强大小为

$$E = E_x = -\frac{\partial V}{\partial x} = -\frac{\partial}{\partial x}\left[\frac{q}{4\pi\varepsilon_0\sqrt{x^2+R^2}}\right]$$

$$= \frac{qx}{4\pi\varepsilon_0(x^2+R^2)^{3/2}}$$

由于电势是标量，因此根据电荷分布用叠加法求电势分布是标量积分，再根据式(1-42)由电势的空间变化率求场强分布是微分运算。这样虽然经过两步运算，但是比起根据电荷分布直接利用场强叠加来求场强分布有时还是简单些，因为后一运算是矢量积分。

阅读材料 1　卡文迪许关于点电荷相互作用力的研究

英国科学家亨利·卡文迪许(H. Cavendish ,1731—1810)采用另一种方法研究两个点电荷之间的作用力。他认为两点电荷之间的相互作用力和两个质点之间的万有引力相似，反比于两点电荷之间距离的平方。设想一个薄球壳，在它的表面上有均匀分布的电荷，在这个球壳内放入一个电荷。因为电荷之间的相互作用力反比于它们之间距离的平方，所以根据上面的结果可以得知，整个球壳上均匀分布的电荷对这个电荷的总的作用力等于零。如果在此球壳内再放入一个符号相同的电荷，则这两个电荷将互相排斥，并往相反的方向运动。

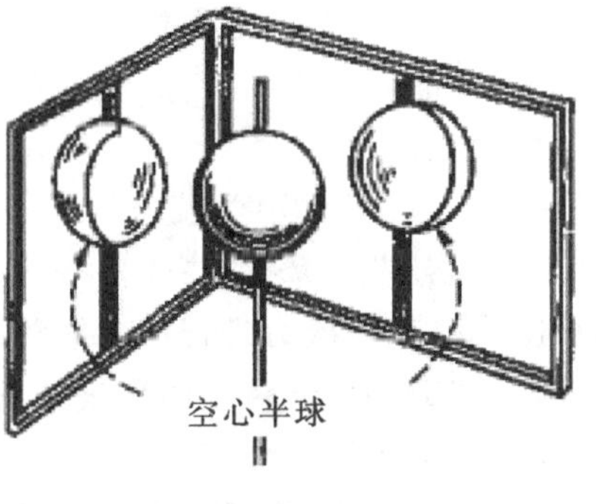

图 1-35　卡文迪许仪器原理图

图 1-36　卡文迪许验证静电力的同心球装置实物图

卡文迪许在 1773 年完成了这个实验，他把一个带电金属球放在一个空心金属球内，空心球是由两个金属半球拼成的(见图 1-35)。起初空心球不带电，然后用细导线把内、外两个金属球连接起来。为此在外球上弄了一个小孔，经过一段时间，把空心球打开，把内球取出。然后，再把内球与验电器相连检验内球是否带电。如果电荷之间的相互作用力(这里是指斥力)反比于它们之间距离的平方，则验电器不会张开，表明内球已经不带电。实验结果的确是这样，只要导线刚把内球与外球接通，电荷立刻就沿导线从内球传到外球，并均匀地分布在外球上。由于位于内球上的各个电荷之间存在一种相互排斥的力，只要内球与外球是相互绝缘的，电荷就不可能离开内球；当内球与外球接通后，电荷就传到外球上。它们将均匀地分布于外球壳的表面，它们对位于内球上的电荷的作用力之和等于零。

实验表明，电荷从内球向外球传输的过程一直进行到全部电荷都离开内球为止。由此，卡文迪许得出了如下的结论：电荷之间的相互作用力反比于它们之间距离的平方。卡文迪许多次重复了上述实验，并且确定了电力服从平方反比定律，指数偏差不超过 0.02，这比 1785 年库仑的结果——指数偏差不超过 0.04——还要精确。

卡文迪许的实验设计巧妙(见图 1-36)，用很简单的仪

器获得了相当精确的结果，他成功的关键在于掌握了牛顿万有引力定律这一理论武器，通过数学处理，将直接测量变为间接测量，并用示零法精确判断结果，从而得到电力的平方反比律。

应当说，卡文迪许是第一个用实验确定电荷之间的相互作用定律的人。可惜他没有公布他的这项发现。在卡文迪许生前，此项工作一直无人知晓，过了很久，直到19世纪中叶麦克斯韦公布了它以后，卡文迪许的工作才为后人所知晓，但这时它只能作为一份历史资料了。由于卡文迪许一生性情孤癖，他在科学界没有形成一个学派，在民众心中也缺少声望。但他以学识广博，推理清晰，才智罕见而在英国皇家学会会员中倍受崇敬。他在英国科学界的地位是牛顿以后最高的，他所具有的数学和实验才能可与牛顿媲美。可以说18世纪的英国科学界，任何人的智力都无法与他相匹敌。

阅读材料2 科学家简介——库仑

库仑(Charles Augustin de Coulomb，1736—1806)，法国物理学家、军事工程师。他于1736年6月14日生于昂古莱姆，库仑家里很有钱，在青少年时期，他就受到了良好的教育，后来他到巴黎军事工程学院学习，离开学校后进入西印度马提尼克皇家工程公司工作。工作了8年以后，他又在埃克斯岛瑟堡等地服役多年，后因健康原因，被迫回家。这时，库仑就已开始从事科学研究工作，他把主要精力放在研究工程力学和静力学问题上。法国大革命时期，他辞去公职，在布卢瓦附近乡村过隐居生活，拿破仑执政后，他返回巴黎继续进行研究工作。

库仑的研究兴趣十分广泛，在结构力学、梁的断裂、材料力学、扭力、摩擦理论等方面都取得过成就。

1777年，法国科学院悬赏征求改良航海指南针中的磁针的方法。库仑认为，磁针支架在轴上必然会带来摩擦，要改良磁针必须从这个根本问题着手。他提出用细头发丝或丝线悬挂磁针，同时他对磁力进行深入细致的研究，特别注意了温度对磁体性质的影响。他又发现线扭转时的扭力和指针转过的角度成比例关系，从而可利用这种装置算出静电力或磁力的大小。这促使他发明了扭秤，扭秤能以极高的精度测出非常小的力。由于成功地设计了新的指南针结构以及在研究普通机械理论方面作出的贡献，1782年，他当选为法国科学院院士。

库仑在1785年到1789年之间，通过精密的实验对电荷间的作用力进行了一系列的研究，连续在皇家科学院备忘录中发表了很多相关的文章。

1785年，库仑用自己发明的扭秤建立了静电学著名的库仑定律。同年，他在给法国科学院的《电力定律》的论文中详细地介绍了他的实验装置、测试经过和实验结果。

库仑的扭秤是由一根悬挂在细长线上的轻棒和在轻棒两端附着的两只平衡球构成的。当球上没有力作用时，棒取一定的平衡位置。如果两球中有一个带电，同时把另一个带同种电荷的小球放在它附近，则会有电力作用在这个球上，球可以移动，使棒绕着悬挂点转动，直到悬线的扭力与电的作用力达到平衡时为止。因为悬线很细，很小的力作用在球上就能使棒显著地偏离其原来位置，转动的角度与力的大小成正比。库仑让这个可移动球和固定的球带上不同量的电荷，并改变它们之间的距离。

第一次，两球相距36个刻度，测得银线的旋转角度为36°。

第二次，两球相距18个刻度，测得银线的旋转角度为144°。

第三次，两球相距8.5个刻度，测得银线的旋转角度为575.5°。

上述实验表明，两个电荷之间的距离为 4∶2∶1 时，扭转角为 1∶4∶16。由于扭转角的大小与扭力成反比，所以得到：两电荷间的斥力的大小与距离的平方成反比。库仑认为第三次的偏差是由漏电所致。

经过了这些巧妙的安排，仔细实验，反复的测量并对实验结果进行分析，找出误差产生的原因，进行修正，库仑终于测定了等量同种电荷的小球之间的斥力。

但是，对于异种电荷之间的引力，用扭秤来测量就遇到了麻烦。因为金属丝的扭转的回复力矩仅与角度的一次方成比例，这就不能保证扭秤的稳定。经过反复的思考，库仑发明了电摆。他利用与单摆相类似的方法测定了异种电荷之间的引力也与它们距离的平方成反比。

最后，库仑终于找出了在真空中两个点电荷之间的相互作用力与两个点电荷所带的电量及它们之间的距离的定量关系，这就是静电学中的库仑定律，即两电荷间的力与两电荷的乘积成正比，与两者的距离平方成反比。库仑定律是电学发展史上的第一个定量规律，它使电学的研究从定性进入定量阶段，是电学史中的一块重要的里程碑。

早在 1781 年，他还提出过关于摩擦及滑动定律。他在多种实验的基础上研究了许多实际静摩擦现象及其相关因素，并提出了滑动摩擦力的著名公式。他还提出了在磁化过程中，分子被极化的假设，同时提出电荷沿表面分布及带电体因漏电而电量衰减的定律。

库仑不仅在力学和电学上都做出了重大的贡献，作为一名工程师，他在工程方面也做出过重要的贡献。他曾设计了一种水下作业法，这种作业法类似于现代的沉箱，它是应用在桥梁等水下建筑施工中的一种很重要的方法。

他还给我们留下了不少宝贵的著作，其中最主要的有《电气与磁性》一书，共 7 卷，于 1785 年至 1789 年先后公开出版发行。

库仑以自己一系列的著作丰富了电学与磁学研究的计量方法，将牛顿的力学原理扩展到电学与磁学中。库仑的研究为电磁学的发展、电磁场理论的建立开拓了道路。他的扭秤在精密测量仪器及物理学的其他方面也得到了广泛的应用。

库仑于 1806 年 8 月 23 日在巴黎逝世。他是 18 世纪最伟大的物理学家之一，他的杰出贡献是永远也不会磨灭的。

思考题

1-1　如果只知道电场中某点的场强 E，能否算出该点的电势？如果不能，还应该知道些什么？

1-2　静电场中任意两点间的电势差与试验电荷的正、负有无关系？把试验电荷从一点移动到另一点，电场力做功与试验电荷的正、负有无关系？为什么？

1-3　给一幅静电场的等势面分布图，你能定性地判断各处场强的方向和比较场强的大小吗？

1-4　试判断下列说法是否正确。

(1)场强为零的地方，电势也必定为零；电势为零的地方，场强也必定为零。

(2)场强大小相等的地方，电势必定相同；电势相同的地方，场强大小也必定相等。

(3)场强较大的地方，电势必定较高；场强较小的地方，电势必定较低。

(4)带正电的物体电势一定是正的；带负电的物体电势也一定是负的。

(5)不带电的物体电势一定为零;电势为零的物体也一定不带电。

习 题

1-1 电荷面密度均为$+\sigma$对的两块“无限大”均匀带电的平行平板如习题1-1图(a)放置,其周围空间各点电场强度$\boldsymbol{E}$(设电场强度方向向右为正,向左为负)随位置坐标变化的关系曲线为习题1-1图(b)中的( )。

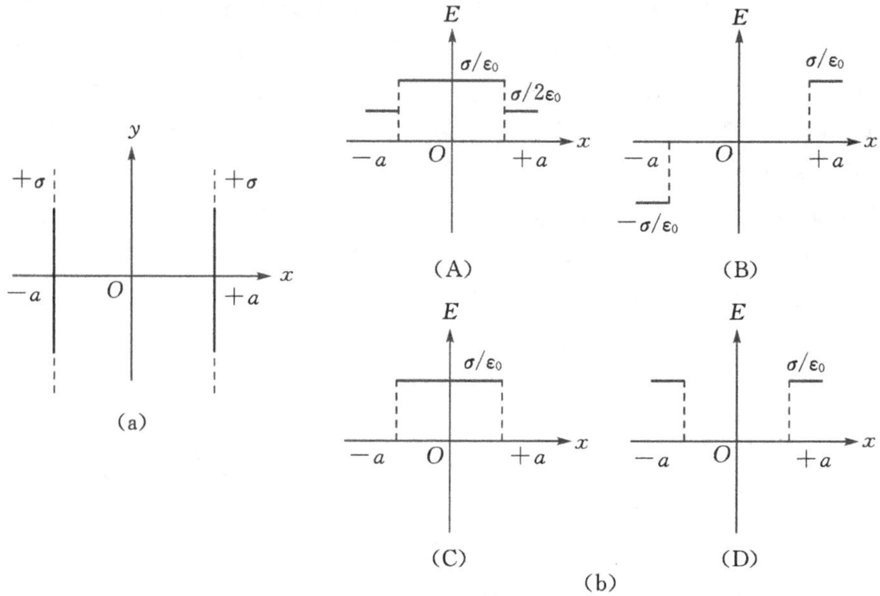

习题1-1图

1-2 下列说法正确的是( )。

(A)闭合曲面上各点电场强度都为零时,曲面内一定没有电荷

(B)闭合曲面上各点电场强度都为零时,曲面内电荷的代数和必定为零

(C)闭合曲面的电通量为零时,曲面上各点的电场强度必定为零

(D)闭合曲面的电通量不为零时,曲面上任意一点的电场强度都不可能为零

1-3 下列说法正确的是( )。

(A)电场强度为零的点,电势一定为零

(B)电场强度不为零的点,电势也一定为零

(C)电势为零的点,电场强度也一定为零

(D)电势在某一区域内为零,则电场强度在该区域必定为零

1-4 点电荷Q被曲面S所包围,从无穷远处引入另一点电荷q至曲面外一点,如习题1-4图所示,则引入前后( )。

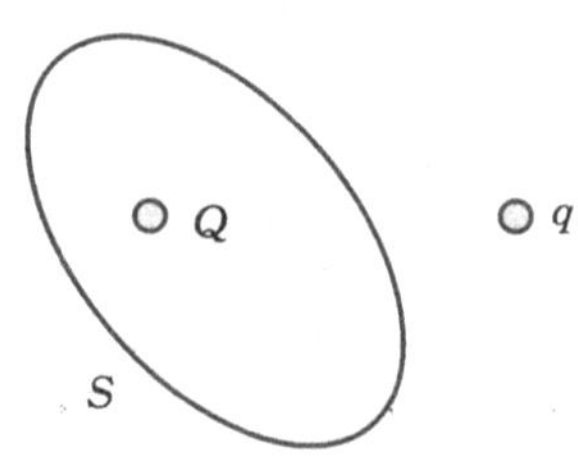

习题1-4图

(A) 曲面S上的电通量不变,各点场强也不变

(B) 曲面S上的电通量变化,而各点场强不变

(C) 曲面S上的电通量变化,各点场强也变化

（D）曲面 S 上的电通量不变，而各点场强变化

1-5　在某电场区域内的电场线（实线）和等势面（虚线）如习题 1-5图所示，下面正确的结论是（　　）

（A）$E_A>E_B>E_C$，$V_A>V_B>V_C$

（B）$E_A>E_B>E_C$，$V_A<V_B<V_C$

（C）$E_A<E_B<E_C$，$V_A>V_B>V_C$

（D）$E_A<E_B<E_C$，$V_A<V_B<V_C$

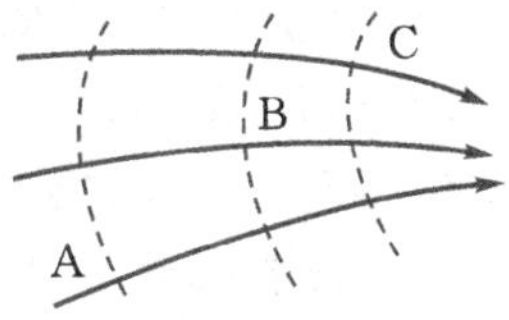

习题 1-5 图

1-6　若两个小球都带正电，总共带有电荷 5.0×10^{-5} C，如果当两小球相距时 2.0 m，任一球受另一球的斥力为 1.0 N。试求，总电荷在两球上是如何分配的？

1-7　如习题 1-7 图所示，直角三角形 ABC 的 A 点上有电荷 $q_1=1.8\times10^{-9}$ C，B 点上有电荷 $q_2=-4.8\times10^{-9}$ C，试求 C 点的电场强度（设 $BC=0.04$ m，$AC=0.03$ m）。

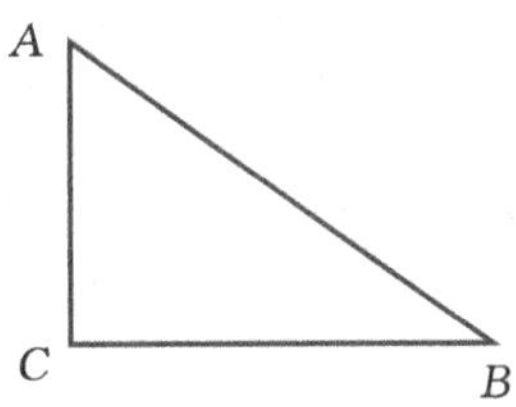

习题 1-7 图

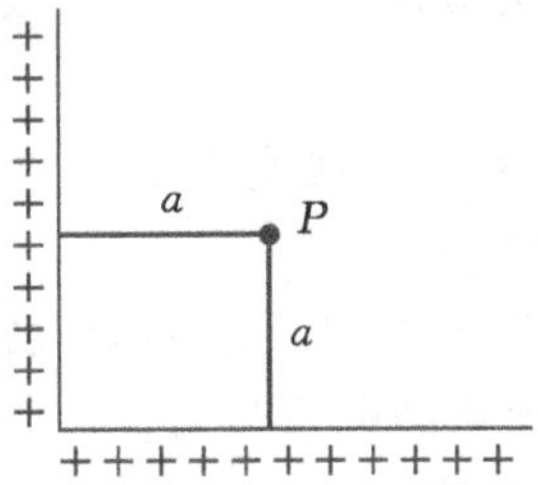

习题 1-8 图

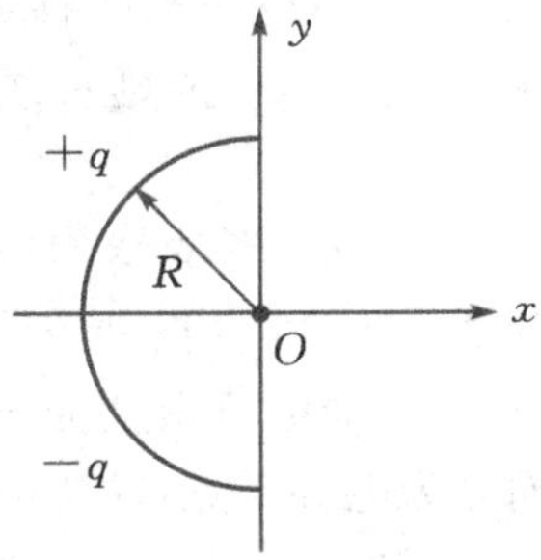

习题 1-9 图

1-8　如习题 1-8 图所示，无限长均匀带电直线，电荷线密度为，被折成互成直角的两部分。试求 P 点的电场强度 E。

1-9　如习题 1-9 图所示，一细棒被弯成半径为 R 的半圆形，其上部均匀分布有电荷 $+q$，下部均匀分布有电荷 $-q$，求圆心 O 点处的电场强度 E。

1-10　均匀带电直线长为 L，线电荷密度为 λ。求直线的延长线上距中点为 $r(r>\frac{L}{2})$ 处的场强。

1-11　在如习题 1-11 图所示的空间内，电场强度分量为 $E_x=bx^{\frac{1}{2}}$，$E_y=E_z=0$，其中 $b=800$ N·m$^{-1/2}$/C。试求：①通过正立方体的电通量；②正立方体的总电荷是多少？（设 $a=10$ cm）。

1-12　两个带有等量异号电荷的无限大同轴圆柱面，半径分别为 R_1 和 R_2（$R_2>R_1$），单位长度上的电量为 λ，求离轴线为处的电场强度 E，①$r<R_1$；②$R_1<r<R_2$；③$r>R_2$。

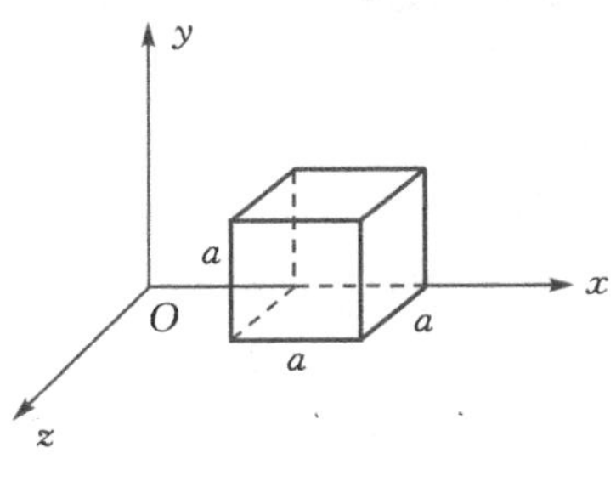

习题 1-11 图

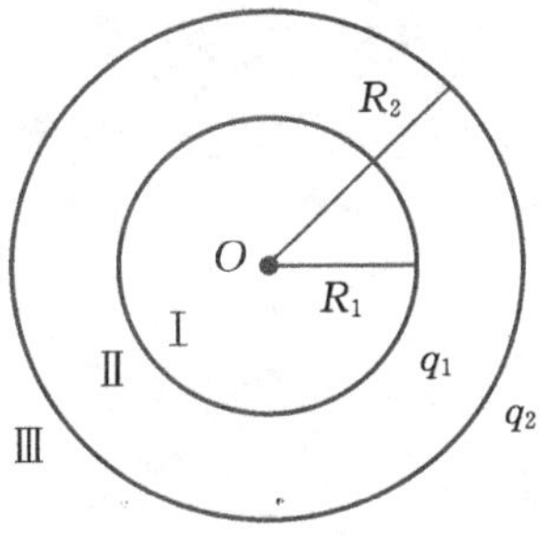

习题 1-13 图

1-13　如习题 1-13 图所示，在半径为 R_1 和 R_2 的两个同心球面上分别均匀带电 q_1 和 q_2，求在 ①$r<R_1$；②$R_1<r<R_2$；③$r>R_2$ 三个区域内的场强分布，并画出 $E-r$ 曲线。

1-14　如习题 1-14 图所示，在电荷体密度为 ρ 的均匀带电球体中，存在一个球形空腔，若将带电球体球心 O 指向球形空腔球心 O' 的矢量用 $\boldsymbol{a}$ 表示。试证明球形空腔中任一点 P 的电场强度为

$$\boldsymbol{E}=\frac{\rho}{3\varepsilon_0}\boldsymbol{a}$$

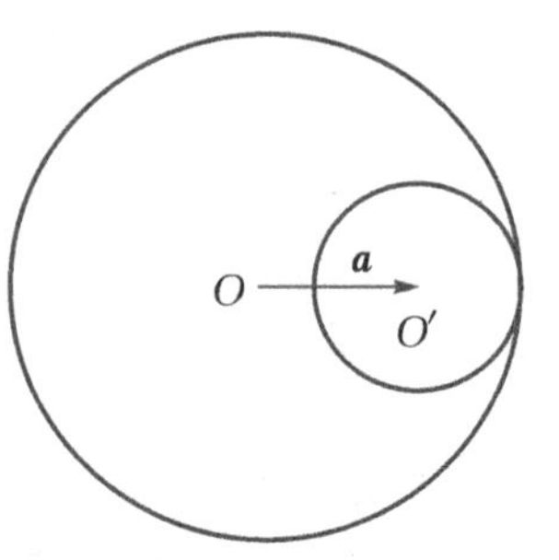

习题 1-14 图

1-15　静电场中 a 点的电势为 300 V，b 点的电势为 -10 V。如把 5×10^{-8} C 的电荷从 b 点移到 a 点，试求电场力做的功。

1-16　如习题 1-16 图所示，$AB=2l$，OCD 是以 B 为圆心，以 r 为半径的半圆周，A，B 两点分别有点电荷 $+q$ 和 $-q$，求：①将电位正电荷从 O 点沿 OCD 移到 D 点，电场力所做的功；②将单位正电荷从 D 点沿 AB 的延长线移到无限远处去，电场力所做的功。

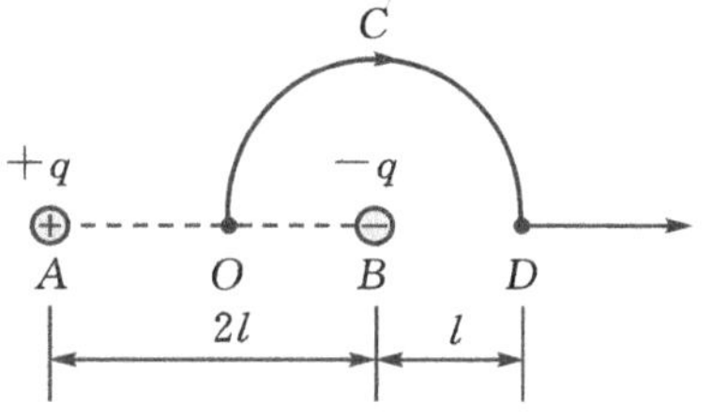

习题 1-16 图

1-17　一无限长直线均匀带电，电荷线密度为 $+\eta_e$，求离直线分别为 r_1 和 r_2 的两点间的电势差。

1-18　一面电荷密度为 σ 的无限大均匀带电平面，若以该平面处为电势零点，求带电平面周围的电势分布。

1-19　有一球面的半径为 R_A，所带电量为 Q_A，另有一同心球面，它的半径为 $R_B(R_B>R_A)$，所带电量为 Q_B，求①电势在各区域的分布表达式；②两个球面之间的电势差。

1-20　在真空中，有一半径为 R 的带电导体球，电荷为 Q。求：①球内、外任意一点的电场强度；②球内、外任意一点电势。

1-21　习题 1-21 图所示，三块互相平行的均匀带电大平面，面电荷密度为 $\sigma_1=1.2\times10^{-4}$ C/m^2，$\sigma_2=2.0\times10^{-5}$ C/m^2，$\sigma_3=1.1\times10^{-4}$ C/m^2。A 点与平面Ⅱ相距为 5.0 cm，B 点与平面Ⅱ相距为 7.0 cm。求：①计算 A，B 两点间的电势差；②设把电量 $q_0=-1.0\times10^{-8}$C 的点电荷从 A 点移到 B 点，外力克服电场力做多少功？

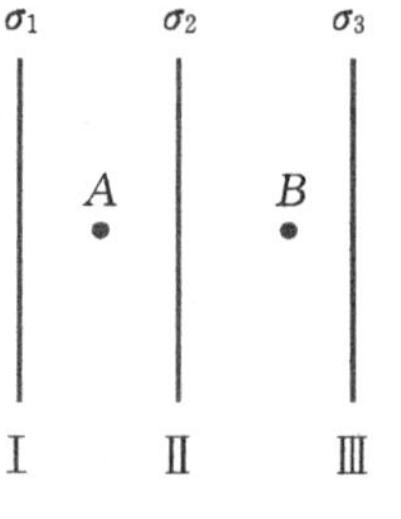

习题 1-21 图

第 2 章

静电场中的导体

通过第 1 章的学习，了解了静电场的基本性质和规律，以此为基础，本章进一步讨论在电场中存在某些宏观物体的情况。根据物质导电性能的不同，可将物质大致分为三类：导电性能很好的称为导体(conductor)；导电性能极差的或不导电的物体称为绝缘体或电介质(dielectric)；而导电性能介于导体和绝缘体之间的称为半导体(semiconductor)。之所以会这样，是由于这三种物体具有完全不同的微观图像。本章将主要讨论电场与导体以及电介质相互作用的情况。导体和电介质有着完全不同的静电特性，在生产实践和科学实验中，静电现象的应用大多数是导体和电介质静电特性的运用。因此，研究导体和电介质的静电特性以及导体和电介质内外电场分布的图像，具有很重要的实际意义。

下面将主要讨论电场中存在导体或电介质等物质时，静电场与场中的这些物质相互作用或相互影响的问题。首先讨论静电场和导体间的相互作用，接着介绍导体的电容和电容器，然后讨论静电场和电介质之间的相互作用，最后简要介绍静电场的能量。由此可以看到，本章所讨论的问题，不仅在理论上有重大意义，使我们对静电场的认识更加深入，而且在应用上也有重大作用。

2.1 静电场中的导体有关概念

事实上，任何物质都是一个复杂的电荷系统。这时，电场就要与物质中的电荷发生相互作用。因此，讨论电场与导体的相互作用的问题实质就是讨论在电场的作用下，导体中的电荷分布如何发生变化，以及这种变化反过来又如何作用于电场。而且，对于不同的物质(导体、电介质和半导体)，电荷分布改变的难易程度不同，因而这种相互作用的程度和方式也有所差别，也会表现出不同的规律。

2.1.1 导体的电结构

从物质的电结构来看，金属导体具有带负电的自由电子和带正电的晶体点阵。晶体点阵是指组成金属的原子失去了部分价电子，形成带正电的离子，正离子在金属内按一定的分布规则地排列着所形成金属的骨架。当导体不带电也不受外电场的作用时，两种电荷在导体内均匀分布，都没有宏观移动，或者说电荷并没有作定向运动。这时，只有微观的热运动存在，如图 2－1 所示。在导体中任意划取的微小体积元内，自由电子的负电荷和晶体点阵上的正电荷的数目是相等的，整个导体或其中任一部分都不显现电性，而呈中性。

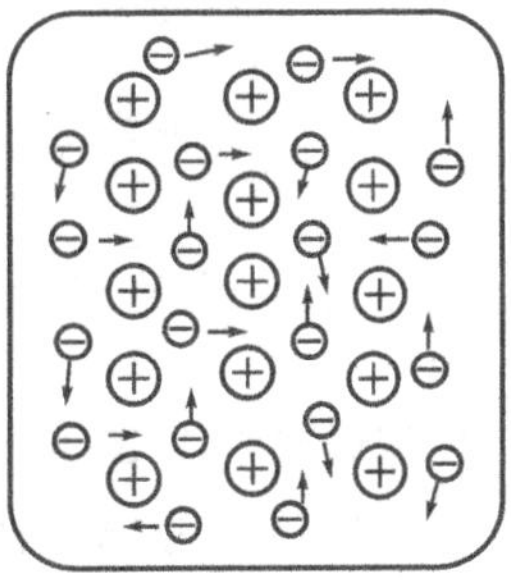

图 2－1　晶体点阵与自由电子

当有电场力作用于金属时，自由电子定向移动而形成电流，而构成晶体点阵的正离子在一般情况下，只在平衡位置附近振动，不能参与导电。当金属与绝缘体相互摩擦或两种金属相互摩擦时，由于自由电子的转移，金属可以带正电或负电。金属导体感应带电也是由于在外界电场力作用下，自由电子由导体的一部分转移到另一部分造成的。

2.1.2 静电感应过程

当把金属导体放入电场强度为 $\boldsymbol{E}_0$ 的外电场中，导体内带负电的自由电子在电场力 $-e\boldsymbol{E}_0$ 作用下，将相对于晶体点阵逆着电场 $\boldsymbol{E}_0$ 的方向作宏观的定向运动，如图 2-2(a)所示。由于电子的定向运动，并在导体一侧面集结，使该侧面出现负电荷，而相对另一侧面出现正电荷，如图 2—2(b)所示，这就是静电感应(electrostatic induction)现象。由静电感应现象所产生的电荷，称为感应电荷(induced charge)。感应电荷必然在空间激发电场，这个电场与原来的电场相叠加，因而改变了空间各处的电场分布。我们把感应电荷产生的电场，称为附加电场，用 $\boldsymbol{E}'$ 表示。导体内各点的总场强为

$$\boldsymbol{E}=\boldsymbol{E}_0+\boldsymbol{E}' \tag{2-1}$$

在导体内部，附加电场 $\boldsymbol{E}'$ 与外加电场 $\boldsymbol{E}_0$ 方向相反，并且只要 $\boldsymbol{E}'$ 不足以抵消外加电场 $\boldsymbol{E}_0$，导体内部自由电子的定向运动就不会停止，感应电荷就继续增加，附加电场 $\boldsymbol{E}'$ 将相应增大，直至 $\boldsymbol{E}'$ 与 $\boldsymbol{E}_0$ 完全抵消，导体内部的电场为零，如图 2-2(c)所示。这时自由电子的定向运动也就停止了。这样，人们把导体上的电荷停止宏观迁移，分布不再随时间变化的状态称为导体的静电平衡(electrostatic equilibrium)。金属导体建立静电平衡的过程就是静电感应发生并达到稳定的过程。实际上，这个过程是在极其短暂的时间内完成的。感应电荷所激发的附加电场 $\boldsymbol{E}'$ 不仅导致导体内部的电场强度为零，改变了导体外部空间各处原来电场的大小和方向，甚至还可能会改变产生原来外加电场 $\boldsymbol{E}_0$ 的带电体上的电荷分布。静电平衡是一个宏观平衡态，在微观上，自由电子仍在不停地作无规则热运动。

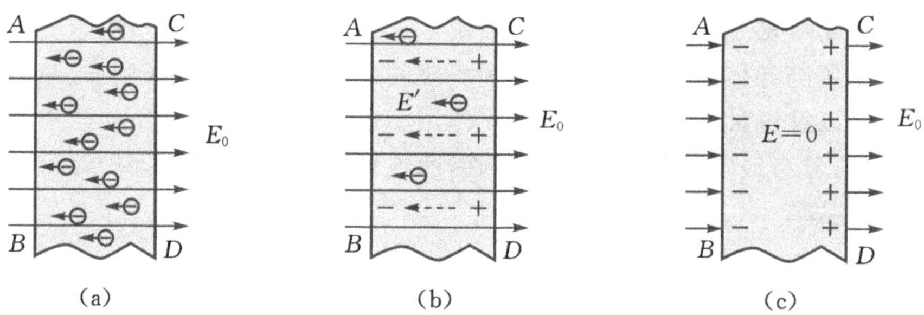

图 2-2 金属导体的静电平衡过程

2.1.3 静电平衡状态时导体的性质

1. 场强分布规律

当导体达到静电平衡时，导体内部总电场处处为零，导体内各处自由电子所受的电场力就为零，电子就必然没有宏观迁移；反之，如果导体内各处的电子都无宏观迁移，则它们所受的电场力必然为零，也就是处处场强为零。因此，导体达到静电平衡的充要条件是导体内部的场强

处处为零，即 $\boldsymbol{E}=0$ 。

另外，导体外面的电场也将受感应电荷的影响，使得导体表面外附近的场强处处垂直于导体表面。这是因为，如果导体表面外附近的场强不垂直于导体表面，该处导体表面上的电荷将在电场力的作用下沿表面运动，这样就没有达到静电平衡条件。

2. 电势分布规律

导体静电平衡时，导体是等势体，其表面是等势面。

在导体中（包含导体表面）任取两点 a 和 b，因导体内部电场强度处处为零，所以由 a 点经导体内部任意路径到 b 点的线积分为零，可知两点的电势差

$$V_a-V_b=\int_a^b E\cdot \mathrm{d}l=0$$

$$V_a=V_b \tag{2-2}$$

这就是说导体上各点电势都相等。

3. 电荷分布规律

静电平衡时，导体上的电荷分布规律可分以下几种情况进行讨论。

(1) 当导体处于静电平衡时，其所带电荷只能分布在导体的表面，导体内部处处没有净电荷存在。

一实心导体处于静电平衡状态，在其内任取一点 P，包围它作一闭合曲面 S，如图 2-3 所示。由于导体内场强处处为零，根据高斯定理有

$$\oint_S \boldsymbol{E}\cdot \mathrm{d}\boldsymbol{S}=0$$

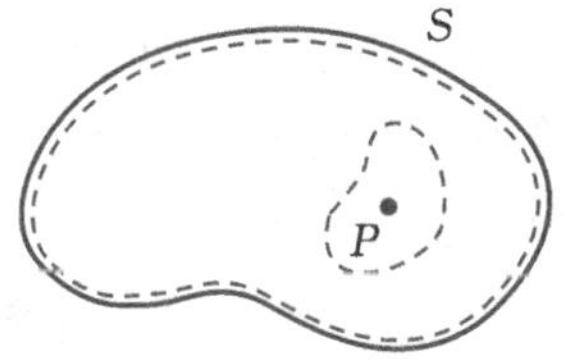

图 2-3

可知，在这一闭合曲面 S 内没有电荷或电荷代数和为零。由于 P 点是任取的，而且所取的闭合曲面也可取任意的小，所以当导体处于静电平衡时，导体内部处处没有净电荷存在，其电荷只能分布在导体表面。

(2)孤立的导体处于静电平衡时，它的表面各处的电荷面密度与各处表面的曲率有关。这里举个实例来定性地说明电荷面密度和表面曲率之间的关系。有两个相距极远，半径分别为 R_1 和 R_2 的导体球，用导线将二者连接起来。现给它们充上电荷，总电量为 Q。电荷在两个导体球上会怎么分布呢？假设在静电平衡时，半径分别为 R_1 和 R_2 的导体球上带的电荷电量分别为 Q_1 和 Q_2，电荷面密度分别为 σ_1 和 σ_2，如图 2-4 所示。

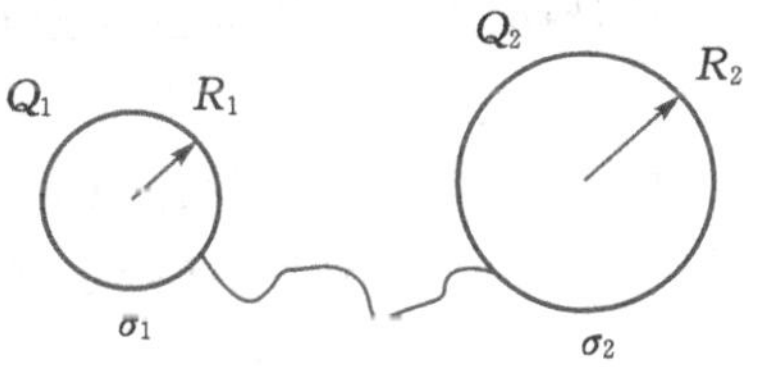

图 2-4

由电荷守恒定律，可得 $Q_1+Q_2=Q$

因为导线相连，二者电势相等，即 $U_1=U_2$，则

$$\frac{Q_1}{4\pi R_1}=\frac{Q_2}{4\pi R_2}$$

其中，$Q_1=4\pi R_1{}^2\sigma_1$ ，$Q_2=4\pi R_2{}^2\sigma_2$ ，可得

$$\frac{\sigma_1}{\sigma_2}=\frac{R_2}{R_1}$$

由此可知，球面电荷分布的面密度与半径成反比。另外根据微分几何的知识，任何数学上

光滑连续的表面都可以由有限多个球面组合而成，因此普通导体都可看作有限多个球面构成的等势面。所以对于任何孤立带电导体，导体外表面的电荷分布与外表面的曲率及导体整个形状有关。一般来说，导体表面凸出的地方曲率较大，电荷就比较密集，即面电荷密度 σ 较大；表面平坦的地方曲率较小，电荷比较稀疏，电荷面密度较小；导体表面凹进去的地方曲率为负，面电荷密度更小甚至为零。如图 2－5 所示，尖端处的电场线最密，平坦处次之，而凹陷处稀疏。这表明，导体尖端电荷面密度最大，平坦处次之，凹陷处最小。也就是说，导体表面曲率大处电荷面密度大，表面曲率小处电荷面密度小。

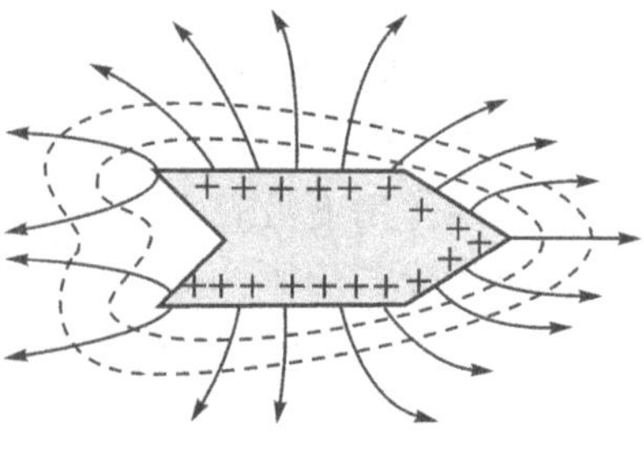

图 2－5 导体表面曲率对电荷分布的影响

(3)腔内没有电荷的空腔导体，其内表面无净电荷，所带电荷分布在外表面上。

有一腔内没有电荷的空腔导体，如图 2－6 所示，在导体内部作一包围空腔的高斯面 S(用虚线表示)。由于导体内 $E=0$，故通过 S 面的 E 通量为零，由高斯定理可知，在空腔内表面上或者没有电荷，或者分布着等量异号电荷。先假设在空腔内表面分布着等量异号电荷，那么在腔内电场线将从正电荷发出，终止于负电荷，因此沿电场线 E 的线积分将不为零，于是两点间就存在电势差，这与静电平衡时的导体为等势体相矛盾，所以空腔内表面不可能分布等量异号电荷。这就是说，腔内无电荷的空腔导体其内表面没有电荷，所带电荷只能分布在导体的外表面。

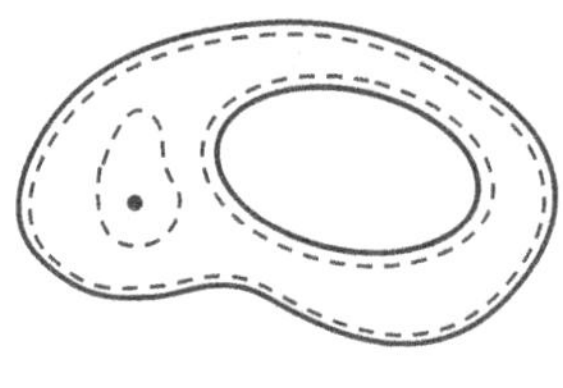

图 2－6 没有电荷的空腔导体

(4) 腔内有电荷的空腔导体，其内表面的电荷与腔内电荷等值反号。

设导体带电为 Q，腔内有电荷 q，如图 2－7 所示，利用高斯定理可证明空腔内表面必定分布有 $-q$ 的电量，根据电荷守恒，外表面上必然分布有 $Q+q$ 的电量。证明略。

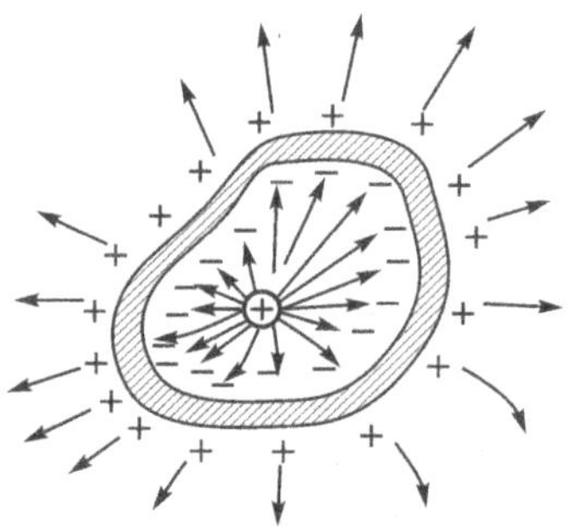

图 2－7 有电荷的空腔导体

由上述讨论可知，导体空腔内没有电荷，空腔内 $E=0$，可见导体空腔内部不受外面静止电荷电场的影响；当导体空腔内有电荷 q，在导体空腔内外表面会感应出等量异号电荷，导体外表面感应电荷会对导体外部电场产生影响；如果将导体接地，则导体外表面的感应电荷由于接地而中和，导体空腔内的电荷对导体外部不产生影响。因此，接地的导体空腔可使得导体内、外两空间的电场互不影响，这就是静电屏蔽的工作原理。

(5)带电导体静电平衡时，导体表面外附近的电场强度，其大小与该处电荷面密度 $\psi = N\Phi_m$ 成正比，其方向与导体表面垂直。

在导体表面任意一点 P 取一个这样的高斯面：以 P 点处表面平行的导体内、外附近两个小面元 ΔS 为底面，侧面垂直于表面的小柱面 S，如图 2－8 所示。考虑到导体内 $\boldsymbol{E}=0$，导体外表面附近 $\boldsymbol{E}$ 垂直于表面，由高斯定理得 $\oiint \boldsymbol{E}\cdot \mathrm{d}\boldsymbol{S} = E\Delta S = \dfrac{1}{\varepsilon_0}\sigma\Delta S$，故有 $E=\dfrac{\sigma}{\varepsilon_0}$。

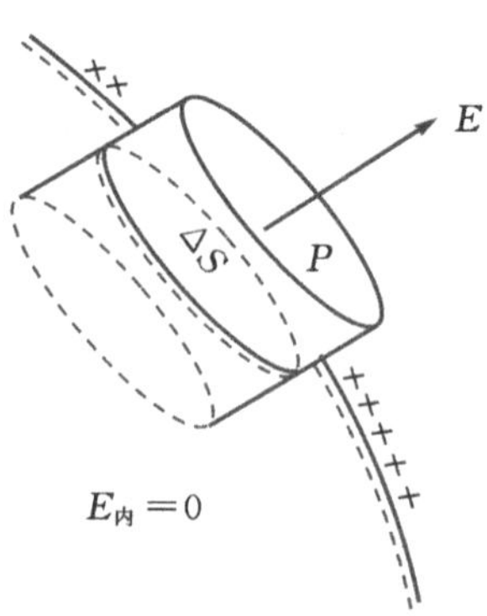

图 2－8 导体表面附近的场强

综上所述，孤立的导体处于静电平衡时，它的表面外电场的强弱与各处表面的曲率有关，导体表面尖端处，曲率越大，面电荷密度也越大，尖端处周围的电场就越强。当给这个导体不断充电，尖端处的电场将最快达到周围空气的击穿阈值，产生尖端放电现象。避雷针就是利用尖端的缓慢放电而避免“雷击”的。与此相反，在高压设备中，为了防止因尖端放电而引起的危险和漏电造成的损失，输电线的表面应是光滑的。具有高电压的零部件的表面也应做得十分光滑并尽可能做成球面。

2.2 有导体存在时的静电场问题求解

当静电场中放入导体，或带电体是导体材料时，导体需要达到静电平衡状态，通常电荷会在导体表面重新分布。因此，求解有导体存在时的静电场问题，首先要根据静电平衡条件分析计算出电荷在导体表面的分布情况，然后根据静电场的性质方程（主要是静电场的高斯定理和环路定理）求解场强分布。除此之外，对于孤立导体，通常还需要用到电荷守恒定律。这一方法的详细应用过程请看下面两个例题。

例 2-1　有一外半径 R_1 为 10 cm，内半径 R_2 为 7 cm 的金属球壳，在球壳中放一半径 R_3 为 5 cm 的同心金属球（见图 2-9）。若使球壳和球均带有 $q = 10^{-3}$ C 的正电荷，问两球体上的电荷如何分布？球心的电势为多少？

解　为了计算球心的电势，必须先计算出各点的电场强度。由于在所讨论的范围内，电场具有球对称性，因此可用高斯定理计算各点的电场强度。

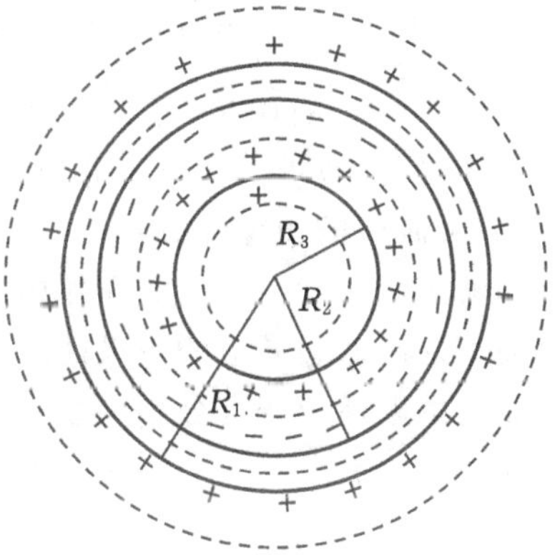

图 2-9

我们先从球内开始，如取以 $r<R_3$ 的球面 S_1 为高斯面，则由导体的静电平衡条件，球内的电场强度为

$$E_1 = 0 \quad (r<R_3) \tag{1}$$

在球与球壳之间，作 $R_3<r<R_2$ 的球面 S_2 为高斯面，在此高斯面内的电荷仅是半径为 R_3 的球上的电荷 $+q$。由高斯定理，有

$$\oint_{S_2} \boldsymbol{E}_2 \cdot \mathrm{d}\boldsymbol{S} = \frac{q}{\varepsilon_0}$$

或

$$E_2 4\pi r^2 = \frac{q}{\varepsilon_0}$$

得球与球壳间的电场强度

$$E_2 = \frac{1}{4\pi\varepsilon_0}\frac{q}{r^2} \ (R_3<r<R_2) \tag{2}$$

$$E_3 = 0 \quad (R_2<r<R_1) \tag{3}$$

由高斯定理可知，其内所含有电荷的代数和应为零，即

$$\oint_{S_3} \boldsymbol{E}_3 \cdot \mathrm{d}\boldsymbol{S} = \frac{\sum q}{\varepsilon_0} = 0$$

已知球的电荷为 $+q$，所以球壳内的表面上的电荷必为 $-q$。这样，球壳的外表面上的电荷则应是 $+2q$。

再在球壳外面取 $r>R_1$ 的球面 S_4 为高斯面，从而由高斯定理，有

$$\oint_{S_4} E_4 \cdot \mathrm{d}S = \frac{\sum q}{\varepsilon_0}$$

其中，$\sum q = q - q + 2q = 2q$。所以 $r > R_1$. 处的电场强度为

$$E_4 = \frac{1}{4\pi\varepsilon_0}\frac{2q}{r^2}, \quad (r>R_1) \tag{4}$$

由电势的定义式(1-31)可知，球心 O 的电势为

$$V_0 = \int_0^{\infty} \boldsymbol{E} \cdot \mathrm{d}\boldsymbol{l}$$

$$= \int_0^{R_3} \boldsymbol{E}_1 \cdot \mathrm{d}\boldsymbol{l} + \int_{R_3}^{R_2} \boldsymbol{E}_2 \cdot \mathrm{d}\boldsymbol{l} + \int_{R_2}^{R_1} \boldsymbol{E}_3 \cdot \mathrm{d}\boldsymbol{l} + \int_{R_1}^{\infty} \boldsymbol{E}_4 \cdot \mathrm{d}\boldsymbol{l} \tag{5}$$

把式(1)，(2)，(3)，(4)代入式(5)，可得

$$V_0 = 0 + \int_{R_3}^{R_2} \frac{1}{4\pi\varepsilon_0}\frac{q}{r^2}\mathrm{d}r + 0 + \int_{R_1}^{\infty} \frac{1}{4\pi\varepsilon_0}\frac{2q}{r^2}\mathrm{d}r$$

$$= \frac{q}{4\pi\varepsilon_0}\left(\frac{1}{R_3} - \frac{1}{R_2} + \frac{2}{R_1}\right) \tag{6}$$

将已知数据代入式(6)，且 $\frac{1}{4\pi\varepsilon_0} = 9\times10^9\ \mathrm{V \cdot m \cdot C^{-1}}$，有

$$V_0 = 9\times10^9 \times 10^{-8} \times \left(\frac{1}{0.05} - \frac{1}{0.07} + \frac{2}{0.1}\right) = 2.31\times10^3\ \mathrm{V}$$

例 2-2 有两块大的金属平板 A 和 B，平行放置，面积为 S，带电量分别为 Q_A，Q_B。求静电平衡时，金属板上的电荷分布及周围空间的电场分布。如果将金属板 B 接地，情况又如何？(忽略金属板的边缘效应)

解 由于静电平衡时导体内部无净电荷，所以净电荷只能分布在两金属板的表面上。忽略金属板的边缘效应，金属板表面的电荷可视为均匀分布的。设四个表面上的电荷面密度分别为 σ_1，σ_2，σ_3 和 σ_4，如图 2-10 所示。根据电荷守恒定律可知

$$(\sigma_1+\sigma_2)S = Q_A \tag{1}$$

$$(\sigma_3+\sigma_4)S = Q_B \tag{2}$$

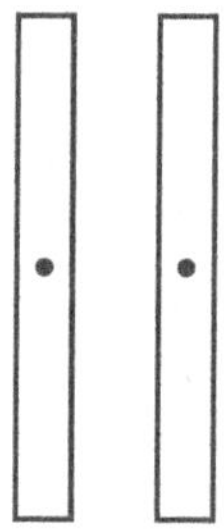

图 2-10

在金属板 A 内一点 P_A 的场强应该是四个带电面的电场的叠加(设 E 向右为正方向)，因而有

$$E_A = \frac{\sigma_1}{2\varepsilon_0} - \frac{\sigma_2}{2\varepsilon_0} - \frac{\sigma_3}{2\varepsilon_0} - \frac{\sigma_4}{2\varepsilon_0}$$

由于静电平衡时，导体 A 内各处场强为零，故有

$$\sigma_1 - \sigma_2 - \sigma_3 - \sigma_4 = 0 \tag{3}$$

同理，在金属板 B 内一点 P_B 的场强

$$E_B = \frac{\sigma_1}{2\varepsilon_0} + \frac{\sigma_2}{2\varepsilon_0} + \frac{\sigma_3}{2\varepsilon_0} - \frac{\sigma_4}{2\varepsilon_0}$$

且有

$$\sigma_1 + \sigma_2 + \sigma_3 - \sigma_4 = 0 \tag{4}$$

将方程式(1)，(2)，(3)，(4)联立求解得

$$\sigma_1 = \sigma_4 = \frac{Q_A + Q_B}{2S}$$

$$\sigma_2 = -\sigma_3 = \frac{Q_A - Q_B}{2S}$$

可见金属板 A,B 相背的两面带等量同号电荷,相对的两面带等量异号电荷。金属板 A 的左侧场强大小为 E_1,则

$$E_1 = \frac{|\sigma_1|}{\varepsilon_0} = \frac{|Q_A + Q_B|}{2\varepsilon_0 S}$$

当 $\sigma_1 > 0$,E_1 的方向向左,否则向右。

金属板 A、B 之间场强大小为 E_2,则

$$E_2 = \frac{|\sigma_2|}{\varepsilon_0} = \frac{|Q_A - Q_B|}{2\varepsilon_0 S}$$

当 $\sigma_2 > 0$,E_2 的方向向右,否则向左。

金属板 B 的右侧场强大小为 E_3,则

$$E_3 = \frac{|\sigma_4|}{\varepsilon_0} = \frac{|Q_A + Q_B|}{2\varepsilon_0 S}$$

当 $\sigma_4 > 0$,E_3 的方向向右,否则向左。

如果把金属板 B 接地,它就与地球这个大导体连成一体。B 板右表面上的电荷就会分散到更远的地球表面上而使 σ_4 实际上消失,因而有

$$\sigma_4 = 0 \tag{5}$$

金属板 A 上的电荷仍给出

$$(\sigma_1 + \sigma_2)S = Q_A \tag{6}$$

由于金属板处于静电平衡状态,仍有 $E_A = 0$,$E_B = 0$,即

$$\sigma_1 - \sigma_2 - \sigma_3 = 0 \tag{7}$$

$$\sigma_1 + \sigma_2 + \sigma_3 = 0 \tag{8}$$

将方程式(5),(6),(7),(8)联立求解,得

$$\sigma_1 = \sigma_4 = 0$$

$$\sigma_2 = -\sigma_3 = \frac{Q_A}{S}$$

和未接地前相比,电荷分布改变了。这一变化是通过接地线中和了 B 板上原来的电荷 Q_B,还将 $-Q_A$ 电荷跑到 B 板上,且 $\pm Q_A$ 电荷分布在 A,B 两板相对的两表面上。

这时的电场分布可根据上面求得的电荷分布求出,具体为

$$E_1 = E_3 = 0, \qquad E_2 = \frac{|\sigma_2|}{\varepsilon_0} = \frac{|Q_A|}{\varepsilon_0 S}$$

$Q_A > 0$,方向向右,否则向左。

对于接地导体的性质,有一点需要特别注意:当一个导体接地,不能随即判断该导体电荷为零,只能判断它的电势和无穷远处相等。至于电荷在该导体上面如何分布,则要根据实际情况来计算,最终要使其电势为零。

习　题

2-1　当一个带电导体达到静电平衡时,(　　)。

(A)表面上电荷密度较大处电势较高

(B)表面曲率较大处电势较高

(C)导体表面的电势比导体内部的电势低

(D)导体内任一点与其表面上任一点的电势差等于零

2-2 已知厚度为 d 的无限大带电导体平板，两表面上电荷均匀分布，电荷面密度均为 σ，如习题 2-2 图所示，则板两侧的电场强度的大小为(　　)。

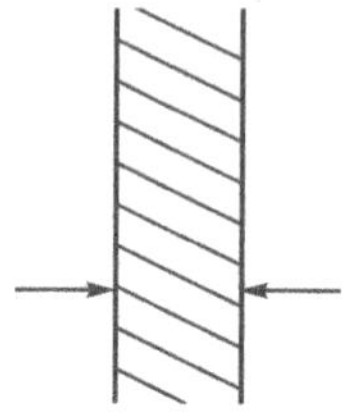

习题 2-2 图

(A) $E=\dfrac{\sigma}{2\varepsilon_0}$　　(B) $E=\dfrac{2\sigma}{\varepsilon_0}$

(C) $E=\dfrac{\sigma}{\varepsilon_0}$　　(D) $E=\dfrac{\sigma d}{2\varepsilon_0}$

2-3 一带电量 q，半径为 r 的金属球 A，放在内、外半径分别为 R_1 和 R_2 的不带电金属球壳 B 内任意位置，A 与 B 之间及 B 外均为真空，若用导线把 A，B 连接起来，则 A 球电势为(　　)(设无穷远处电势为零)。

(A)0　　(B) $\dfrac{q}{4\pi\varepsilon_0 r}$

(C) $\dfrac{q}{4\pi\varepsilon_0 R_1}$　　(D) $\dfrac{q}{4\pi\varepsilon_0 R_2}$

(E) $\dfrac{1}{4\pi\varepsilon_0}\left(\dfrac{q}{R_1}-\dfrac{q}{R_2}\right)$

2-4 如习题 2-4 图所示，若一接地的金属球，用一弹簧吊起，金属球原来不带电。若在它的下方放置一电量为 q 的点电荷，则(　　)。

习题 2-4 图

(A)只有当 $q>0$ 时，金属球才下移

(B)只有当 $q<0$ 时，金属球才下移

(C)无论 q 是正是负，金属球都下移

(D)无论 q 是正是负，金属球都不动

2-5 一个带电为 Q 的金属球壳内、外半径分别为 R_1 和 R_2，今在球壳空腔内放置一电量为 q 的点电荷，则球壳的电势 $V=$______。

2-6 一孤立带电导体球，其表面处场强的方向______；当把另一带电体放在这个导体球附近时，该导体球表面处场强的方向______。

2-7 已知一平行板电容器，极板面积为 S，两板间隔为 d，其中充满空气，当两极板上加电压 U 时，忽略边缘效应，两极板间的相互作用力 $F=$______。

2-8 在一个孤立导体球壳的中心放一个点电荷，球壳内、外表面上的电荷分布是否均匀？如果点电荷偏离球心，情况又如何？

2-9 两个金属球半径分别为 R_1 和 R_2，所带电量分别为 q_1 和 q_2。两球相距很远，将两球用导线连接，设导线很长，两球上电荷仍可视为均匀分布。试证：在静电平衡时，两球上电荷的面密度与它们的半径成反比。

2-10 两块平行的金属板相距为 d，用一电源充电，两极板间的电势差为 ΔU。将电源断开，在两板间平行地插入一块厚度为 l 的金属板($l<d$，且与极板不接触)，忽略边缘效应，问两金属板间的电势差改变多少？插入的金属板的位置对结果有无影响？

2－11　三平行金属板 A,B,C,面积均为 200 cm^2,A,B 板间相距 4.0 mm,A,C 板间相距 2.0 mm,B 和 C 两板都接地,如习题 2－11 图所示,如果使 A 板带正电 3.0×10^{-7} C,求:①B、C 板上的感应电荷;②A 板电势。

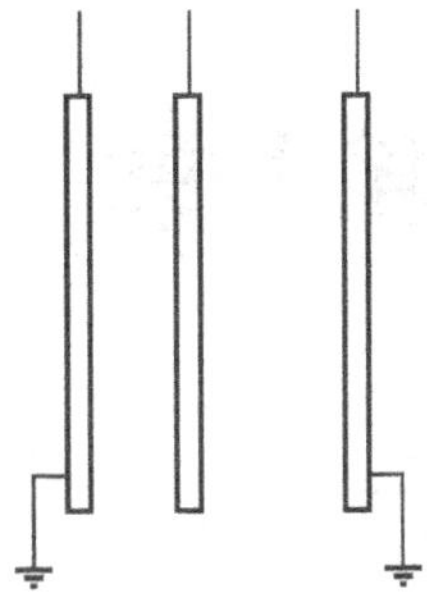

习题 2－11 图

第 3 章

静电场中的电介质

静电场与物质的相互作用既表现在静电场对物质的影响上，也表现在物质对静电场的影响上。上一章我们主要讨论了静电场中的导体对电场的影响，本章将着重讨论电介质对静电场的影响。所谓电介质(dielectric)是指绝缘的物质。与金属导体分子不同的是，在电介质的分子内部，原子核和电子之间的引力相当大，使得电子和原子核结合得非常紧密，电子处于束缚状态，不能自由移动，因此不具有导电性。静电场不仅与导体存在相互作用，与电介质同样也存在相互作用。例如，用和皮毛摩擦过的塑料棒吸引小纸片的实验，就是静电场对小纸片这种电介质产生作用的结果。电介质有各向同性与各向异性之分，在此主要讨论各向同性的均匀电介质。

3.1　电介质的极化

在任何物质的内部，分子(或原子)都是由带正电的原子核和带负电的核外电子组成的，整个分子电荷的代数和为零。显然，分子内部的正、负电荷之间存在相互作用。但在离分子的距离远比分子的线度大得多的地方，分子中的全部负电荷对该处的影响可以用一个单独的负电荷等效。这个等效负电荷的位置称为分子负荷的“重心”。例如，一个电子绕核作匀速运动时，它的“重心”可以认为在圆心。同样，每个分子的正电荷对负电荷的作用，也可以等效为一个正电荷“重心”。这样，对于有些电介质的分子而言，这两个正、负电荷的“重心”是重合的，如图 3-1(a)所示，我们称它为无极分子，这类分子如氢、甲烷、石蜡、聚苯烯等。对于另外一些电介质的分子，即使没有外电场的作用时，它们的正、负电荷的“重心”也是不重合的，如图 3-1(b)所示，称之为有极分子，如水、有机玻璃、纤维素、聚氯乙烯等。

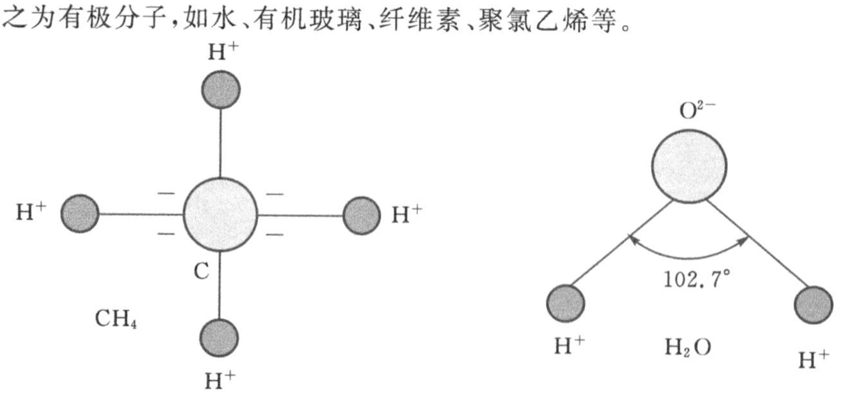

(a)甲烷分子结构(正、负电荷重心重合)　(b)水分子结构(正、负电荷重心不重合)

图 3-1　甲烷分子与水分子的结构

无极分子电介质的极化过程如图 3-2 所示。在外电场的作用下，每一个无极分子的正负电荷将偏离原来的位置，造成正负电荷的“重心”不再重合，形成一个电偶极子。这样，每一个分子就相当一个电偶极子，通常称它为诱导电偶极矩(induced electric moment)。在外电场的作用下，这些分子的电偶极矩 $\boldsymbol{p}$ 的方向要转到和外电场的方向基本一致。对各向同性的均匀电介质来说，介质内部任一相等的体积所包含的分子数相同，因而它们的电偶极子数也是相同的，在这个任意的体积内的电荷代数和为零。但是，在电介质和外电场垂直的表面情况就不一样了，这两个表面分别出现正电荷和负电荷的分布。这种电荷与导体中的自由电荷是不一样的，它们不能在电介质内部自由运动，当然也不可能离开电介质，我们称之为极化电荷(polarization charge)。极化电荷的出现，完全是外电场对电介质作用的结果。对于无极分子构成的电介质分子，外电场越强，产生的诱导电极矩越大。当外电场撤消后，无极分子的正、负电荷的中心又将重合。通常把电介质在外电场的作用下出现极化电荷的现象，叫作电介质的极化(polarization)。像无极分子的这种极化，是由于正、负电荷的中心发生相对位移(由于电子质量很小，因此主要是由于电子的位移)而引起的，所以又称为位移极化(displacement polarization)。

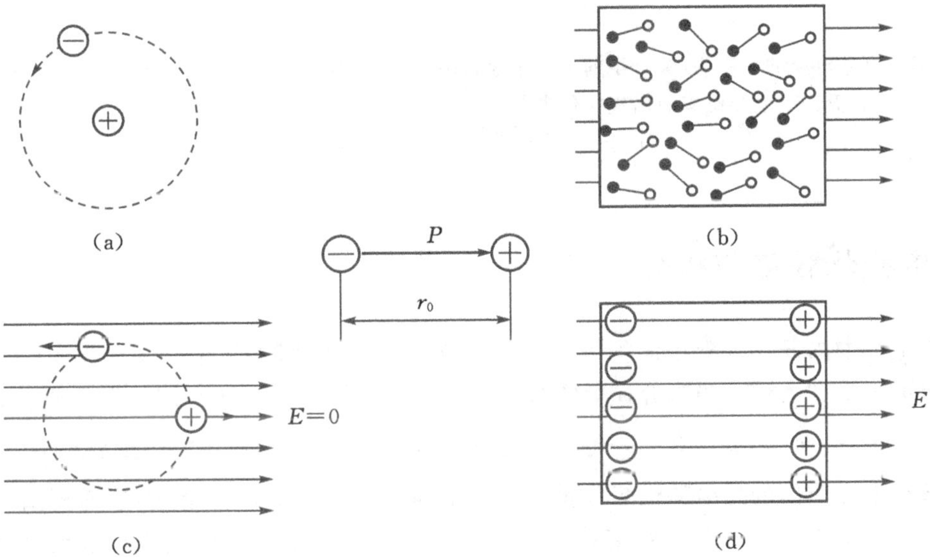

(a)没有外电场的作用，无极分子正负电荷的重心是重合的；(b)在外电场的作用下，无极分子正负电荷的重心不重合；(c) 在外电场中，无极分子等效为一个电偶极子；(d) 无极分子的电偶极矩转向外电场的方向；(e) 无极分子电介质表面出现极化电荷

图 3-2　无极分子电介质的极化过程

有极分子的极化过程与无极分子有所不同，如图 3-3 所示。有极分子的每一个分子就构成一个电偶极子，并有一定的固有电偶极矩。在无外电场作用时，由于分子的热运动，各电偶极子的电偶极矩的排列是混乱的，整个电介质对外不显电性。有外电场作用时，每个电偶极子都要受到电场力所形成的力矩的作用。于是，每个电偶极子的电偶极矩都将转向外电场的方向。但是由于分子内部的热运动总是存在的，因此外电场对电偶极子的这种作用，不可能使每个电偶极子的电偶极矩都一致地转到和外场完全相同的方向。只是大多数分子的电偶极子趋

于与外电场方向一致。不过，由于电场作用的原因，使得在垂直于外电场方向的电介质表面上，出现了极化电荷。这种极化机制的特点是由电偶极子的转向而产生的，因此叫作转向极化(orientation polarization)。

应当说明，位移极化在任何电介质内都是存在的，而转向极化是有极分子所独有的。在有极分子所构成的分子中，转向极化是主要的。无极分子构成的电介质，位移极化则是唯一的极化机制。显然，作为两种极化现象，它们的共同点是都会出现极化电荷，因此当仅仅是研究外电场对介质的作用时，一般情况下都不去区分它是哪一类极化机制。而且，处于电场 $\boldsymbol{E}_0$ 中的电介质被极化后，电介质体内场强 $\boldsymbol{E}$ 为外场强 $\boldsymbol{E}_0$ 与极化电荷在该点产生场强 $\boldsymbol{E}'$ 的矢量和，即 $\boldsymbol{E}=\boldsymbol{E}_0+\boldsymbol{E}'$ 。

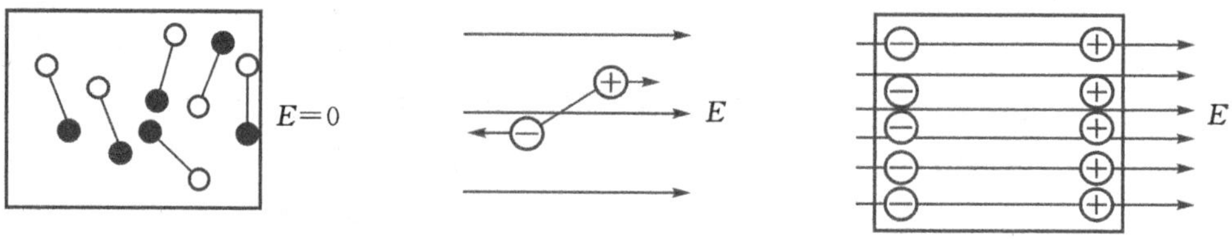

(a)　　(b)　　(c)

(a)没有外电场的作用，有极分子的无序排序；(b)在外场作用下，有极分子趋于向外场方向排序；(c)有极分子电介质表面出现极化电荷

图 3-3　有极分子电介质的极化过程

3.2　电极化强度与极化电荷

考虑电介质内任一宏观小体积 ΔV ，在没有被外电场极化时，这个宏观小体积内分子的电偶极矩 $\boldsymbol{p}$ 的矢量和为零。当电介质处于外电场中，电介质被极化，此小体积内的分子电偶极矩的矢量和不为零，即 $\sum p\neq 0$ 。外电场越强，介质内的分子电偶极矩的矢量和越大。因此，可以通过分析电介质内的总电偶极矩矢量的大小来描述电介质的极化情况，这需要引入一个新的物理量——电极化强度 $\boldsymbol{P}$ 。要定量地描述电介质的极化状态，显然电极化强度这个矢量应定义为单位体积内的电偶极矩矢量和，即

$$\boldsymbol{P}=\frac{\sum \boldsymbol{p}}{\Delta V}\tag{3-1}$$

从式(3-1)可以看出，电极化强度矢量的单位是 $\mathrm{C\cdot m^{-2}}$。实验表明，当电介质中的电场 $\boldsymbol{E}$ 不太强时，各向同性的电介质的电极化强度与场强 $\boldsymbol{E}$ 成正比，方向相同，它们的关系可以表示为

$$\boldsymbol{P}=\varepsilon_0(\varepsilon_r-1)\boldsymbol{E}\tag{3-2}$$

式(3-2)中 ε_r 称为介质的相对电容率，这个量与真空中的介电常量 ε_0 的乘积 $\varepsilon_0\varepsilon_r$ 通常叫作电容率 ε。从上述分析可见：极化电荷是电介质被外电场极化的结果，而电介质的极化程度是用电极化强度矢量 $\boldsymbol{P}$ 来描述的。这两者之间有什么样的定量关系呢？下面以位移极化为例，说明这两者之间的关系。

如图 3－4 所示，在电介质中任取一面元 $\mathrm{d}\boldsymbol{S}=\boldsymbol{e}_n\mathrm{d}S$，$\boldsymbol{e}_n$ 为面元法线方向的矢量。在面元 $\mathrm{d}S$ 的后侧沿 l 方向取一斜高为 l，底面积为 $\mathrm{d}S$ 的斜柱体。斜柱体的体积为 $\mathrm{d}\tau=l\mathrm{d}S\cos\theta$，$\theta$ 为 l 与 $\boldsymbol{e}_n$ 之间的夹角。在电场的作用下，此斜柱体内的所有分子的正电荷“重心”将穿过底面 $\mathrm{d}S$。设电介质单位体积内的分子数为 n，则这些正电荷的量为

$$\mathrm{d}q'=nq\mathrm{d}\tau=nql\mathrm{d}S\cos\theta \tag{3-3}$$

又根据 $P=np=nql$，式(3－3)可以表示为

$$\mathrm{d}q'=P\cos\theta\mathrm{d}S=\boldsymbol{P}\cdot\mathrm{d}\boldsymbol{S}=\boldsymbol{P}\cdot\boldsymbol{e}_n\mathrm{d}S \tag{3-4}$$

将式(3－4)等式两边除以 $\mathrm{d}S$，则得到极化面密度为

$$\sigma'=\frac{\mathrm{d}q'}{\mathrm{d}S}=P\cos\theta=\boldsymbol{P}\cdot\boldsymbol{e}_n \tag{3-5}$$

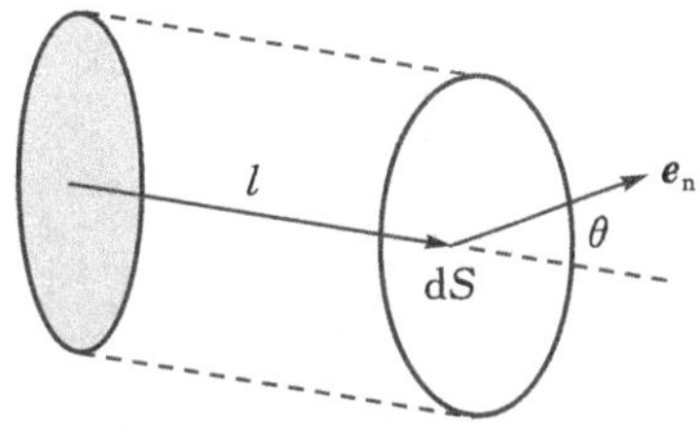

图 3－4　极化电荷

式(3－5)即极化电荷的分布与电极化强度矢量之间的定量关系。如果面元取在电介质的表面上，则式(3－5)就是电介质表面的极化电荷分布规律。由此可以看出，当电极化强度矢量 $\boldsymbol{P}$ 与电介质外法线方向的夹角 $\theta<90^\circ$ 时，$\sigma>0$，介质表面出现正的极化电荷；当 $\theta>90^\circ$ 时，$\sigma<0$，表示该面出现负的极化电荷。

如果在电介质内部任取一个闭合曲面 S，则由式(3－5)可知，因极化而穿出 $\mathrm{d}S$ 的极化电荷为 $\mathrm{d}q'=\boldsymbol{P}\cdot\mathrm{d}\boldsymbol{S}$。穿出整个闭合面的极化电荷总量为

$$q'_{出}=\oint_S\boldsymbol{P}\cdot\mathrm{d}\boldsymbol{S}$$

于是根据电荷守恒定律，由于极化在面 S 内出现的极化电荷总量与穿出面 S 的极化电荷总量是相等的，但电性相反，即有

$$q'=-\oint_S\boldsymbol{P}\cdot\mathrm{d}\boldsymbol{S} \tag{3-6}$$

式(3－6)即极化强度 P 与极化电荷之间的普适关系。

3.3　有电介质时的高斯定理

在前面一章我们研究了真空中静电场的高斯定理，它所讨论的是真空中自由电荷激发的电场遵循的规律。对于静电场中有电介质的情形，在高斯面内不仅会有自由电荷，而且还会有极化电荷，这时高斯定理应有些什么变化呢？我们知道极化电荷同样要激发电场，并且这个场强会影响总的电场强度。因此，有介质时的高斯定理要作相应的改变。下面就讨论这一问题。

有电介质情形下，对电场中任一闭合的曲面 S，考虑到自由电荷 q_0 和极化电荷 q' 对电通量都有贡献，于是有

$$\oint_S\boldsymbol{E}\cdot\mathrm{d}\boldsymbol{S}=\frac{1}{\varepsilon_0}(q_0+q') \tag{3-7}$$

式中，$\boldsymbol{E}$ 指闭合面内所有电荷产生的总场强。由式(3－6)可知闭合面内的极化电荷为

$$q'=\oint_S\boldsymbol{P}\cdot\mathrm{d}\boldsymbol{S}$$

把它代入式(3－7)得到

$$\oint_S\boldsymbol{E}\cdot\mathrm{d}\boldsymbol{S}=\frac{1}{\varepsilon_0}(q_0-\oint_S\boldsymbol{P}\cdot\mathrm{d}\boldsymbol{S})$$

或写为

$$\oint_S (\varepsilon_0 \boldsymbol{E} + \boldsymbol{P}) \cdot \mathrm{d}\boldsymbol{S} = q_0 \tag{3-8}$$

再令

$$\boldsymbol{D} = \varepsilon_0 \boldsymbol{E} + \boldsymbol{P} \tag{3-9}$$

这个新定义的物理量称为电位移矢量(electric displacement vector),在国际单位制中,它的单位是 $\mathrm{C \cdot m^{-2}}$。这样,式(3-8)又可以写成

$$\oint_S \boldsymbol{D} \cdot \mathrm{d}\boldsymbol{S} = q_0 \tag{3-10}$$

式(3-10)中的 q_0 指闭合面内所有的自由电荷。因此,这个式子表明:在静电场中,通过任意闭合曲面的电位移通量等于该闭合面内所包围的自由电荷的代数和。这就是有介质时的高斯定理。通常将它写成如下形式

$$\oint_S \boldsymbol{D} \cdot \mathrm{d}\boldsymbol{S} = \sum q_0 \tag{3-11}$$

有介质时的高斯定理是电磁学理论中的基本规律之一。这个结论可以推广到变化的电磁场中,式(3-11)也是后面将会学习到的麦克斯韦方程组中的四个方程之一。

将式(3-2)代入式(3-9),有

$$\boldsymbol{D} = \varepsilon_0 \boldsymbol{E} + \boldsymbol{P} = \varepsilon_0 \varepsilon_r \boldsymbol{E} = \varepsilon \boldsymbol{E} \tag{3-12}$$

式(3-12)是电位移矢量 $\boldsymbol{D}$ 与电场强度 $\boldsymbol{E}$ 之间的关系。需要指出,电位移矢量只是用来描述电介质极化规律的一个辅助矢量,从式(3-9)可以看出,它与极化强度和电场强度都有关。与真空中的高斯定理类似,在有一定对称的情况下,根据有介质时的高斯定理和式(3-12),可以求出电介质极化时的电场强度分布。求解的思路通常是,由有介质时的高斯定理求出电介质中的电位移矢量 $\boldsymbol{D}$,再由式(3-12)求出场强的大小。

关于介质中的高斯定理的几点说明:

(1)有介质存在时的高斯定理是更普遍的规律,它概括了真空中的高斯定理。

(2)在 $\boldsymbol{D}$ 的高斯定理中,q' 和 $\boldsymbol{P}$ 不直接出现,在电荷和介质分布具有一定对称性的情况下,可以由自由电荷 q_0 的分布,求出 $\boldsymbol{D}$ 的分布。

(3)高斯面上任一点的 $\boldsymbol{D}$ 由空间总的自由电荷的分布决定,不能认为只与面内自由电荷有关。

例 3-1 如图 3-5 所示,设有半径为 R,带电量为 q 的金属球埋在相对电容率为 ε_r 的均匀无限大电介质中。求(1)电介质中 D 和 E 的分布;(2)电介质与金属球分界面上极化电荷面密度。

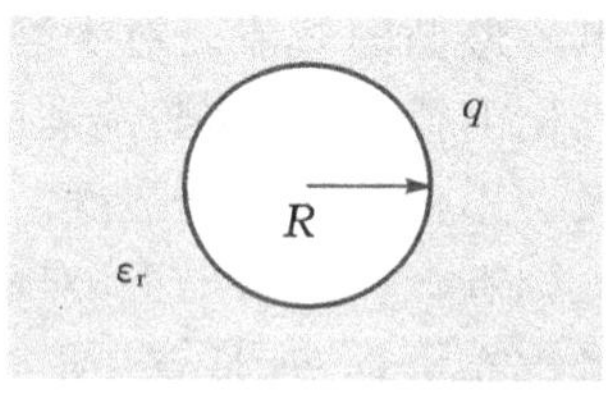

图 3-5

解 (1)根据题设条件,自由电荷和电介质的分布具有球对称性,电介质中 $\boldsymbol{D}$ 的分布也具有球对称性。在介质中任取一半径为 r 的同心球面 S,球面上各点 $\boldsymbol{D}$ 的大小相等,方向沿径向,与球面的外法线方向相同。于是,根据有介质时的高斯定理

$$\oint_S \boldsymbol{D} \cdot \mathrm{d}\boldsymbol{S} = q$$

可得

$$\oint_S D\mathrm{d}S = D4\pi r^2 = q$$

$$D = \frac{q}{4\pi r^2}$$

写成矢量形式为

$$\boldsymbol{D}=\frac{q}{4\pi r^2}\frac{\boldsymbol{r}}{r}=\frac{q}{4\pi r^2}\boldsymbol{e}_r$$

因此,介质中电场强度为

$$\boldsymbol{E}=\frac{\boldsymbol{D}}{\varepsilon_0\varepsilon_r}=\frac{q}{4\pi\varepsilon_0\varepsilon_r r^2}\boldsymbol{e}_r$$

(2)由式(3-5)可得,在电介质与金属球的分界面上的极化电荷面密度为

$$\sigma'=P_n$$

对于各向同性电介质,$P_n=\varepsilon_0(\varepsilon_r-1)E_n$。在分界面的外法线方向为$-\boldsymbol{e}_r$方向,则

$$E_n=\frac{q}{4\pi\varepsilon_0\varepsilon_r R^2}=-\frac{\sigma}{\varepsilon_0\varepsilon_r}$$

所以有

$$\sigma'=P_n=\varepsilon_0(\varepsilon_r-1)E_n=-\frac{\varepsilon_r-1}{\varepsilon_r}\frac{q}{4\pi R^2}=-\frac{\varepsilon_r-1}{\varepsilon_r}\sigma$$

式中,σ为自由电荷的面密度。由于总有$\varepsilon_r>1$,所以极化电荷面密度σ'与自由电荷面密度σ反号。

3.4　电容　电容器

电容是电学中一个重要的物理量,它反映了导体储存电能的本领。电容器(condenser)是电子和电工技术中一种非常重要的、常用的电子器件,它被用在电路中和电阻、电感等构成电路,实现一定的功能,如整流电路中的滤波,电子线路中的时间延迟等。本节先讨论孤立导体的电容,然后讨论电容器及其电容,最后讨论电容器的连接。

3.4.1　电容器的电容

在实际的技术应用中,为了提高储能本领和减小体积以方便使用的需要,人们设计出用绝缘体隔开的两个金属导体所组成的元件,称之为电容器。电容器中的这两个导体,通常称为电容器的两个极板。电容器在工作时,它的两个极板表面上总是分别带上等量异号电荷$+q$和$-q$,这时两极板间存在电势差。设它的两个极板的电势分别为V_+,V_-,则两极板间的电势差为$U=V_+-V_-$。电容器的电容(capacity)定义为两极板中任何一个极板的电量与两极板间的电势差的比值为电容器的电容,即

$$C=\frac{q}{U}\tag{3-13}$$

由式(3-13)可以看出,在电压相同的条件下,电容C越大的电容器,所储存的电量越多。这表明电容是反映电容器储存电荷本领大小的物理量。它的物理意义是导体每升高单位电势所需的电量。在国际单位制中,电容的单位是法拉(F),简称法。导体所带电为 1 库仑(C),相应的电势为 1 伏(V)时,其电容大小就是 1 法拉,所以有 $1\ \text{F}=1\ \text{C}\cdot\text{V}^{-1}$。法拉这个单位太大,在实际应用中,用比它更小的单位微法($1\ \text{F}=10^6\ \mu\text{F}$)和皮法($1\ \text{F}=10^{12}\ \text{pF}$)。在实际应用中,平行板电容器、圆柱形电容器和球形电容器是很常见的。下面,根据电容的定义式(3-13)可以计算这几种电容器的电容。

(1)孤立导体的电容。孤立导体是指在导体附近没有其他导体和带电体。通常把其他导体和带电体与之相隔足够远时的导体也看作孤立导体。设想有一孤立导体球,其带电量为 q ,半径为 R 。如果选取无限远处的电势为零,则这个导体球的电势为

$$U=\frac{q}{4\pi\varepsilon_0 R}$$

理论和实验都表明,如果使孤立导体球的电量 q 增加,则电势 U 将按比例地增加。如果用 C 表示这个比值,则可以写成

$$C=\frac{q}{U}=4\pi\varepsilon_0 R \tag{3-14}$$

可见,对于给定的孤立导体球,这个比值是仅与导体形状、大小有关,而与其带电量、电势无关的量。

(2)平行板电容器的电容。如图 3-6 所示,平行板电容器由两个靠得很近的导体板 A,B 组成,两极板的面积均为 S。设两极板间的距离为 d,所带电量分别为 $+q$ 和 $-q$,因此每块极板上的电荷密度为 $\sigma=\frac{q}{S}$ 。由于两极板距离很近,因此两极板可以看作是无穷大的带电平面,它们之间的电场可以看作是均匀电场,边缘效应可忽略。根据高斯定理可求得极板之间的场强为

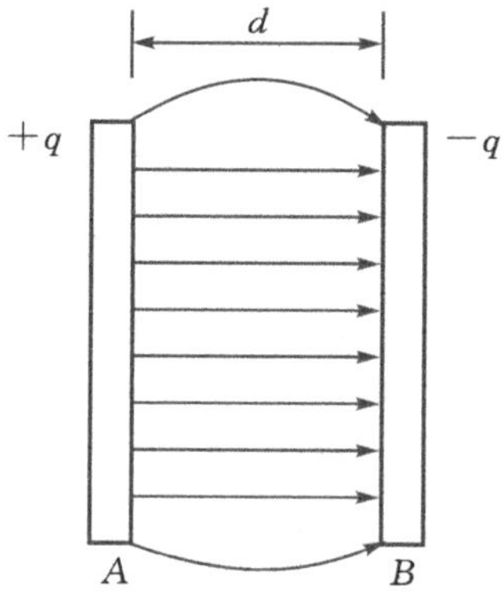

图 3-6　平行板电容器

$$E=\frac{\sigma}{\varepsilon_0}=\frac{q}{\varepsilon_0 S}$$

于是,可求得两极板间的电势差为

$$U=\int_{AB}\boldsymbol{E}\cdot \mathrm{d}\boldsymbol{l}=Ed=\frac{qd}{\varepsilon_0 S}$$

根据电容器电容的定义式(3-13),可求得平行板电容器的电容为

$$C=\frac{q}{U}=\frac{\varepsilon_0 S}{d} \tag{3-15}$$

从式(3-15)可以看出,真空中平行板电容器的电容大小与极板的面积成正比,与极板间的距离成反比。某些可变电容器就是通过改变这两方面来改变电容大小的,如收音机通过旋进或旋出其接收电路的电容器两极板的方式,改变极板的正对面积来改变电容的大小。式(3-15)也反映了电容的大小与电容器是否带电或者其电势差大小无关,只与电容器本身的结构形状以及介质种类有关。

(3)圆柱形电容器的电容。如图 3-7 所示,圆柱形电容器是由两个同轴圆柱导体面 A 和 B 所构成。设两圆柱导体的半径分别为 R_A 和 R_B,圆柱的长度为 $l\gg R_B$,所以可以把两圆面间的电场看成是无限长圆柱面的电场。若内、外圆柱面各带有电荷 $+q$ 和 $-q$,则圆柱面单位长度上的电荷为 $\lambda=\frac{q}{l}$ 。由高斯定理可知,在两圆柱面间离轴为 r 处的场强大小为

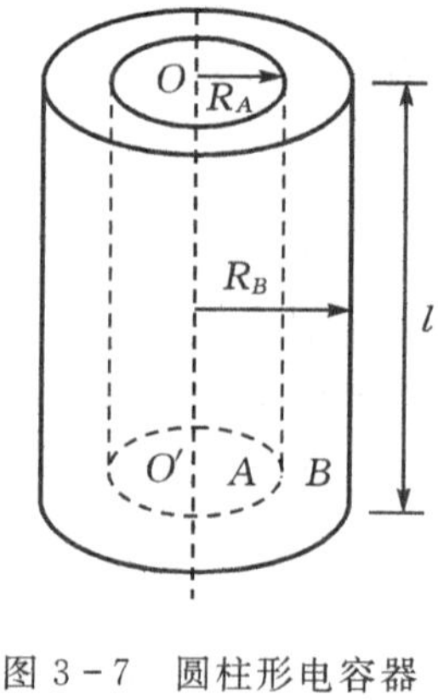

图 3-7　圆柱形电容器

$$E=\frac{\lambda}{2\pi\varepsilon_0 r}\qquad (R_A<r<R_B)$$

由电势差的定义式,可以求得两导体柱面间的电势差为

$$U=\int_{R_A}^{R_B}\boldsymbol{E}\cdot \mathrm{d}\boldsymbol{r}=\int_{R_A}^{R_B}\frac{\lambda}{2\pi\varepsilon_0 r}\mathrm{d}r=\frac{\lambda}{2\pi\varepsilon_0}\ln\frac{R_B}{R_A}$$

同理，由电容的定义式可以求得圆柱形电容器的电容为

$$C=\frac{q}{U}=\frac{\lambda l}{U}=\frac{2\pi\varepsilon_0 l}{\ln(R_B/R_A)} \tag{3-16}$$

由式(3-16)可见，圆柱体越长 C 越大；两圆柱面之间的距离越小，电容也越大。

(4)球形电容器的电容。如图 3-8 所示，球形电容器是由半径分别为 R_A 和 R_B 的两个同心金属球壳构成的。设内、外球壳带电量分别为 $+q$ 和 $-q$，根据前面一章的计算，利用高斯定理可以求出两球壳间的场强分布为

$$E=\frac{q}{4\pi\varepsilon_0 r}\quad (R_A<r<R_B)$$

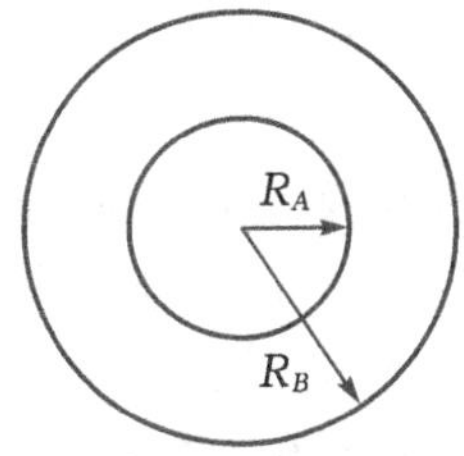

图 3-8　球形电容器

场强的方向沿径向。两球壳之间的电势差为

$$U=\int_{R_A}^{R_B}E\cdot \mathrm{d}\boldsymbol{r}=\frac{q}{4\pi\varepsilon_0}\int_{R_A}^{R_B}\frac{\mathrm{d}r}{r^2}=\frac{q}{4\pi\varepsilon_0}\left(\frac{1}{R_A}-\frac{1}{R_B}\right)$$

与前面的求法相同，由电容的定义式可求得电容为

$$C=\frac{q}{U}=\frac{4\pi\varepsilon_0 R_A R_B}{R_B-R_A} \tag{3-17}$$

由式(3-17)不难作如下推论：当 $R_B\to\infty$ 时，$C=4\pi\varepsilon_0 R_A$，此即孤立导体的电容；当两球面之间的距离 $d=R_B-R_A$ 很小时，$R_A R_B=R_A^2$，于是有

$$\frac{4\pi\varepsilon_0 R_A^2}{d}=\frac{\varepsilon_0 S}{d}$$

这也可得到平行板电容器电容公式(3-15)。

3.4.2　电容器的并联和串联

在实际的电路设计和使用中，常常需要把一些电容器组合起来才便于使用，电容器最基本的组合方式是并联和串联。一个电容器的性能指标由两个参数表示，也就是电容值和耐压值。电容器的耐压值表示该电容器所能承受的最高电压。如一个标有"200 μF，100 V"的电容器，表示其电容值为 200 μF，所能承受的最大电压是 100 V。当电容器的工作电压超过它所能承受的最大电压时，电容器就会被击穿。因此，在实际的电路设计或使用中，会根据需要把电容器串联或并联起来，使电容值和耐压值都能达到电路工作时的要求。

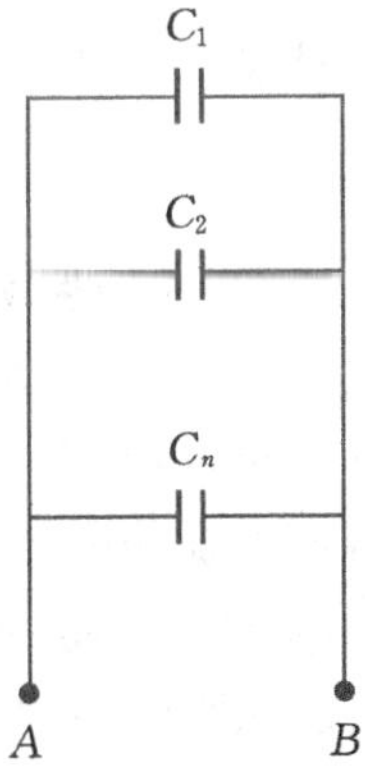

图 3-9　电容器的并联

(1)电容器的并联。如图 3-9 所示，将两个电容器 C_1，C_2 的极板一一对应地连接起来，就是电容器的并联。接上电源后，显然每一个电容器两极板上的电势差都等于电路 A，B 两端的电压 U。设两个电容器 C_1，C_2 上的电量分别为 q_1，q_2，根据式(3-13)可知

$$q_1=C_1U;\qquad q_2=C_2U$$

两电容器上的总电量为　$q=q_1+q_2=(C_1+C_2)U$

因此，整个电容系统的总电容是

$$C=\frac{q}{U}=\frac{(C_1+C_2)U}{U}=C_1+C_2$$

把这个结果推广到多个电容器的并联同样成立(证明方法与上面相同),即 n 个电容器并联时,总的等效电容为

$$C=C_1+C_2+\cdots+C_n \tag{3-18}$$

这说明,n 个电容器并联时,总电容等于各电容器电容之和。

从上面的分析不难知道,电容器并联后的总电容值比其中的任何一个电容器的电容值都大,但它们的耐压值并没有提高。电路两端的最大耐压值受并联电容中最小耐压值的那个电容器所制约。要提高整个电容系统的耐压能力,需要把电容器进行串联。

(2)电容器的串联。如图 3-10 所示,把两个电容器的极板首尾相连接,这叫作串联。设 A,B 两端的电压为 U,电容器 C_1 两极板所带电荷分别为 $+q$,$-q$。由于静电感应,电容器 C_2 的两极板上所带电荷也为 $+q$,$-q$,也就是说串联电容器组中每个电容器极板上所带电量是相等的。根据式(3-13)可得每个电容器两极之间的电势差为

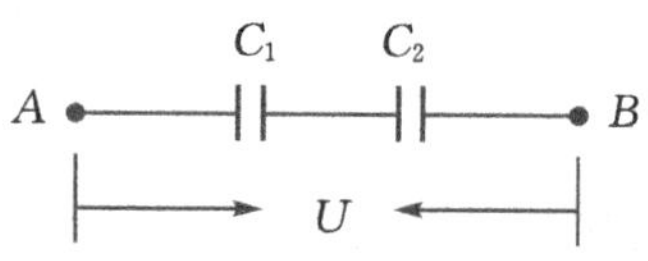

图 3-10 电容器的串联

$$U_1=\frac{q}{C_1},\quad U_2=\frac{q}{C_2}$$

A,B 两端的电压 U 与电容上电压的关系为 $U=U_1+U_2$,整个电容系统的总电容 C 可由式(3-13)求得

$$C=\frac{q}{U}=\frac{q}{U_1+U_2}=\frac{q}{\frac{q}{C_1}+\frac{q}{C_2}}=\frac{1}{\frac{1}{C_1}+\frac{1}{C_2}} \tag{3-19}$$

整理式(3-19)可得

$$\frac{1}{C}=\frac{1}{C_1}+\frac{1}{C_2} \tag{3-20}$$

这个结果同样可以推广到多个电容器串联的情况,即 n 个电容器串联时,总的等效电容为

$$\frac{1}{C}=\frac{1}{C_1}+\frac{1}{C_2}+\cdots\frac{1}{C_n} \tag{3-21}$$

式(3-21)表明,n 个电容器串联时,总等效电容的倒数等于电容器组中各电容倒数之和。从式(3-21)也不难推导:电容器串联起来的总等效电容值比电容组中的任何一个电容器的电容都要小,但整个电容系统的电压要高于每一个电容器上面所承受的电压,这说明串联可以提高电容系统的耐压能力。

例 3-2 将一个标有“12 μF,100 V”(C_1)和两个标有“2 μF,100 V”(C_2,C_3)的电容器连接起来欲组成电容为 3 μF 的电容器组,问该如何连接?此电容系统所能承受的最大电压是多少?

解 从题中要求看,总电容为 3 μF,这个值大于 2 μF 而小于 12 μF。根据前面电容器的串联、并联规律可知,两个 2 μF 的电容器并联,它们的等效电容是 4 μF。要得到总电容是 3 μF的结果,这两个电容器并联后还须和 12 μF 的电容器串联才可以。

两电容器并联后的耐压值还是 100 V,但是它们的并联电容与 C_1 之比为

$$(C_2+C_3):C_1=4\ \mu F:12\ \mu F=1:3$$

所以并联部分所承受的电压较大，占 $\frac{3}{4}U_{max}$，即有

$$\frac{3}{4}U_{max}=100\ \text{V},\quad U_{max}=133\ \text{V}$$

电容器组能承受的最大电压为 133 V。

3.4.3　电介质对电容的影响

在前面，我们讨论到电容器的电容大小除了与它自身的结构有关外，还与电容器的两极板间的电介质有关。例如，对一面积为 S，相距为 d 的平行板电容器，两极板间为真空时，它的电容值由上一章的平行板电容公式决定，即电容 $C_0=\frac{\varepsilon_0 S}{d}$。此时，对该电容器充电，设它两极板之间的电压为 U_0，则极板上的电量 $Q=C_0U_0$。如图 3-11 所示，若维持此电量不变，撤去电源并使两极板间充满各向同性的均匀电介质，则实验测得在这种情况下电容器两极板间的电压 $U'=\frac{1}{\varepsilon_r}U_0$，式中的 ε_r 是相对电容率，它由电介质自身的特性决定。显然，从电容的定义式(3-13)可知，充满电介质后的电容值也变为

$$C=\varepsilon_r C_0 \tag{3-22}$$

这表明，在两极板间充满电介质，将改变电容器的电容值。事实上，根据电压 U' 与 U 以及电压和场强的关系，还可以推出两种情况下场强之间的关系。设电容器两极之间为真空时的电场强度为 E_0，充满均匀电介质后的场强为 E，则有

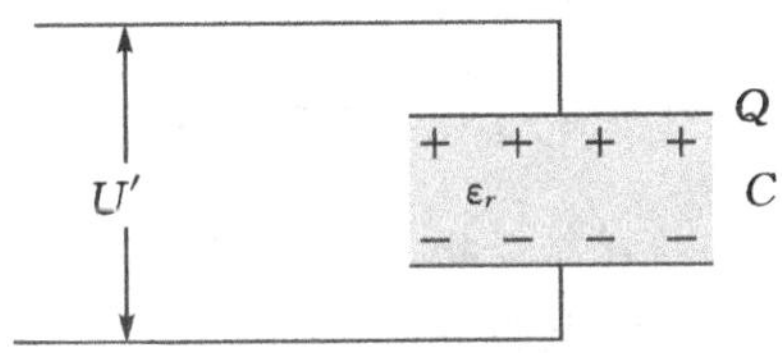

图 3-11　电介质对电容器的影响

$$E=\frac{U'}{d}=\frac{1}{\varepsilon_r}\frac{U_0}{d}=\frac{E_0}{\varepsilon_r} \tag{3-23}$$

由此可见，此时的电场强度也变为真空时的场强的 $1/\varepsilon_r$。这些现象的出现，根据前面对电介质极化过程的分析，不难得到解释：电容器两极板间的电介质在电场的作用下，表面出现极化电荷的分布。极化电荷同样要激发电场 E'，这个电场当然会影响原来两极板间的场强分布。结果电介质内的场强是两场强叠加的结果，即 $\boldsymbol{E}=\boldsymbol{E}_0+\boldsymbol{E}'$。如图 3-12 所示，极化电荷所激发的电场 $\boldsymbol{E}'$ 与自由电荷激发的场强 $\boldsymbol{E}_0$ 方向相反，这必然使得电介质内的场强 $\boldsymbol{E}$ 被削弱。因此，相对电容率 ε_r 总是一个大于 1 的常数。

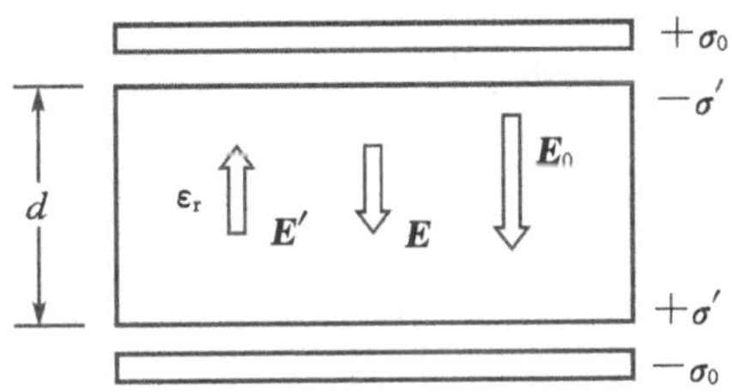

图 3-12

需要指出，相对电容率是和电介质内部结构有关，反映其特性的一个常数。不同的电介质之间，它们的相对电容率相差很大，像钛酸钡锶的相对电容率高达 10^4。这有利于满足电子技术中对高电容、小体积的设计要求。此外，对于交变电场中的情形，对有极分子来说，分子的电偶极矩在交变电场的作用下，需要不断地改变方向。但是当频率达到某一程度时，电偶极矩的转向跟不上外场的变化，这时相对电容率 ε_r 就要下降。因此，在高频条件下，电介质的相对电容率会随着外电场的频率而变化。

表 3-1 几种常见电介质的相对电容率和击穿场强

电介质	相对电容率	击穿场强	电介质	相对电容率	击穿场强
真空	1		钛酸锶	约 250	8
空气(20℃)	1.000 59	3	钛酸钡锶	约 10^4	
水(20℃)	80.2		变压器油	2.2～2.5	12
纸	2.5	5～14	聚乙烯	2.2～2.4	50
云母	3.0～8.0	160	氯丁橡胶	6.6	2～20
陶瓷	8.0～11.0	4～25	硼硅酸玻璃	5～10	2～50

说明：击穿场强为室温下 10^3 kV·mm^{-1}，数据来源马文蔚《物理学》(下)教材，第 5 版。

3.5 静电场的能量

近代电磁理论和实验表明，电场是一种特殊的物质，它不仅具有能量还有动量和质量。本节讨论静电场的能量和能量密度。我们将以平行平板电容器的带电过程为例，讨论通过外力做功把其他形式的能量转变为电能的机理。在带电过程中，平板电容器内建立起电场，从而将导出电场能量计算公式。

3.5.1 电容器储存的电能

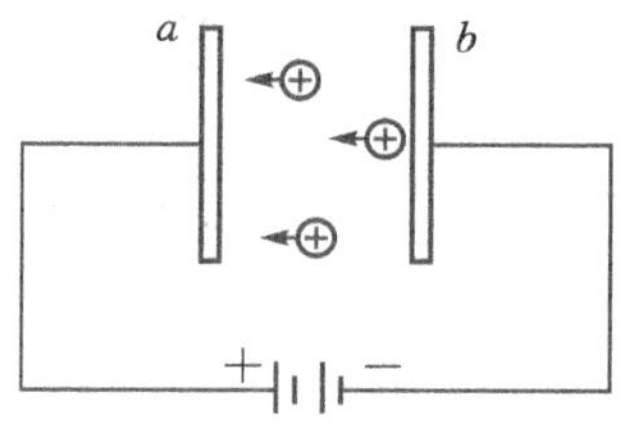

图 3-13 电容器的充电过程

电容器极板一带上电，它就储存了能量。如图 3-13 所示，设电容器的电容为 C，给它充电后极板上的电量为 Q，两极板之间的电压为 U。电容器的充电过程可以看作是不断地把微小电荷 dq 从负极移到正极的过程，结果使得两极板带上等量异号电荷。在电荷的移动过程中，电源需要克服极板间的静电力而做功。当电容器极板间的电势差为 U 时，移动微小电荷 dq，电源对它所做的功

$$dW = U dq = \frac{1}{C} q\, dq$$

到整个充电过程完成时，极板上的电量分别为 $\pm Q$，外力所做的总功为

$$W = \frac{1}{C}\int_0^Q q\,dq = \frac{Q^2}{2C} = \frac{1}{2}QU = \frac{1}{2}CU^2 \tag{3-24}$$

电源做功使极板上电荷的电势能增加，也就是电容器储存的静电电势能，简称为静电能(electrostatic energy)，用 W_e 表示，于是根据功能原理有

$$W_e = \frac{1}{2}\frac{Q^2}{2C} = \frac{1}{2}QU = \frac{1}{2}CU^2 \tag{3-25}$$

3.5.2 静电场的能量计算

电容器充电后，就储存了能量。从式(3-25)看，似乎能量的携带者是电荷。在静电学范围内，这种判断看不出有什么不对。然而，对于电磁波情况就不一样了。电磁波在空间传播时，振荡电路中的电荷并不随电磁波一起传播，但是电磁波携带着能量，这一点已经得到近代

电磁理论与实验的证明。例如，我们在使用收音机或移动电话时，电磁波携带的能量就经天线输入接收电路，经放大后转变成扬声器的振动动能（声能），再传入我们的耳朵。电磁波是作周期性变化的电场和磁场，事实上电磁波携带的能量既有电场的能量 W_e，也有磁场的能量 W_m。因此，从这些事实可以看出，电场能是贮存在电场这种特殊的物质里的。或者说某一空间存在电场的分布，该空间就具有电场能量。下面，我们以平行板电容器为例推导静电场的能量和能量密度表达式。

设平行板电容器的两极板面积为 S，间距为 d，极板间的均匀电介质的电容率为 ε，则它由电容计算公式为

$$C=\frac{\varepsilon S}{d}$$

当两极板间的电压为 U 时，由式(3-25)可得电容器的储能为

$$\begin{aligned}W_e&=\frac{1}{2}CU^2=\frac{1}{2}\frac{\varepsilon S}{d}U^2\\&=\frac{1}{2}\frac{\varepsilon S}{d}(Ed)^2=\frac{1}{2}\varepsilon E^2Sd\end{aligned}$$

或者写成

$$W_e=\frac{1}{2}\varepsilon E^2V=\frac{1}{2}\boldsymbol{D}\cdot\boldsymbol{E}V \tag{3-26}$$

式(3-26)是以 $\boldsymbol{D}$，$\boldsymbol{E}$ 分别表示电介质中的电位移矢量和电场强度，V 表示两极板所占空间的体积。式(3-26)虽然由平行板电容器所推导出来，但是具有普通意义，揭示了电场能量的分布规律。如果忽视电容器中电场的边缘效应，我们可以认为电场分布是均匀的，由此可以得到单位体积内的电场能量，即能量密度(energy density)公式

$$\omega_e=\frac{W_e}{V}=\frac{1}{2}\boldsymbol{D}\cdot\boldsymbol{E}=\frac{1}{2}\varepsilon E^2 \tag{3-27}$$

上式表明，电场能量密度与电场强度的二次方成正比或者说与电位移矢量和电场强度之积成正比，电场强度越大的地方，其电场能量密度也越大。与式(3-26)一样，式(3-27)也具有普遍意义，它不仅适用于静电场而且对电磁场也是适用的。

如果电场分布是不均匀的，在电场分布空间体积 V 内的电场能等于该体积内电场能量的体积分。即有

$$W_e=\int_V \mathrm{d}W_e=\int_V=\frac{1}{2}\varepsilon E^2\mathrm{d}V \tag{3-28}$$

例 3-3　半径为 R 的导体球带电量为 q，球外充满电容率为 ε 的均匀电介质，求带电球的电场总能量。

解　根据前面的讨论可知，带电球的电位移 D 和电场强度分布为

$$D=0,\ E=0\qquad(0\leqslant r<R)$$

当 $r>R$ 时　　$\boldsymbol{D}=\dfrac{q}{4\pi r^2}\boldsymbol{e}_r$　　$\boldsymbol{E}=\dfrac{q}{4\pi\varepsilon r^2}\boldsymbol{e}_r$

所以距离球心为 r 处的电场能量密度为

$$\omega_e=\frac{1}{2}\boldsymbol{D}\cdot\boldsymbol{E}=\frac{q^2}{32\pi^2\varepsilon r^4}$$

取半径为 r 和 $r+\mathrm{d}r$ 的同心球面，在体积 $\mathrm{d}V$ 内可以认为能量均匀分布，于是根据式(3-28)有

$$\omega_e = \int_V \omega_e \mathrm{d}V = \int_R^\infty \frac{q^2}{32\pi^2 \varepsilon r^4} 4\pi r^2 \mathrm{d}r = \frac{q^2}{8\pi\varepsilon R}$$

3.6 静电场的边值关系

在两种介质交界面附近，电场强度和电位移矢量要发生跃变，这对于精确地描述电场在不同区域的分布，有着很重要的意义。本节以静电场的高斯定理和环路定理、电介质的性质方程为基础，讨论静电场的边值关系。

3.6.1 场强的法向分量

设两种电介质的电容率分别为 ε_1 和 ε_2，它们交界面的法线的单位矢量 $\boldsymbol{e}_n$ 规定为由介质 1 指向介质 2。如图 3-14 所示，在两介质交界面处作一圆柱形闭合高斯面。它的两个底面的面积 ΔS 为无穷小量，底面平行于界面。当这个圆柱面厚度趋于零时，侧面的面积可以忽略。根据有介质时的高斯定理，通过这个闭合面的电位移通量为

$$\begin{aligned}\oint \boldsymbol{D} \cdot \mathrm{d}\boldsymbol{S} &= \int_{\Delta S_1} \boldsymbol{D} \cdot \mathrm{d}\boldsymbol{S} + \int_{\Delta S_2} \boldsymbol{D} \cdot \mathrm{d}\boldsymbol{S} \\ &= \boldsymbol{D}_1 \cdot \boldsymbol{e}_{n1} \Delta S + \boldsymbol{D}_2 \cdot \boldsymbol{e}_{n2} \Delta S \end{aligned} \tag{3-29}$$

设在介质分界面上的自由电荷面密度为 σ_0，两个底面的法线方向单位矢量方向相反，即 $\boldsymbol{e}_{n1} = -\boldsymbol{e}_{n2} = -\boldsymbol{e}_n$，代入式(3-29)，有

$$\oint_S \boldsymbol{D} \cdot \mathrm{d}\boldsymbol{S} = \boldsymbol{D}_2 \cdot \boldsymbol{e}_n \Delta S - \boldsymbol{D}_1 \cdot \boldsymbol{e}_n \Delta S = \boldsymbol{e}_n \cdot (\boldsymbol{D}_2 - \boldsymbol{D}_1) \Delta S = \sigma_0 \Delta S$$

于是，有

$$\boldsymbol{e}_n (\boldsymbol{D}_2 - \boldsymbol{D}_1) = \sigma_0 \text{ 或 } D_{2n} - D_{1n} = \sigma_0 \tag{3-30}$$

式(3-30)称为电位移矢量所满足的边值关系，它表明有电介质的界面上有自由电荷时，电位移矢量 $\boldsymbol{D}$ 的法向分量是不连续的。当界面上无自由电荷时，有

$$D_{2n} = D_{1n} \tag{3-31}$$

或者写成

$$\varepsilon_2 E_{2n} = \varepsilon_1 E_{1n} \tag{3-32}$$

式(3-31)说明电介质表面无自由电荷时，D 的法向分量是连续的。式(3-32)则说明，无论电介质表面有无自由电荷，场强的法向分量是不连续的，这是由于界面上存在极化电荷的原因。

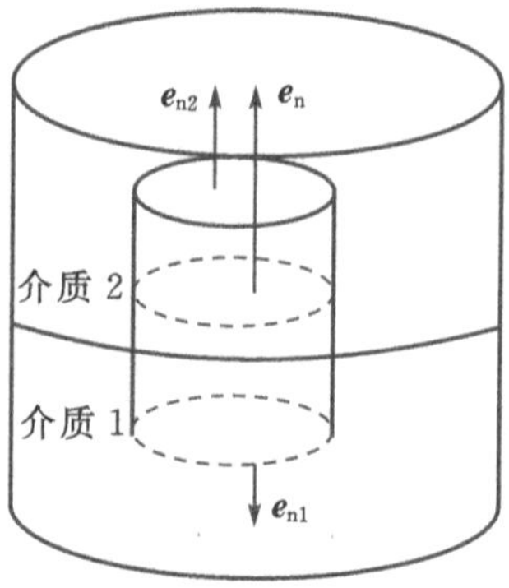

图 3-14 电场强度在法线方向不连续

3.6.2　场强的切向分量

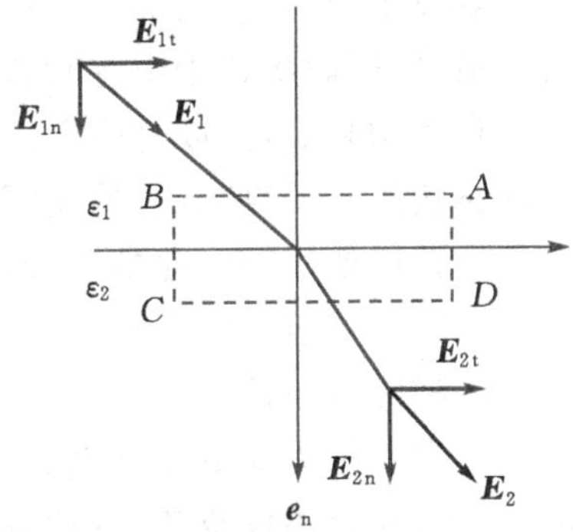

图 3-15　电场强度在切线方向连续

如图 3-15 所示，在两电介质的交界面上取一线段 Δl，作一闭合回路 $ABCD$，使 AB，CD 与 Δl 平行且长度相等，AD、BC 长度很小。电介质内的电场同样遵守环路定理，即

$$\oint_{ABCD} \boldsymbol{E} \cdot \mathrm{d}\boldsymbol{l} = 0 \qquad (3-33)$$

把式(3-33)左边展开写成

$$\oint_{ABCD} \boldsymbol{E} \cdot \mathrm{d}\boldsymbol{l} = \int_{AB} \boldsymbol{E} \cdot \mathrm{d}\boldsymbol{l} + \int_{BC} \boldsymbol{E} \cdot \mathrm{d}\boldsymbol{l} + \int_{CD} \boldsymbol{E} \cdot \mathrm{d}\boldsymbol{l} + \int_{DA} \boldsymbol{E} \cdot \mathrm{d}\boldsymbol{l} \qquad (3-34)$$

式(3-34)右边的第一项和第三项分别等于 $-E_{1t}\Delta l$ 和 $E_{2t}\Delta l$；由于 BC，AD 很小，因此它们对场强的积分可以看作是趋于零。于是积分可以写成

$$\oint_{ABCD} \boldsymbol{E} \cdot \mathrm{d}\boldsymbol{l} = -E_{1t}\Delta l + E_{2t}\Delta l = 0$$

所以有

$$E_{1t} = E_{2t} \qquad (3-35)$$

式(3-35)表明，电场强度在界面两侧的切向分量是连续的。

根据式(3-35)和 $D = \varepsilon E$，可得电位移矢量在切向分量所满足的关系

$$\frac{D_{1t}}{\varepsilon_1} = \frac{D_{2t}}{\varepsilon_2}$$

这说明在界面的两侧，电位移矢量的切向分量是不连续的。上述式(3-32)和式(3-35)即在电介质分界面上静电场所满足的边值关系。

阅读材料 3　静电学的技术应用

1. 静电除尘器

静电除尘器用于消除燃烧煤产生的废气中的颗粒粉尘，特别适用于燃煤火力发电厂。目前的除尘器能消除燃煤发电厂烟囱排放废气中约 80%(重量百分比)的粉尘，但是轻质粉尘的清除率要低得多，成为大气的一个污染源。

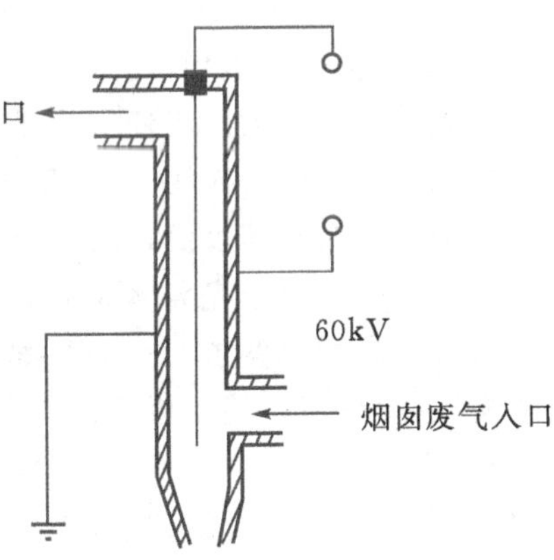

图 3-16　静电除尘器原理

除尘器的构造如图 3-16 所示，外壳接地，而其中心导线则保持负高压(40～100 kV)。烟囱废气自下部进入，粉尘清除后的较清洁气体自上部排入大气中。腔体空间中电场由外壳指向中心导线，在导线周围，电场非常强(尖端效应)，足以使周围气体发生电离，产生正离子、电子和负离子（电晕放电）。电子和负离子在加速向外壳运动的过程中，将和烟团废气中的粉尘颗粒碰撞，粉尘颗粒由于这种碰撞或由

于俘获离子而带电,大部分颗粒因带负电而撞向外壳。当使外壳振动时,这些颗粒掉落到底部得以清除,所收集粉尘中有时含具有利用价值的材料如金属氧化物细粒,但这与所用煤的品种与产地密切相关,提取这些金属氧化物细粒多用与电磁学有关的技术。剩余粉尘和燃煤锅炉底部直接排出的煤灰(重量比烟囱中排出的更多)可用作路基材料或建筑材料。我国大型火力发电厂普遍使用静电除尘器,但粉尘(包括煤灰)利用率尚不高,需用大量土地填埋,并因此造成对周围环境包括地下水的污染。

2. 静电复印机

静电复印机基本构思源于1938年,1947年生产出第一架实用机型。目前,静电复印机是最常用的办公用设备之一,其基本原理如图3-17所示。

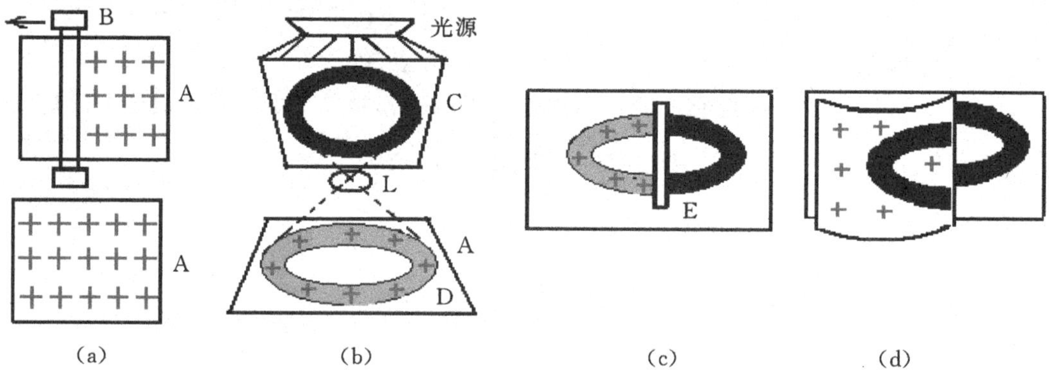

(a)通过尖端放电使光电导体表面带正电荷 (b)使用光源与透镜在光导体表面产生由正电荷构成的图像 (c)使色粉黏附在"正电荷图像"上面 (d)在复印纸上产生由色粉构成的图像

图3-17 复印机工作原理

用真空蒸镀方法将硒等光导材料镀于金属(如铝)基板上,硒的厚度约为几十微米,硒薄层当无光照射时,具有很高电阻,呈现为绝缘体;遇光照射时,电阻率急剧下降,呈现为良导体。因此,硒薄层称为光电导体。图3-17(a)中A即为光电导体。可左右移动的棒B上,装有一排对着光导体的针尖。当使针尖带5000~6000 V高压(金属基板接地)时,针尖对光导体表面电晕放电。在静电力作用下,正离子(主要是氧离子)撞向光导体表面,由于硒不导电,正离子积聚并均匀分布于其表面,并在金属基板表面感应出负电荷。图3-17(a)中下面的图表示针尖自右向左扫过整个光导体表面后,光导体表面均匀分布有正电荷的情况。

将待复印的原件图3-17(b)放在光导体(A)上面,并用强光照射,光能透过白纸,但被其上的文字、图形所遮挡。用透镜L使原件的图形和文字成像于光导体表面。图中原件内容为一圆环(用阴影表示)。由于圆环挡住光线,故经强光照射后,光导体表面圆环像表面正电荷仍保留,其余部分由于光的照射,光导体成为导体,其上的正电荷均和金属基板上的负电荷中和。于是在光导体表面形成一幅与原件相同(但可能被放大或缩小)的正电荷分布图像,如图3-17(c)所示。当然,这个图像用肉眼是看不见的。再让带有负电的色粉微粒与光电导体表面接触(色粉是一种有色塑料微粒,在与玻璃珠或铁粉摩擦后带负电)。这时色粉微粒仅被光电导体上带有正电荷那部分所吸引而黏附其上。图3-17(c)中E为喷洒色粉的装置,自右向左扫过，右边已被扫过部分形成与原件相同的由色粉覆盖的图像。

最后将复印纸盖在光电导体表面，并通过针尖的电晕放电，使复印纸的反面带正电。当电压达 6000 V 时，带负电的色粉就被吸引到复印纸上。图 3 - 17(d)显示此时若将纸张掀开一部分，可以看到纸上黏有色粉图像，但极易被抖落，需通过加热、加压，使塑料树脂熔融，并渗入复印纸中，复印就完成了。所有上述各个过程，总共只要大约 1 s 就得以完成，通过调节图 3 - 17 (b)中所示透镜的位置，可获得放大或缩小的复印件。

习　题

3 - 1　将一个带正电的带电体 A 从远处移到一个不带电的导体 B 附近，导体 B 的电势将(　　)。

(A)升高　　(B)降低　　(C)不会发生变化　　(D)无法确定

3 - 2　将一带负电的物体 M 靠近一不带电的导体 N，在 N 的左端感应出正电荷，右端感应出负电荷。若将导体 N 的左端接地，如习题 3 - 2 图所示，则(　　)。

(A) N 上的负电荷入地　　(B) N 上的正电荷入地

(C) N 上的所有电荷入地　　(D) N 上所有的感应电荷入地

3 - 3　如习题 3 - 3 图所示，将一个电荷量为 q 的点电荷放在一个半径为 R 的不带电的导体球附近，点电荷距导体球球心为 d。设无穷远处为零电势，则在导体球球心 O 点有(　　)。

(A) $E = 0, V = \frac{q}{4\pi\varepsilon_0 d}$　　(B) $E = \frac{q}{4\pi\varepsilon_0 d^2}, V = \frac{q}{4\pi\varepsilon_0 d}$

(C) $E = 0, V = 0$　　(D) $E = \frac{q}{4\pi\varepsilon_0 d^2}, V = \frac{q}{4\pi\varepsilon_0 R}$

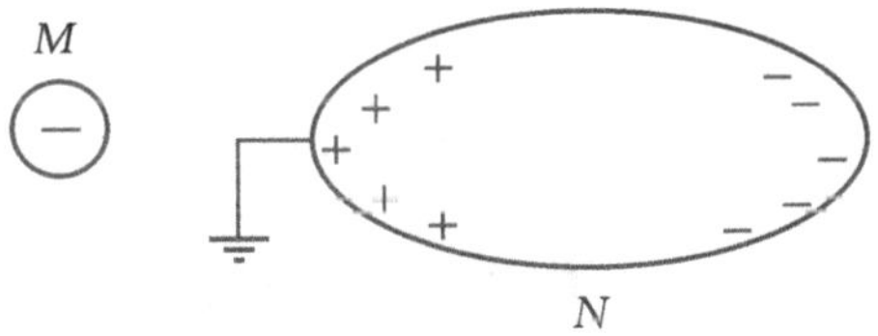

习题 3 - 2 图

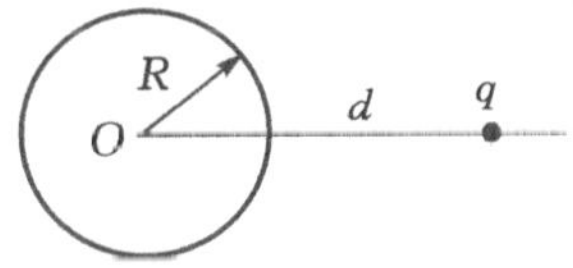

习题 3 - 3 图

3 - 4　根据电介质中的高斯定理，在电介质中电位移矢量沿任意一个闭合曲面的积分等于这个曲面所包围自由电荷的代数和。下列推论正确的是(　　)。

(A)若电位移矢量沿任意一个闭合曲面的积分等于零，曲面内一定没有自由电荷

(B)若电位移矢量沿任意一个闭合曲面的积分等于零，曲面内电荷的代数和一定等于零

(C)若电位移矢量沿任意一个闭合曲面的积分不等于零，曲面内一定有极化电荷

(D)介质中的电位移矢量与自由电荷和极化电荷的分布有关

3 - 5　对于各向同性的均匀电介质，下列概念正确的是(　　)。

(A)电介质充满整个电场并且自由电荷的分布不发生变化时，介质中的电场强度一定等于没有电介质时该点电场强度的 $1/\varepsilon_r$

(B)电介质中的电场强度一定等于没有介质时该点电场强度的 $1/\varepsilon_r$

(C)在电介质充满整个电场时，电介质中的电场强度一定等于没有电介质时该点电场强

度的 $1/\varepsilon_r$

(D)电介质中的电场强度一定等于没有介质时该点电场强度的 ε_r 倍

3-6 如习题 3-6 图所示,有一外半径为 R_1、内半径为 R_2 的金属球壳,其内有一同心的半径为 R_3 的金属球。球壳和金属球所带的电量均为 q,求空间的电场分布。

3-7 一半径为 r_1,r_2($r_2 > r_1$)互相绝缘的两个同心导体球壳,现将 $+q$ 电量给予内球壳,求外球壳上所带的电荷和外球的电势。

3-8 如习题 3-8 图所示,A,B 为两块平行无限大的带电导体平板。①证明:相对的两个表面上的电荷面密度总是等值异号,而相背的两面上电荷面密度等值同号;②若 A,B 两平行导体板带电分别为 $\sigma_A = 4\ \mu C \cdot m^{-2}$,$\sigma_B = 8\ \mu C \cdot m^{-2}$,求各表面的电荷面密度。

3-9 如习题 3-9 图所示,两平行金属板充电后,A 和 B 板上的面电荷密度分别为 $+\sigma$ 和 $-\sigma$,设 P 为两板间任意一点,忽略边缘效应,求:① A,B 板上的电荷分别在 P 点产生的场强 $\boldsymbol{E}_A$,$\boldsymbol{E}_B$;② A,B 板上的电荷在 P 点产生的合场强 $\boldsymbol{E}$;③拿去 B 板后 P 点处的场强 $\boldsymbol{E}'$。

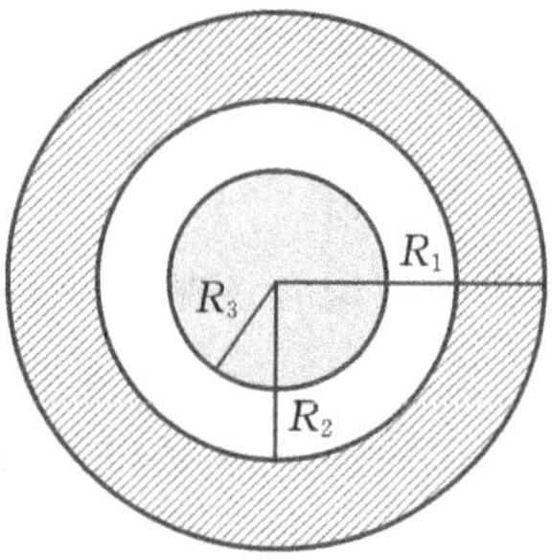

习题 3-6 图

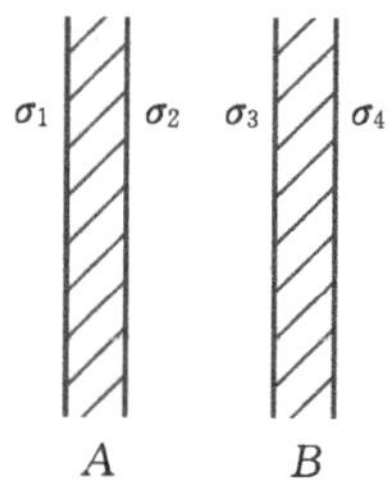

习题 3-8 图

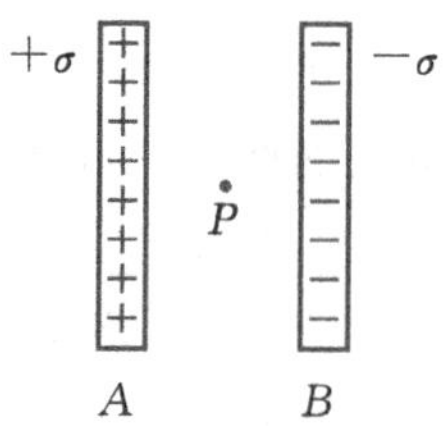

习题 3-9 图

3-10 如习题 3-10 图所示,三块平行的金属板 A,B,C 的面积均为 S,其中 A 板带电 Q,而 B,C 板不带电,A,B 板相距为 d_1,A,C 板相距为 d_2。求:

①各导体板上的电荷分布和导体板间的电势差;

②将 B,C 导体板分别接地,再求导体板上的电荷分布和导体板间的电势差。

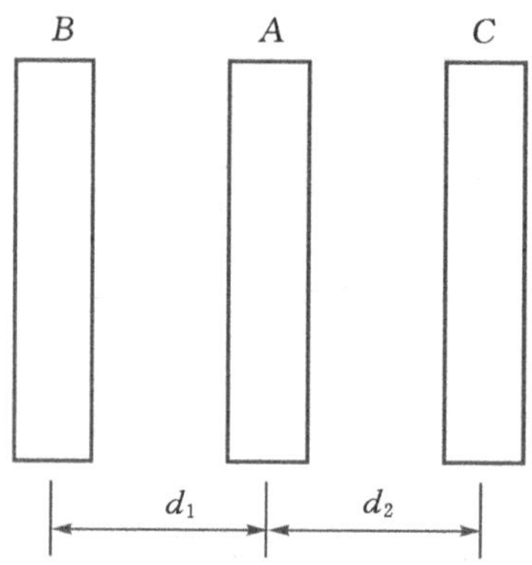

习题 3-10 图

3-11 两块相互平行的金属板 A,B,面积均为 200 cm^2,相距为 5.0 mm,A 板带电 2.66×10^{-8} C,B 板接地,以地为参考点,并忽略边缘效应,求 A 板的电势。

3-12 如习题 3-12 图所示,球形金属壳内外半径分别为 R_1 和 R_2,腔内距球心 r 处有

一点电荷 q，求球心 O 点的电势。

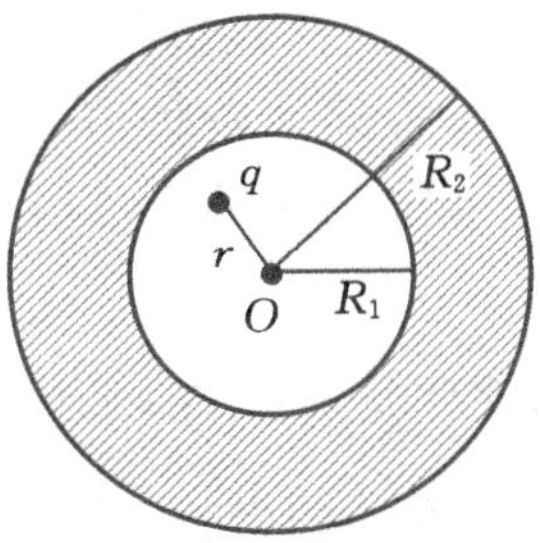

习题 3-12 图

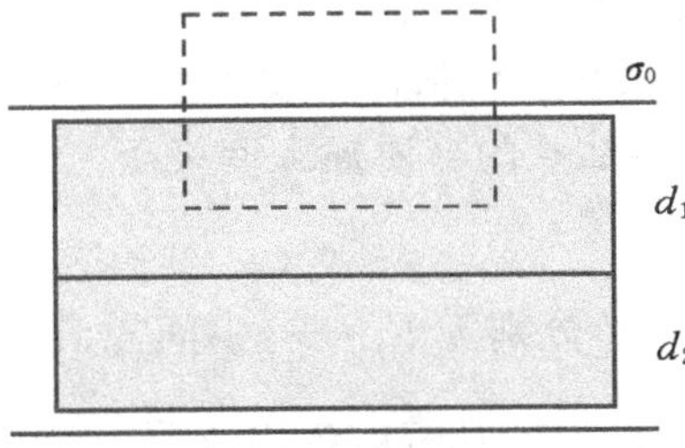

习题 3-13 图

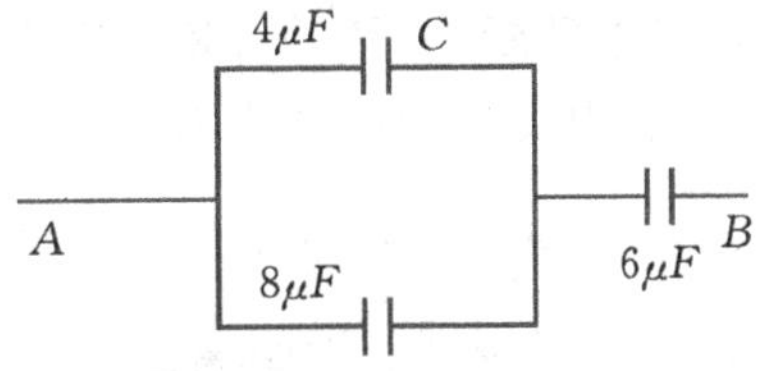

习题 3-14 图

3-13　如习题 3-13 图所示，一平板电容器内充满两层厚度各为 d_1 和 d_2 的电介质，它们的相对电容率分别为 ε_{r1} 和 ε_{r2}，极板的面积为 S。求电容器的电容。

3-14　如习题 3-14 图所示，在 A 点和 B 点之间有三个电容器，其连接如图所示。求①A,B 之间的等效电容；②若 A,B 之间的电势差为 12 V，求 A,C 之间的电势差。

3-15　半径分别为 a 和 b 的两个金属球，它们的间距比本身线度大得多，今用一细导线将两者相连接，并给系统带上电荷 Q，求：①每个球上分配到的电荷是多少？②按电容定义式，计算此系统的电容。

3-16　如习题 3-16 图所示，两块边长为 a 的正方形板构成电容，相互间倾角为 θ。求证：当 θ 很小时，其电容 $C=\varepsilon_0\dfrac{a^2}{d}\left(1-\dfrac{\theta a}{2d}\right)$。

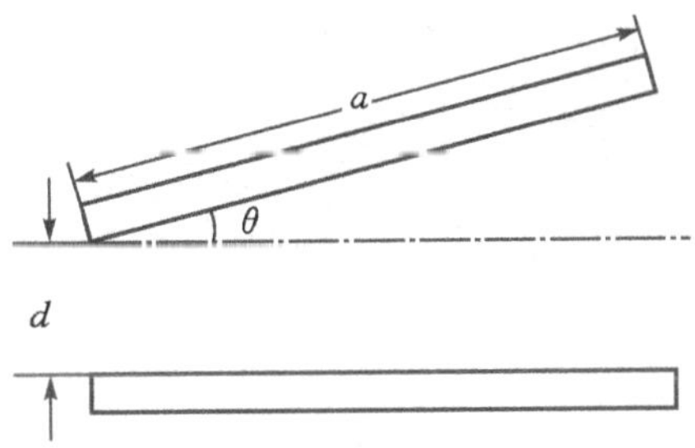

习题 3-16 图

3-17　如习题 3-17 图所示，由两块相距为 0.50 mm 的薄金属板 A,B 构成的空气平板电容器被屏蔽在一个金属盒 K 里面，金属盒上、下两壁与 A,B 板分别相距 0.25 mm，金属板面积为 $(30\times40)\ \text{mm}^2$。求：

①被屏蔽后的电容器电容变为原来的几倍？

②若电容器的一个引脚不慎与金属屏蔽盒相碰，问此时的电容又为原来的几倍？

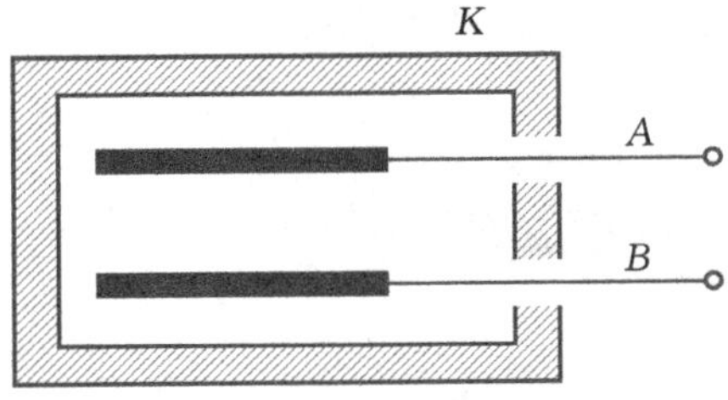

习题 3-17 图

3-18 地球和电离层可当作一个球形电容器，它们之间的距离约为 100 km，试估算地球一电离层系统的电容，设地球与电离层之间为真空。

3-19 有一平板电容器，充电后极板上电荷面密度为 $\sigma_0 = 3.5\times10^{-5}\ \mathrm{C\cdot m^{-2}}$，现将两极板与电源断开，然后再将电容率为 $\varepsilon_r = 2.0$ 的介质插入两极板之间。此时电介质中的电位移矢量、电场强度和极化强度各为多少？

3-20 同心球形电容器两板的半径分别为 R_1，R_2，中间充满各向同性介质 $\varepsilon = \dfrac{a}{r}$，$a$ 为常数，r 是到球心的距离。内极板和外极板分别带电量为 $+Q$，$-Q$。求：①电容器的电容；②靠近内极板介质表面的极化面电荷密度。

3-21 球形电容器由半径为 R_1 的导体球和与它同心的导体球壳构成，壳的内半径为 R_2，其间充满两层各向同性均匀电介质，介质分界面的半径为 R，相对介电常数分别为 ε_{r1} 和 ε_{r2}。求：①电容器的电容；②当内球带 $-Q$ 电量时，介质分界面上的极化电荷面密度；③电容器中电场能量密度的分布。

3-22 球形电容器的内、外半径分别为 R_1 和 R_2，所带的电量为 $\pm Q$。若在两球之间充满电容率为 ε 的电介质，问此电容器电场的能量为多少？

第 4 章

恒定磁场

人们对磁现象的认识已经有了非常悠久的历史。在我国春秋战国时期，就已经知道天然磁石之间相互吸引的磁现象，并发明了用以指引方向的指南针。到了现代文明社会，磁现象更是充满着每一个角落。如人们随身携带的银行卡，家中烹饪菜肴的电磁炉，出门乘坐的交通工具——磁悬浮列车，记录和存储信息的载体——电脑硬盘等，这些都与物体磁性有关。

物体磁性的来源与电流或运动电荷有着密切关系。在静止电荷周围存在着电场，如果电荷在运动，那么在它们周围不仅有电场，而且还有磁场。磁场和电场、万有引力场一样，也是物质的一种形态。当电荷运动形成稳恒电流时，在它周围激发的磁场也是稳恒的，即不随时间而变化。本章首先从稳恒电流基本磁现象出发，引入描述磁场的基本物理量——磁感应强度，然后介绍电流产生磁场的基本规律——毕奥-萨伐尔定律，反映磁场性质的两条基本定理——磁场的高斯定理及安培环路定理，以及磁场对运动电荷和载流导线的作用，最后介绍有磁介质存在时的稳恒磁场的基本性质和规律。

由于磁场和电场虽然是两种不同的场，但在探讨思路和研究方法上却有类似之处。因此，在学习时可随时对照静电学中的有关内容，通过类比和借鉴，可以更好地掌握本章内容。

4.1 恒定电流

4.1.1 电流 电流密度

电流是由电荷的定向移动形成的，形成电流的带电粒子称为载流子(carrier)。在不同的导电对象内，载流子并不一定都相同，如在金属中它是带负电的电子；在电解液和气态导体中，载流子是正、负离子和电子；在半导体中，载流子是带负电的电子和带正电的“空穴”。

我们以金属为例讨论电流的形成。金属可以认为是由自由电子和正离子组成的。正离子构成金属的晶格，而自由电子则在晶格之间做无规则的热运动。无外电场时，电子沿各方向运动的概率是相等的，电子热运动的平均速度为零，不形成电流。当导体两端存在电势差时，导体内部有电场存在，这时自由电子都将受到与电场方向相反的作用力。因此，每个电子除了原来不规则的热运动之外，还要在电场的反方向上附加一个运动——漂移运动。大量电子的漂移运动则表现为电子的定向运动，这样就形成了电流。

由于带电物体做定向机械运动形成的电流，称为运流电流。我们讨论的是离子或自由电子相对于导体的定向运动，这种由离子或自由电子相对于导体做定向运动形成的电流称为传导电流。

传导电流形成的条件：

(1)导体内有可移动的电荷即载流子。

(2)导体两端有电势差。

在金属导体内，自由电子定向移动的方向是由低电势到高电势，但在历史上，人们把正电荷移动的方向定义为电流的方向，因而电流的方向与自由电子移动的方向是相反的。

设有一导体，横截面积为 S，若在时间间隔 dt 内，通过截面 S 的电荷为 dq，则在导体中的电流强度(electric field strength) I 为通过横截面 S 的电荷随时间的变化率，即有

$$I=\frac{dq}{dt} \tag{4-1}$$

如果导体中的电流不随时间而改变，则称这种电流为恒定电流。在国际单位制中，电流的单位为安培，简称为安(A)。很多情况下，电流在导体内的分布是不均匀的，也就是说，电流在导体内有一定的分布，为精确地描述电流的分布规律需要引入一个物理量，这个物理量就是电流密度(current density)。电流密度 $\boldsymbol{J}$ 是矢量，其大小和方向规定如下：导体中任一点电流密度 $\boldsymbol{J}$ 的方向规定为该点正电荷的运动方向(场强方向)；$\boldsymbol{J}$ 的大小等于在单位时间内，通过该点附近垂直于正电荷运动方向的单位面积的电荷。事实上，电流在导体内的分布通常可以看作是电流密度场(简称为电流场)在导体内的分布。

如图 4－1 所示，设在电流场中某点 P 取一面元 dS，使该面元的法线矢量 $\boldsymbol{e}_n$ 与电荷的运动方向(即电流密度 $\boldsymbol{J}$ 的方向)成 α 角。如设在 dt 时间内有正电荷 dq 通过面元 dS，则根据上述对电流密度的定义有

$$J=\frac{dq}{dtdS\cos\alpha}=\frac{dI}{dS\cos\alpha} \tag{4-2}$$

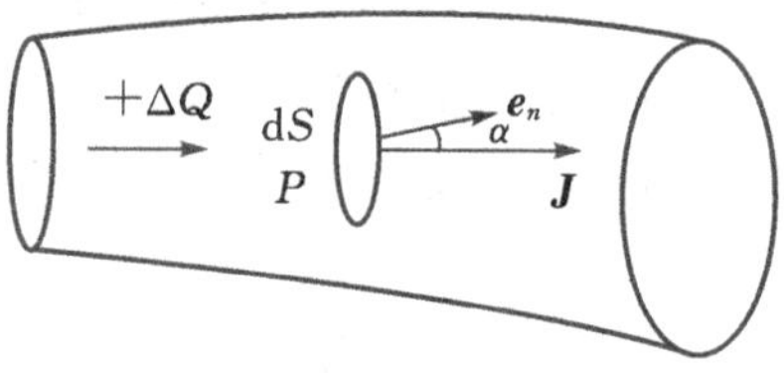

图 4－1 电流密度

式中，$dS\cos\alpha$ 为面元 dS 在垂直于电流密度方向的投影 $dS_{\perp}$，所以式(4－2)又可以写成矢量的内积形式，即

$$dI=JdS_{\perp}=\boldsymbol{J}\cdot d\boldsymbol{S}$$

对于通过任意有限截面 S 的电流为

$$I=\int_S \boldsymbol{J}\cdot d\boldsymbol{S} \tag{4-3}$$

电流的分布同样可以用电流线来形象地描述，这如同我们用电场线描述电场的分布一样，用电流线的疏密表示电流密度的大小；电流线上某一点的切线方向代表该处的电流密度矢量方向相同。

对于金属导体，电流密度矢量和自由电子数密度与电子的漂移速度之间有定量的对应关系。在金属中载流子是自由电子，这些电子在正离子组成的金属晶格中作无规则运动，运动过程中它们不断地和正离子作无规则的碰撞。在没有外电场作用的情况下，电子的这种无规则运动不可能形成电流。当有外电场的作用时，每个电子都受到电场力的作用，形成相对于晶格的定向移动。这样，自由电子除了原来的无规则运动之外，还要加上相对于晶格的定向移动，这个定向移动的平均速度又叫漂移速度。

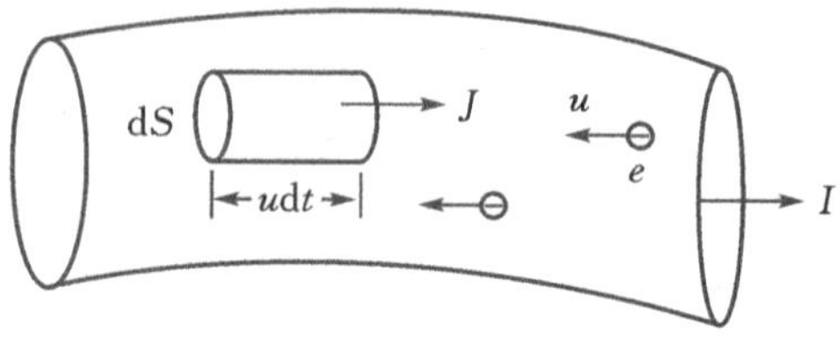

图 4－2 电流与电子漂移速度

在图 4－2 中，设导体中自由电子数密度为 n，每个电子的漂移速度为 u。在导体内取一面元 dS，使面元 dS 与 u 垂直。在时间间隔 dt 内，通过面元 dS 的所有电子分布在一个长为 udt，底面积为 dS 的柱体内。显然，通过面元 dS 的电子数目为 $nudtdS$，电子的电量的绝对值为 e，由此可求得通

过面元 dS 的电流为

$$dI = enu\,dS$$

由于面元与电子漂移速度垂直，根据电流密度的定义有

$$J = enu \tag{4-4}$$

式(4-4)即金属导体内的电流密度与自由电子漂移速度 u 和电子数密度 n 的关系，它表明电流密度与漂移速度和电子数密度成正比。式(4-4)对一般导体或半导体也成立，只是需要将式中的电子电量换成相应的载流子的电荷 q，同时把自由电子的漂移速度换成载流子的平均定向运动速率。

4.1.2　电流连续性方程

由式(4-3)可知，在电流场中，通过某一面积的电流就等于通过该面积的电流密度的通量。考虑如图 4-3 所示的闭合曲面 S，在单位时间内从闭合曲面内向外流出的电荷，即通过闭合曲面的电流可以表示为

$$I = \frac{dq}{dt} = \oint_S \boldsymbol{J} \cdot d\boldsymbol{S}$$

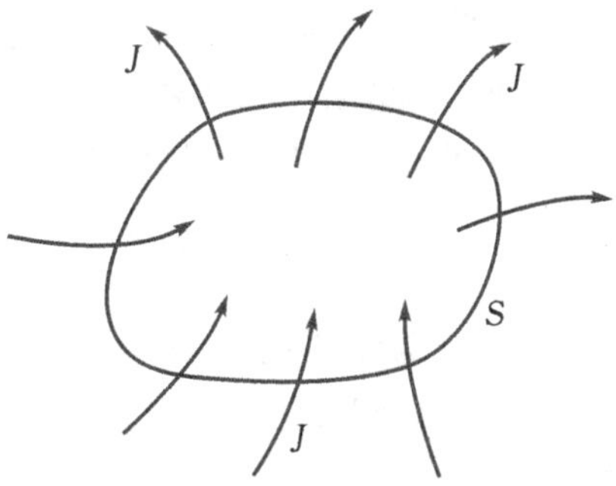

图 4-3　电流连续性

根据电荷守恒定律，在单位时间内从闭合曲面内向外流出的电荷，应当等于此闭合曲面在单位时间内电荷的减少，即有

$$\oint_S \boldsymbol{J} \cdot d\boldsymbol{S} = -\frac{dq_i}{dt} \tag{4-5}$$

式中，q_i 表示闭合曲面内的电荷，此式即电流的连续性方程。

前面提到，所谓恒定电流是指导体内各处的电流密度都不随时间而变化的电流，这要求导体内的电荷分布也不随时间变化。因此，在恒定电流条件下，式(4-5)等号右边等于零，于是有

$$\oint_S \boldsymbol{J} \cdot d\boldsymbol{S} = 0 \tag{4-6}$$

式(4-6)即恒定电流的条件，它表明通过任一闭合曲面的恒定电流为零。从电荷的分布看，恒定电流的条件也说明，对恒定电流场中的闭合曲面 S，通过它的一侧流入的电量等于从另一侧流出的电量，因此整个导体的电荷分布不随时间变化，保持了电流的稳定性。

由上面的分析，我们再讨论与恒定电流对应的电场。由于导体内的电荷分布不随时间而改变，这些电荷在导体内所激发的电场也是不随时间而改变的，这种电场叫作恒定电场。它是和恒定电流相对应的电场分布，这种电场分布和静止电荷激发的电场类似，因此恒定电场的很多性质和静电场是相同的。例如它们都服从高斯定理和环路定理。但是两者的性质也有一些重要差别，例如即使在导体内部，恒定电场也不等于零，而静电平衡时导体内静电场强为零；电荷的定向运动形成电流，因此恒定电场的存在总伴随着能量的转换(即恒定电场对运动电荷要做功)，而静止电荷激发静电场并不需要做功。究其根本的原因还在于产生恒定电场的电荷分布虽然不随时间改变，但这种电荷的分布总伴随着电荷的运动，而产生静电场的电荷是固定不动的。

4.1.3 欧姆定律的微分形式

当导体的两端有电势差时，导体中就有电流流过，实验表明：一段导体中的电流强度 I 与其两端的电势差(V_1-V_2)成正比，这个规律称为欧姆定律，即

$$I=\frac{V_1-V_2}{R} \tag{4-7}$$

式中，R 为此段导体的电阻，它与导体的材料及几何形状有关。在 SI 单位制中，电阻的单位为欧姆(Ω)，$1\ \Omega=1\ \mathrm{V}\cdot\mathrm{A}^{-1}$。

实验指出，对于给定材料、粗细均匀的导体，导体的电阻与它的长度 l 成正比，与它的横截面积 S 成反比，即

$$R=\rho\frac{l}{S} \tag{4-8}$$

式中，比例系数 ρ 叫作电阻率，它仅与材料的性质有关，电阻率的倒数 $\gamma=1/\rho$ 称为电导率，在 SI 单位制中，电阻率的单位为欧姆・米(Ω・m)。

理论和实验都表明，导体中的电流是导体中的恒定电场推动的，可以推断，电流密度必然与导体内的电场强度分布函数存在着确定的关系。下面，我们从欧姆定律出发来导出这种关系。

在通有电流 I 的导体中，取一极小的直圆柱体，如图 4-4所示。直圆柱体的长度为 $\mathrm{d}l$，截面积为 $\mathrm{d}S$，两端的电势分别为 V 和 $V+\mathrm{d}V$。由欧姆定律，有

$$\mathrm{d}I=\frac{V-(V+\mathrm{d}V)}{R}=-\frac{\mathrm{d}V}{R} \tag{4-9}$$

式中，$\mathrm{d}I$ 为垂直通过 $\mathrm{d}S$ 的电流，R 为小圆柱体的电阻。这样小圆柱体的电阻 R 为

$$R=\rho\frac{\mathrm{d}l}{\mathrm{d}S}=\frac{1}{\gamma}\frac{\mathrm{d}l}{\mathrm{d}S}$$

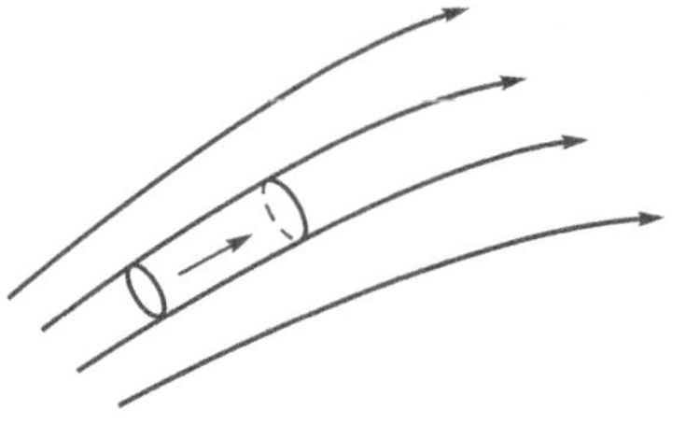

图 4-4

于是，有

$$\mathrm{d}I=-\gamma\frac{\mathrm{d}V}{\mathrm{d}l}\mathrm{d}S$$

$$\frac{\mathrm{d}I}{\mathrm{d}S}=-\gamma\frac{\mathrm{d}V}{\mathrm{d}l} \tag{4-10}$$

因为 $\frac{\mathrm{d}I}{\mathrm{d}S}=J$ 和 $E=-\frac{\mathrm{d}V}{\mathrm{d}l}$，所以式(4-10)也可写成

$$J=\gamma E$$

我们已经知道，在金属导体中 $\boldsymbol{J}$ 和 $\boldsymbol{E}$ 的方向相同，这结果可以写成矢量式

$$\boldsymbol{J}=\gamma\boldsymbol{E} \tag{4-11}$$

这就是导体中任一点处电流密度 J 与该处场强 E 的关系，也叫作欧姆定律的微分形式。此式更具普遍性，无论电场是否恒定，电流分布是否均匀，它都是适用的。

例 4-1 如图 4-5 所示，一半径为 r_0 的半球状电极与大地接触，大地的电阻率为 ρ，试求这种情况下的接地电阻(假定电流通过这种接地电极均匀地向无穷远处流散)。

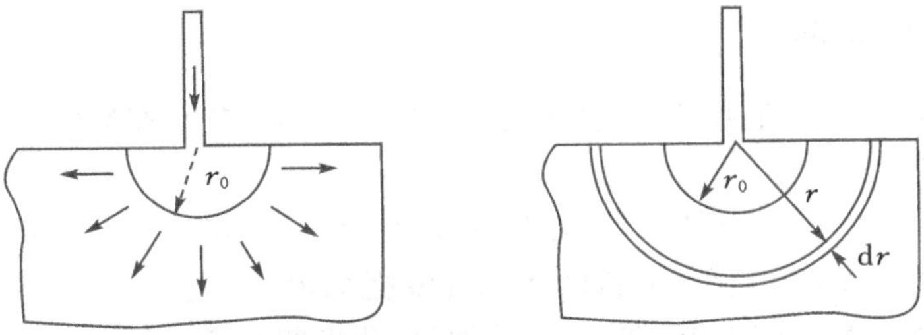

图 4-5

解 由于电流沿径向方向呈辐射状流向大地，取大地中一层半径为 $r-r+\mathrm{d}r$ 的薄球壳，此半个球壳层电阻为

$$\mathrm{d}R=\rho\frac{\mathrm{d}r}{\mathrm{d}S}=\rho\frac{\mathrm{d}r}{2\pi r^2}$$

整个大地的电阻为

$$R=\int\mathrm{d}R=\int_{r_0}^{\infty}\rho\frac{\mathrm{d}r}{2\pi r^2}=\frac{\rho}{2\pi r_0}$$

例 4-2 如图 4-6 所示，设有一同轴电缆，芯线是半径为 R_1 的铜导线，铜线外包一层电阻率为 ρ 的均匀绝缘层，其外半径为 R_2，在绝缘层外面又用铅层保护起来。若保持芯线与铅层间的电势差恒为 V，设电缆长度为 l。求(1)电缆线沿径向的电流；(2)距轴线距离为 r 的 P 点处的电场强度 E。

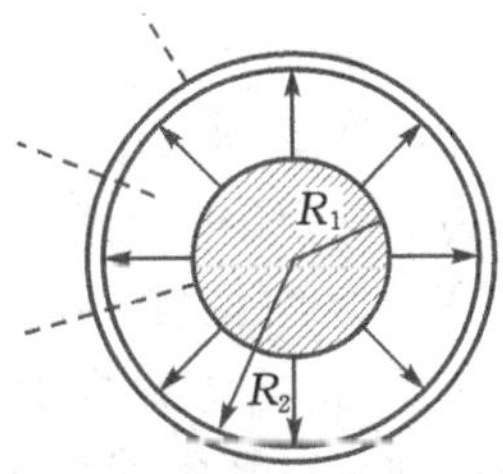

图 4-6

解 (1)先求径向电阻，在半径为 $r-r+\mathrm{d}r$，长为 l 的薄圆柱壳层中的电阻

$$\mathrm{d}R=\rho\frac{\mathrm{d}r}{\mathrm{d}S}=\rho\frac{\mathrm{d}r}{2\pi rl}$$

整个电缆电阻

$$R=\int\mathrm{d}R=\int_{R_1}^{R_2}\rho\frac{\mathrm{d}r}{2\pi rl}=\frac{\rho}{2\pi l}\ln\frac{R_2}{R_1}$$

按欧姆定律，得

$$I=\frac{V}{R}=\frac{2\pi lV}{\rho\ln R_2/R_1}$$

(2)根据电流的连续性，经过半径为 r 圆柱面的电流也为 I。由于系统具有轴对称，柱面上的电流密度是均匀分布的，故 P 点的电流密度大小为

$$J=\frac{I}{S}=\frac{I}{2\pi rl}=\frac{V}{\rho r\ln(R_2/R_1)}$$

由欧姆定律微分形式 $J=\gamma E=\dfrac{1}{\rho}E$，即得

$$E=\rho J=\frac{V}{r\ln(R_2/R_1)}$$

E 的方向与 J 的方向相同，即从电势高处沿径向指向电势低处。

4.1.4 电源 电动势

不难设想，若在导体两端维持恒定的电势差，那么导体中就会有恒定的电流流过。怎样才能维持恒定的电势差呢？

我们先考虑如图 4-7 所示的电容器放电过程。由于充电后的电容器两极之间存在着电势差，因此当用导线把如图 4-7 所示的电容器两极连接起来时，导线中有电流通过，两极的电荷迅速减少。显然，电容器放电过程中所产生的电流是非常短暂的，也就是说不能形成持续的电流。显然，要产生恒定的电流，必须设法使流到负极上的正电荷重新回到正极板上去，这样就可以在极板上保持恒定的电荷分布，在导体内产生恒定的电场。

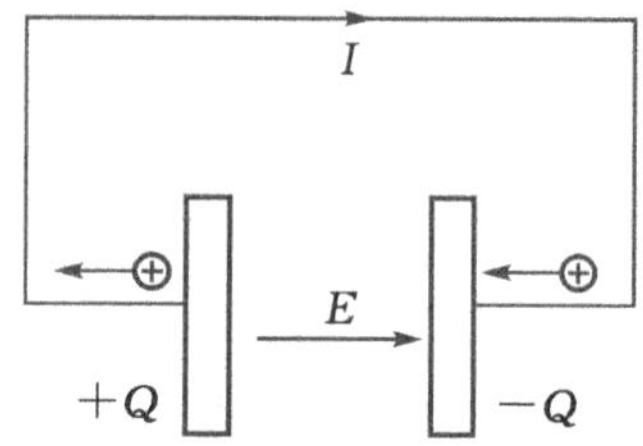

图 4-7 电容器放电

由于电极之间的电场方向是由高电势的正极指向低电势的负极，要使正电荷由负极回到正极，靠静电力不可能实现，只能是其他类型的力使正电荷逆静电场运动。这种与静电场力类型不同的力，称为非静电力 $\boldsymbol{F}_{ne}$ 。非静电力 $\boldsymbol{F}_{ne}$ 的具体形式随不同的电源而不同，例如化学电池中的非静电力是一种化学作用，发电机中的非静电力是一种电磁作用。

我们将能够提供非静电力而把其他形式的能转化为电能的装置称为电源(power source)。在电源内，非静电力做功，使电荷逆着电场力的方向运动，返回到电势较高的起始位置，从而维持电流线的闭合性。如图 4-8所示，正是电源内部可以提供非静电力作用，使正电荷能逆着电场线回到正极，才使得两极板上维持恒定的电荷分布，从而产生恒定的电场，形成恒定电流。在电源外的部分(外电路)电流是由正极流向负极的，而在电源内部(称为内电路)电流由负极流向正极。

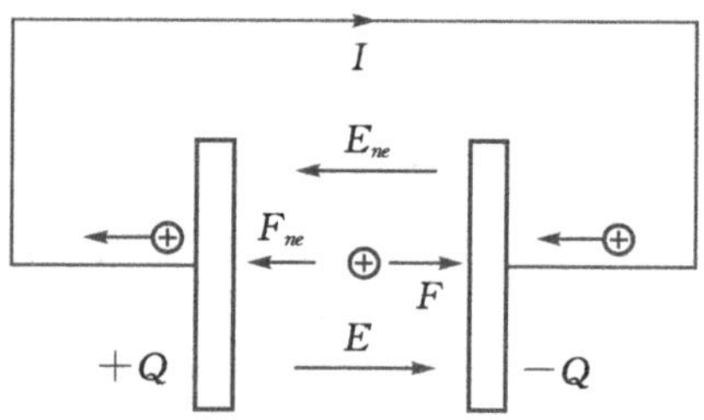

图 4-8 电源的作用

从能量角度来看，电源是一种能将其他形式的能量转化为电路中的电能的装置。为了描述不同电源把其他形式的能量转化为电能的本领大小，我们引入一个新的物理量——电动势(electromotive force)。在电源内，单位正电荷从负极移到正极的过程中，非静电力做的功叫作电源的电动势。电动势的这个定义即是说明，某个电源的非静电力移动单位电荷时所做的功越多，这个电源把其他形式的能量转化为电能的本领也越强。电动势大小可以用公式表示为

$$\varepsilon = \frac{A_{ne}}{q} \tag{4-12}$$

式中，A_{ne} 表示非静电力所做的功，ε 就表示电源的电动势。在国际单位制中，电动势的单位是伏特(V)，它的大小完全取决于电源本身的性质而与外电路无关。电动势是一个标量，为了分析问题的方便，我们通常把电源内从负极到正极的方向，也就是电势升高的方向叫作电动势的“方向”。

非静电力移动电荷做功的过程，可以等效为电荷在一种“非静电场”的作用下由负极向正极的移动过程。与静电场类似，非静电场可以用非静电场强 E_{ne} 来描述。于是，式(4-12)中

非静电场力移动电荷 q 所做的功可以表示为

$$A_{\mathrm{ne}}\int_{\text{电源内}} q\boldsymbol{E}_{ne}\cdot \mathrm{d}\boldsymbol{l}$$

由于在外电路不存在非静电场强，则在外电路的非静电场强积分为零，即 $\int_{\text{外电路}} q\boldsymbol{E}_{ne}\cdot \mathrm{d}\boldsymbol{l}=0$，则有

$$A_{\mathrm{ne}}=\oint q\boldsymbol{E}_{\mathrm{ne}}\cdot \mathrm{d}\boldsymbol{l}$$

即积分可沿整个闭合电路进行，于是式(4-12)可以表示为

$$\varepsilon=\oint \boldsymbol{E}_{\mathrm{ne}}\cdot \mathrm{d}\boldsymbol{l} \tag{4-13}$$

式(4-13)即用场的观点来表示电动势，电动势大小仅取决于电源本身的性质，与外电路无关。

4.2 毕奥-萨伐尔定律

4.2.1 磁场　磁感应强度

人们曾经认为磁和电是两类截然分开的现象，到了 19 世纪初，发现了磁现象与电现象之间的密切关系。1814—1820 年间，丹麦科学家奥斯特(H. C. Oersted)发现，放置在通电直导线周围的磁针会受到力的作用而发生偏转(见图 4-9)。1820 年，法国物理学家安培(A. M. Ampére)进一步研究发现，载流导线或线圈在磁体附近也会受到力的作用而运动(见图 4-10)，其后又发现载流导线之间或载流线圈之间也会有相互作用。这些实验表明磁现象和电荷的运动是密切联系的，电荷运动会产生磁现象，运动电荷也会受到磁力的作用。

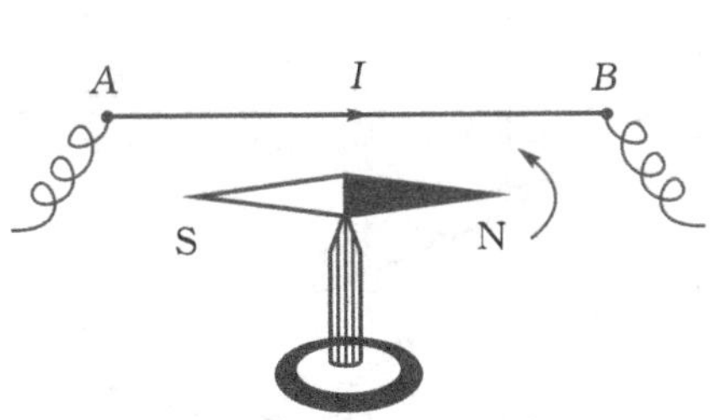

图 4-9　在载流导线附近，磁针发生偏转

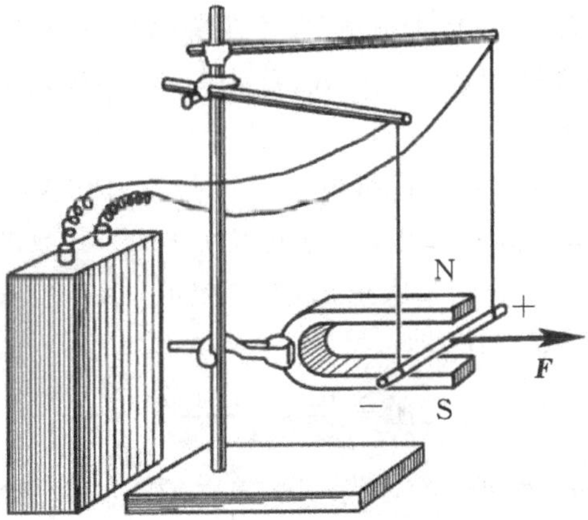

图 4-10　磁铁对载流导线的作用

为了解释磁的本质，1822 年安培提出了著名的分子电流假说：一切磁现象的根源是电流。在磁性物质的分子中，由于电子绕原子核的旋转和电子本身的自旋，在分子中存在着回路电流，称为分子电流(molecular current)。分子电流相当于一个基元磁铁，物质的磁性决定于物质中的分子电流。根据安培假说，基元磁铁的两个磁极对应于分子回路电流的正反两个面，因此两种磁极不能单独存在。安培假说与现代磁性理论是相当吻合的。

我们知道,与静止电荷间的相互作用类似,磁体或电流之间的相互作用也是通过一种场——磁场(magnetic field)来传递的。磁体或电流在其周围的空间产生磁场,磁场对任何置于其中的其他磁极或电流施加作用力,这是磁场的基本性质之一。

磁场是一个矢量场,与电场类似,我们也引入一个物理量——磁感应强度(magnetic induction density),用 $\boldsymbol{B}$ 表示,来描述磁场的性质。磁场中某点处 $\boldsymbol{B}$ 的方向由该处磁针 N 极所指的方向来确定,其大小可以用运动试验电荷 q 来获得。实验表明,当实验电荷 q 以速度 $\boldsymbol{v}$ 沿垂直于 $\boldsymbol{B}$ 的方向运动时,它所受的力 $F_{\perp}$ 与 $q\boldsymbol{v}$ 成正比,且对于磁场中的某一定点来说,该比值是确定的。我们就把这个比值规定为磁场中该点的磁感应强度 $\boldsymbol{B}$ 的大小,即

$$B=\frac{F_{\perp}}{q\boldsymbol{v}} \tag{4-14}$$

若磁场中各点的磁感应强度均不随时间变化,这种磁场称为稳恒磁场。若磁场中某一区域内各点的磁感应强度都相同,那么该区域的磁场称为匀强磁场。在国际单位制中,磁感应强度的单位为牛顿每安培米,称为特斯拉,用 T 表示。另一常用单位为高斯,用 Gs 表示,二者的换算关系是 1 T=10^4 Gs。

4.2.2　毕奥-萨伐尔定律

与静电场中求带电体电场强度的方法类似,为了求得任意电流所产生的磁场的磁感强度 $\boldsymbol{B}$,我们把电流看成由无数个电流元连接而成。电流元可用矢量 $I\mathrm{d}\boldsymbol{l}$ 来表示,$\mathrm{d}\boldsymbol{l}$ 表示在载流导线上(沿电流方向)所取的线元矢量,I 为导线中的电流。这样任意形状的线电流在空间某点所激发的磁场的磁感应强度 $\boldsymbol{B}$ 就等于该导线的所有电流元在该点所激发的磁场的磁感应强度 $\mathrm{d}\boldsymbol{B}$ 的矢量和。那么,电流元 $I\mathrm{d}\boldsymbol{l}$ 与它所激发的磁感应强度之间的关系如何呢?

19 世纪 20 年代,法国物理学家毕奥(J. B. Biot)和萨伐尔(F. Savart)等人对载流导线产生的磁场做了大量的研究,并在法国数学家拉普拉斯的帮助下,总结得到了电流元产生磁场的磁感应强度的数学表达式,称为毕奥-萨伐尔定律,其表述如下。

如图 4-11 所示,在载流导线上任取一电流元 $I\mathrm{d}\boldsymbol{l}$ 在真空中某点 P 处的磁感应强度 $\mathrm{d}\boldsymbol{B}$ 的大小与电流元 $I\mathrm{d}\boldsymbol{l}$ 的大小成正比,与电流元 $I\mathrm{d}\boldsymbol{l}$ 到 P 点的矢量 $\boldsymbol{r}$ 间的夹角 θ 的正弦成正比,而与电流元到 P 点的距离 $\boldsymbol{r}$ 的平方成反比,即

$$\mathrm{d}B=\frac{\mu_0}{4\pi}\cdot\frac{I\mathrm{d}l\sin\theta}{r^2} \tag{4-15}$$

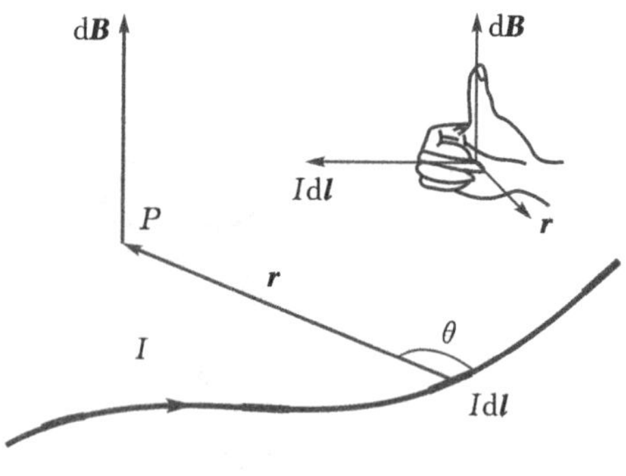

图 4-11　毕奥-萨伐尔定律

式中,$\mu_0=4\pi\times10^{-7}\ \mathrm{N\cdot A^{-2}}$,称为真空磁导率(permeability of vacuum)。电流元在 P 点产生的磁感应强度的方向总是垂直于 $\mathrm{d}\boldsymbol{l}$ 和 $\boldsymbol{r}$ 构成的平面,并沿 $I\mathrm{d}\boldsymbol{l}\times\boldsymbol{e}_r$ 的方向,因此毕奥-萨伐尔定律的矢量形式表达式为

$$\mathrm{d}\boldsymbol{B}=\frac{\mu_0}{4\pi}\int_l\frac{I\,\mathrm{d}\boldsymbol{l}\times\boldsymbol{e}_r}{r^2} \tag{4-16}$$

式中,$\boldsymbol{e}_r=\dfrac{\boldsymbol{r}}{r}$,是电流元指向 P 点方向上的单位矢量。整个载流导线 l 在点 P 产生的磁感应

强度，等于各电流元在点 P 产生的磁感应强度的矢量和，即

$$\boldsymbol{B}=\frac{\mu_0}{4\pi}\int_l \frac{I\mathrm{d}\boldsymbol{l}\times \boldsymbol{e}_r}{r^2} \tag{4-17}$$

应该指出，毕奥-萨伐尔定律是以实验为基础，经过科学抽象而得到的，它不能直接用实验来验证。然而应用式(4-17)计算各种形状的电流分布所激发的磁感强度 $\boldsymbol{B}$ 的结果与实验结果相符，这就间接证明了式(4-16)的正确性。

应用毕奥-萨伐尔定律可以计算不同电流分布所产生磁场的磁感应强度。解题一般步骤如下。

(1)根据已知电流的分布与待求场点的位置，选取合适的电流元 $I\mathrm{d}\boldsymbol{l}$。

(2)根据电流的分布与磁场分布的特点来选取合适的坐标系。

(3)根据所选择的坐标系，按照毕奥一萨伐尔定律写出电流元产生的磁感应强度 $\mathrm{d}\boldsymbol{B}$。

(4)由叠加原理求出整个载流导线在场点的磁感应强度 $\boldsymbol{B}$ 的分布。

(5)一般说来，需要将磁感应强度的矢量积分变为标量积分，并选取合适的积分变量，来统一积分变量。

下面，应用毕奥-萨伐尔定律来计算几种电流的磁场分布。

1. 载流直导线的磁场

如图 4-12 所示，设在真空中有一段长为 L，载有电流 I 的直导线，求距直导线为 a 处任意一点 P 的磁感应强度 $\boldsymbol{B}$ 。

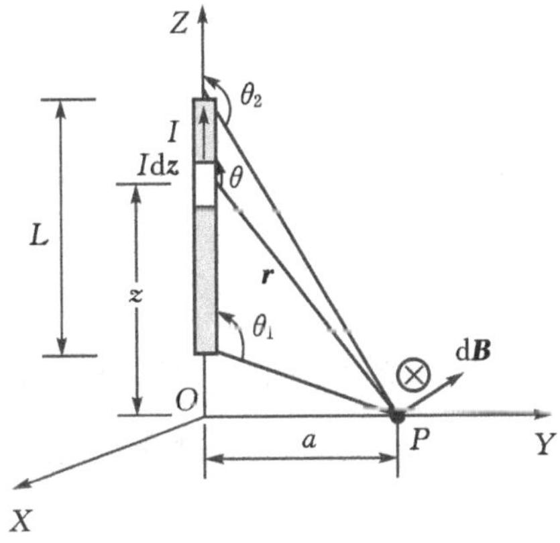

图 4-12　载流直导线的磁场

解　建立如图坐标系，在载流直导线上，任取一电流元 $I\mathrm{d}z$，由毕奥-萨伐尔定律得元电流在 P 点产生的磁感应强度大小为

$$\mathrm{d}B=\frac{\mu_0}{4\pi}\frac{I\mathrm{d}z\sin\theta}{r^2}$$

磁感应强度方向为垂直纸面向里。所有电流元在 P 点产生的磁场方向相同，所以求的总磁感应强度的积分为标量积分，即

$$B=\int_L \mathrm{d}B=\frac{\mu_0}{4\pi}\int_L \frac{I\mathrm{d}z\sin\theta}{r^2}$$

由图 4-12 可知，$z=a\cot(\pi-\theta)=-a\cot\theta$，$\mathrm{d}z=\dfrac{a\mathrm{d}\theta}{\sin^2\theta}$，$r^2=\dfrac{a^2}{\sin^2\theta}$。将以上各式代入积分式，如图 4-12 所示，取积分下限为 θ_1，上限为 θ_2，整理后积分得

$$B=\frac{\mu_0}{4\pi}=\int_{\theta_1}^{\theta_2}\frac{I\sin\theta\mathrm{d}\theta}{a}=\frac{\mu_0 I}{4\pi a}(\cos\theta_1-\cos\theta_2)$$

讨论：当载流直导线为无限长时，即 $\theta_1=0$，$\theta_2=\pi$，在 P 点的磁感应强度 $\boldsymbol{B}$ 的大小为

$$B=\frac{\mu_0 I}{2\pi a}$$

可见，载流无限长直导线周围任一点的磁感应强度 $\boldsymbol{B}$ 的大小与该点到导线的垂直距离 a 的一次方成反比。对于长度为 L 的直导线，在 $a\ll L$ 时，上式近似成立。

请思考：若载流直导线为半无限长时，即 P 位于导线一端附近处的磁感应强度 $\boldsymbol{B}$ 的大小

将为多少？若 P 位于载流直导线的延长线上或就在载流直导线上时，其磁感应强度 $\boldsymbol{B}$ 的大小又将是多少？

2. 载流圆线圈轴线上的磁场

如图 4－13 所示的圆环，求其轴线上距圆心 O 为 x 处的 P 点的磁感应强度。

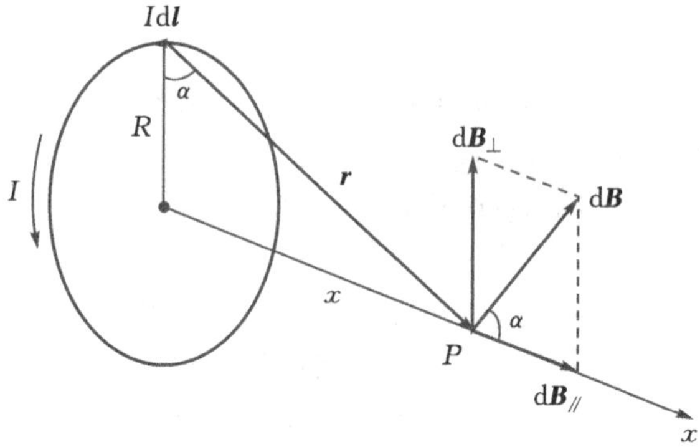

图 4－13　载流圆线圈轴线上的磁场

解　在载流圆线圈上任取一电流元 $Id\boldsymbol{l}$，设该电流元到 P 点的位矢为 $\boldsymbol{r}$，显然，$Id\boldsymbol{l} \perp \boldsymbol{r}$，由毕奥-萨伐尔定律，电流元在 P 点产生的磁感应强度 $d\boldsymbol{B}$ 的大小为

$$dB = \frac{u_0}{4\pi} = \frac{Idl\sin 90^\circ}{r^2} = \frac{\mu_0}{4\pi}\frac{Idl}{4\pi r^2}$$

由图 4－13 可知，$x = r\sin\alpha$，则 $dB = \frac{\mu_0}{4\pi}\frac{Idl}{x^2}\sin^2\alpha$

由圆线圈对称性可知，所有电流元在 P 点产生的磁感应强度 $d\boldsymbol{B}$ 在与 x 轴垂直方向的分量 $d\boldsymbol{B}_{\perp}$ 总和为零，故

$$B = \oint dB_{/\!/} = \oint dB\cos\alpha = \frac{\mu_0}{4\pi}\frac{I}{x^2}\sin^2\alpha\cos\alpha\oint dl \tag{4-18}$$

由几何关系有 $\cos\alpha = \frac{R}{\sqrt{R^2+x^2}}$，$\sin^2\alpha = \frac{x^2}{R^2+x^2}$，$\oint dl = 2\pi R$，代入式(4－18)整理得

$$B = \frac{\mu_0}{2} = \frac{R^2 I}{(R^2+x^2)^{3/2}}$$

磁感应强度 $\boldsymbol{B}$ 的方向与电流的环绕方向满足右手螺旋法则，为圆电流轴线方向。

讨论：(1) 当 $x = 0$ 时，即圆心处的磁感应强度 $B = \frac{\mu_0 I}{2R}$。

(2) 当 $x \gg R$ 时，$(R^2+x^2)^{3/2} \approx x^3$，则 $B = \frac{\mu_0 IR^2}{2x^3}$。仿照电偶极子的电偶极矩概念，在磁场中，我们引入载流线圈的磁矩(magnetic moment)概念，磁矩是一个矢量，表达式为 $\boldsymbol{P}_m = I\boldsymbol{S}$，$\boldsymbol{S}$ 的正法线方向与电流流向成右手螺旋关系，于是圆心处的磁感应强度可写成

$$\boldsymbol{B} = \frac{\mu_0 I\boldsymbol{S}}{2\pi x^3} = \frac{\mu_0 \boldsymbol{P}_m}{2\pi x^3}$$

3. 载流直螺线管中的磁场

绕在圆柱面上的螺线形线圈叫作螺线管。设在真空中有一个直螺线管是密绕，即整个螺线管可以近似地看成一系列半径相同的圆线圈同轴密排而成，绕线的螺距可以忽略。如图 4－14所示，设螺线管半径为 R，长度为 L，单位长度内绕有 n 匝线圈，总匝数为 N，线圈中电流为 I。试求其管内轴线上一点 P 处的磁感强度 $\boldsymbol{B}$。

解　以 P 为原点，沿轴线方向建立 Ox 坐标轴，由于直螺线管为密绕的，所以每匝线圈可近似看作是一闭合的圆电流，P 点的磁感应强度可以看成各匝线圈在该点产生的磁感应强度的矢量和。在螺线管上距 P 点为 x 处取一段 dx，则可将其看作是 $dI = I \cdot ndx$ 的圆电流。应用载流圆线圈轴线上的磁场的结论可得其在 P 点的磁感应强度为

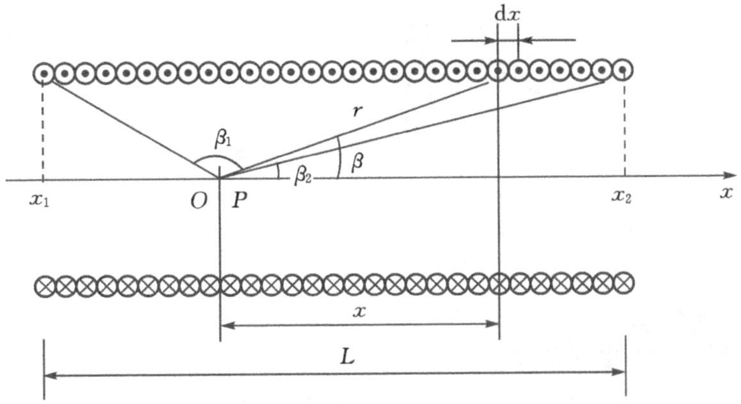

图 4-14　载流直螺线管中的磁场

$$dB=\frac{\mu_0}{2}\cdot\frac{nIR^2dx}{(R^2+x^2)^{3/2}}$$

方向沿 x 轴正向。整个螺线管在 P 点的磁感应强度为

$$B=\int dB=\int_{x_1}^{x_2}\frac{\mu_0}{2}\cdot\frac{nIR^2dx}{(R^2+x^2)^{3/2}} \tag{4-19}$$

由图可得 $x=R\cot\beta$，于是 $dx=-R\csc^2\beta d\beta$，代入式(4-19)得

$$B=-\int_{\beta_1}^{\beta_2}\frac{\mu_0 nI}{2}\sin\beta d\beta=\frac{\mu_0 nI}{2}(\cos\beta_2-\cos\beta_1)$$

讨论：(1)无限长螺线管。因 $L\to\infty$，$\beta_1=\pi$，$\beta_2=0$，轴线上磁场大小为 $B=\mu_0 nI$。可见，无限长螺线管轴线上的磁场是均匀的，这一结论不仅适用于轴线上，而且适用于螺线管内各点，即无限长螺线管内的磁场是均匀的，磁感应强度的大小均为 $\mu_0 nI$，方向与轴线平行。

(2)半无限长螺线管的一端。因 $\beta_1=\pi$，$\beta_2=\frac{\pi}{2}$，或者 $\beta_1=\frac{\pi}{2}$，$\beta_2=0$，故有 $B=\frac{1}{2}\mu_0 nI$。可见，半无限长螺线管轴上端点处的磁感应强度为无限长螺线管内磁感应强度之半。长螺线管($L\gg R$)轴线上的磁场分布情况如图 4-15 所示。

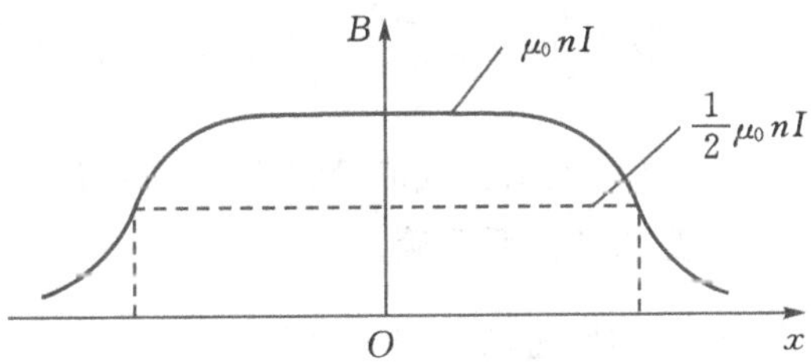

图 4-15

例 4-1　如图 4-16，一内外半径分别为 R_1 和 R_2 的薄圆环均匀带正电，电荷面密度为 σ，以角速度 ω 绕通过环心且垂直于环面的轴转动。求(1)环心处的磁场；(2)等效磁矩。

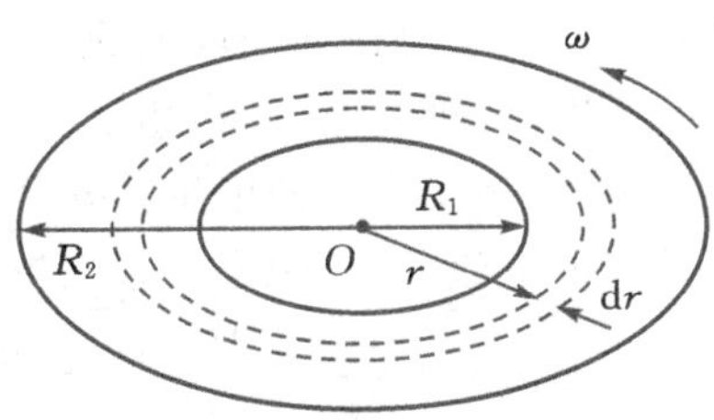

图 4-16

解　(1)可将圆环分成许多同心的细圆环。考虑其上任一半径为 r，宽为 dr 的细圆环(见图 4-16)，该细环所带电荷量为

$$dq=\sigma dS=\sigma\cdot 2\pi r dr$$

当圆环以角速度 ω 转动时，该细环等效于一载流圆线圈，其电流为

$$\mathrm{d}I = \frac{\omega}{2\pi}\mathrm{d}q = \sigma\omega r\,\mathrm{d}r$$

应用圆电流在圆心处的磁场公式，可得细环在环心 O 处的磁场为

$$\mathrm{d}B = \frac{\mu_0\,\mathrm{d}I}{2r} = \frac{\mu_0\sigma\omega}{2\pi} = \mathrm{d}r$$

于是整个圆环转动在环心 O 处的磁场为

$$B = \int \mathrm{d}B = \int_{R_1}^{R_2} \frac{\mu_0\sigma\omega}{2\pi}(R_2 - R_1)$$

$\boldsymbol{B}$ 的方向垂直纸面向外。

(2)细环转动形成的圆电流的磁矩为

$$\mathrm{d}m = \mathrm{d}I \cdot S = \sigma\omega r\,\mathrm{d}r = \sigma\omega\pi r^3\,\mathrm{d}r$$

整个圆环转动形成的电流的等效磁矩为

$$m = \int \mathrm{d}m = \int_{R_1}^{R_2} \sigma\omega\pi r^3\,\mathrm{d}r = \frac{1}{4}\sigma\omega\pi(R_2^4 - R_1^4)$$

例 4-2 如图 4-17 所示，一宽为 a 的薄金属板，其电流强度为 I 并均匀分布。试求在板平面内距板一边为 b 的 P 点的磁感应强度 $\boldsymbol{B}$。

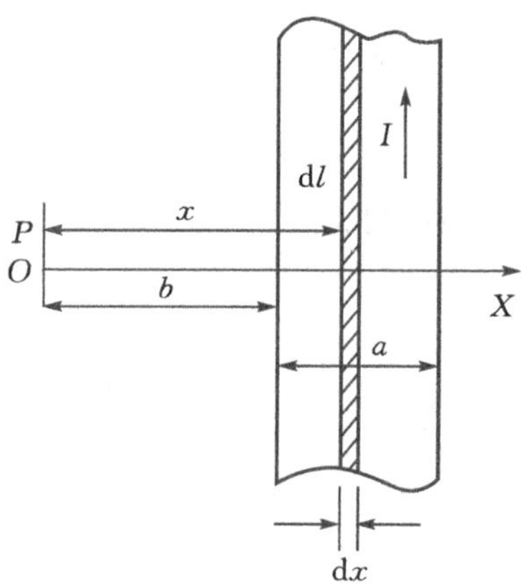

图 4-17

解 取 P 为原点，X 轴过平板所在平面且与板边垂直，在 x 处取窄条，视为无限长载流导线，它在点 P 产生 $\mathrm{d}\boldsymbol{B}$ 的方向为：垂直纸面向外；大小为：

$$\mathrm{d}B = \frac{\mu_0\,\mathrm{d}I}{2\pi x} = \frac{\mu_0 I\,\mathrm{d}x}{2\pi a x}\text{（均匀分布）}$$

所有这样的窄条在 P 点的 $\mathrm{d}\boldsymbol{B}$ 方向均相同，所以求 $\boldsymbol{B}$ 的大小可用下面代数积分进行

$$B = \int \mathrm{d}B = \int_b^{a+b} \frac{\mu_0 I\,\mathrm{d}x}{2\pi a x} = \frac{\mu_0 I}{2\pi a}\ln\frac{b+a}{a}$$

注意：(1)无限长载流导线产生磁场 $B = \dfrac{\mu_0 I}{2\pi a}$。

(2)叠加方法要明确。

4.2.3 匀速运动电荷的磁场

从微观上讲，电流元产生的磁场 $\mathrm{d}\boldsymbol{B}$，实际上是电流元内做定向运动的电荷共同产生的。如图 4-18 所示，设有一电流元 $I\mathrm{d}\boldsymbol{l}$，其截面积为 S，电流元中做定向运动的电荷的体密度为 n，每个电荷的电量为 q，定向运动的速度为 v，则此电流元的电流 $I = nqvS$。根据毕奥-萨伐尔定律有

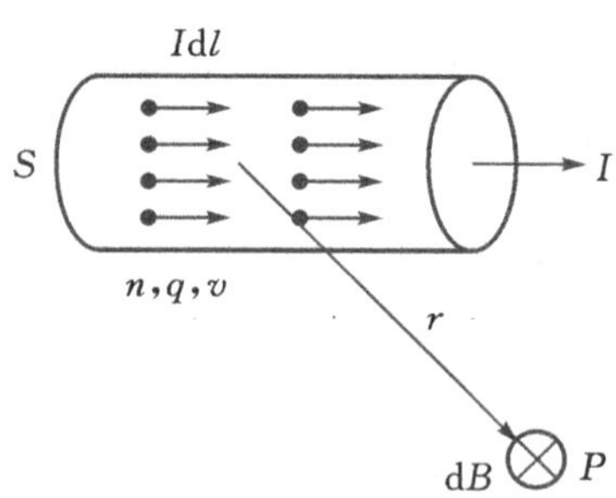

图 4-18 电流元中的运动电荷

$$\mathrm{d}\boldsymbol{B} = \frac{\mu_0}{4\pi}\cdot\frac{I\mathrm{d}\boldsymbol{l}\times\boldsymbol{e}_r}{r^2} = \frac{\mu_0}{4\pi}\cdot\frac{nSq\,\mathrm{d}l\boldsymbol{v}\times\boldsymbol{e}_r}{r^2}$$

因电流元中带电粒子数 $\mathrm{d}N = nS\mathrm{d}l$，所以一个以速度 v 运动的电荷在距它为 r 处产生的磁感应强度为

$$B = \frac{dB}{dN} = \frac{\mu_0}{4\pi} \cdot \frac{qv \times e_r}{r^2} \tag{4-20}$$

B 的方向垂直于 v 和 r 组成的平面向里。应该说明，只有当电荷运动的速度远小于光速时，式(4-20)才成立。另外，B 的方向可由右手螺旋法则确定，与运动电荷的正负有关。如果粒子带正电，即 $q>0$，则 B 的方向沿 $v\times e_r$ 方向；如果粒子带负电，即 $q<0$，则 B 的方向沿 $v\times e_r$ 的反方向，如图 4-19 所示。

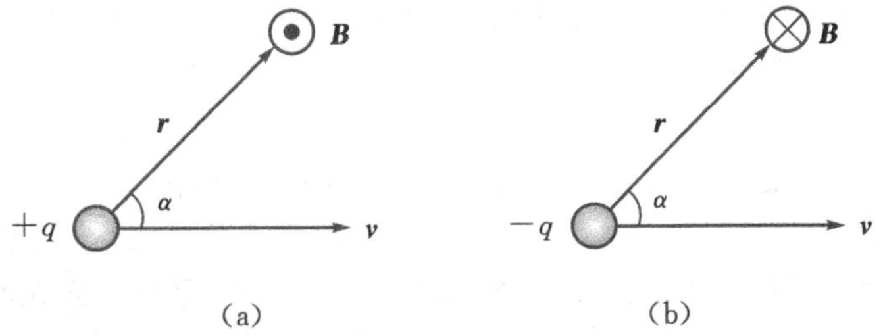

图 4-19　运动电荷磁场的方向

4.3　磁场的高斯定理

4.3.1　磁感应线　磁通量

在静电场中，可以用电场线来形象描述电场的分布情况。与此类似，在稳恒磁场中也可以用磁场线来形象描述磁场的分布情况，磁场线也称磁感应线(magnetic induction line)。规定：①磁感应线上任一点切线的方向即为磁感应强度 B 的方向；②磁感应强度 B 的大小可用磁感应线的疏密程度表示。

如图 4-20(a)，(b)，(c)所示分别是载流长直导线、圆电流、载流长螺线管等典型电流的磁感应线分布的示意图。

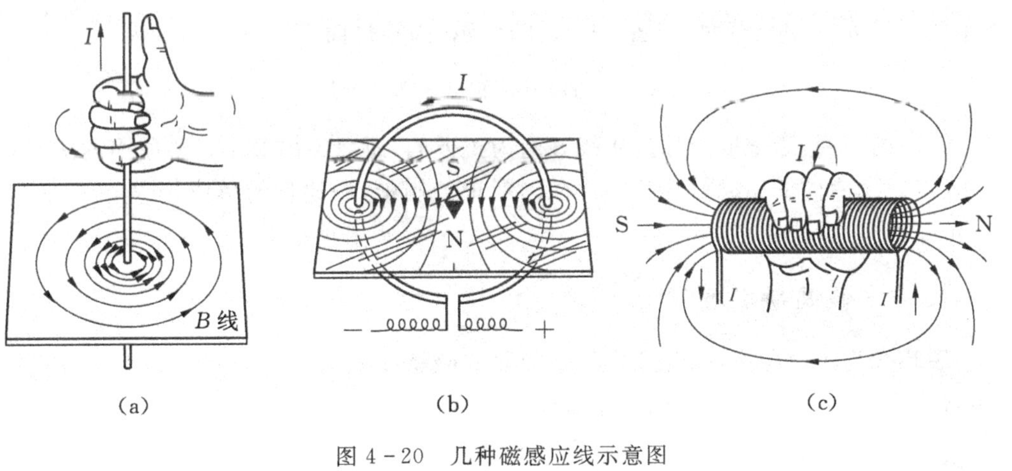

图 4-20　几种磁感应线示意图

从 4-20 中集中典型载流导线可以看出，磁感应线的绕行方向与电流流向都遵守右手螺旋法则，磁感应线有如下特性：

(1)磁感应线是环绕电流的无头无尾的闭合曲线，没有起点，也没有终点，即没有磁单极子存在。

(2)任意两条磁感应线不相交,这一性质与电场线相同。

为了使磁感应线能够定量地描述磁场的强弱,我们规定:通过某点上垂直于磁感应强度方向的单位面积的磁感应线条数,在数值上等于该点磁感应强度矢量的大小。这样,磁场较强的地方,磁感应线就较密;反之,磁场较弱的地方,磁感应线就较疏。在均匀磁场中,磁感应线是一组间隔相等的同方向平行线。

在磁场中穿过任意曲面 S 的磁场线条数称为穿过该面的磁通量(magnetic flux),用 Φ_m 表示,如图 4-21(a)所示。为了计算穿过任意曲面 S 的磁通量,需将曲面 S 分割成无限多个面元。任取一个面元 dS,根据磁场线的定义,穿过该面元的磁通量,即磁场线条数为

$$d\Phi_m = B\cos\theta dS = \boldsymbol{B}\cdot d\boldsymbol{S} \tag{4-21}$$

式中,θ 是面元 $d\boldsymbol{S}$ 的法向单位矢量 $\boldsymbol{e}_n$ 与磁感应强度 $\boldsymbol{B}$ 之间的夹角,$d\boldsymbol{S} = dS\boldsymbol{e}_n$ 是面元矢量。

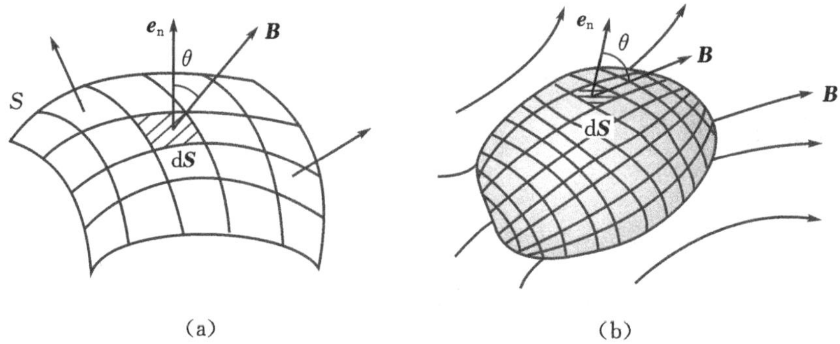

图 4-21 磁通量

对式(4-21)积分,可得到穿过整个曲面 S 的磁通量为

$$\Phi_m = \int_S B\cos\theta dS = \int_S \boldsymbol{B}\cdot d\boldsymbol{S} \tag{4-22}$$

如果曲面 S 是一闭合曲面,如图 4-21(b)所示,则穿过曲面 S 的磁通量为

$$\Phi_m = \oint_S B\cos\theta dS = \oint_S \boldsymbol{B}\cdot d\boldsymbol{S} \tag{4-23}$$

对于封闭的曲面,通常取向外的法线方向为正方向,所以穿出这个封闭曲面的磁通量是正的,而穿入这封闭曲面的磁通量是负的。在国际单位制中,磁通量的单位是 Wb(韦伯),$1\ \text{Wb} = 1\ \text{T}\cdot\text{m}^2$。

4.3.2 磁场中的高斯定理

由于磁感线为闭合曲线,因此穿入闭合曲面的磁感线数必然等于穿出该闭合曲面的磁感线数,也就是说,通过任意闭合曲面的总磁通量必然等于零,即

$$\oint_S \boldsymbol{B}\cdot d\boldsymbol{S} = 0 \tag{4-24}$$

这就是真空中磁场的高斯定理。它是表明磁场基本性质的重要方程之一。虽然其形式与静电场的高斯定理相似,但二者有本质上的区别。在静电场中,由于自然界有独立存在的自由电荷,所以通过某一闭合曲面的电通量可以不为零,说明静电场是有源场。在磁场中,因自然界没有单独存在的磁极,所以通过任一闭合面的磁通量必恒等于零,说明磁场是无源场,或者

说是涡旋场。

4.4 安培环路定理及其应用

在静电场中，电场强度 $\boldsymbol{E}$ 的环流（沿任一闭合回路的线积分）恒等于零，即 $\oint_L \boldsymbol{E}\cdot \mathrm{d}\boldsymbol{l}=0$，它反映了静电场是保守场的性质。对于稳恒磁场，磁感应强度矢量 $\boldsymbol{B}$ 沿任一闭合回路的线积分 $\oint_L \boldsymbol{B}\cdot \mathrm{d}\boldsymbol{l}$（$\boldsymbol{B}$ 的环流）是否等于零？稳恒磁场是否为保守场呢？

4.4.1 安培环路定理

根据毕奥-萨伐尔定律可以得出：磁感应强度 $\boldsymbol{B}$ 沿任何闭合路径的环路积分等于穿过该环路所有电流强度的代数和的 μ_0 倍，其数学表达式为

$$\oint_L \boldsymbol{B}\cdot \mathrm{d}\boldsymbol{l}=\mu_0\sum_i I_i \tag{4-25}$$

式(4-25)称为磁场的安培环路定理。该定理表明磁场是有旋场和非保守场。下面，以无限长载流直导线的磁场来验证上述定理。

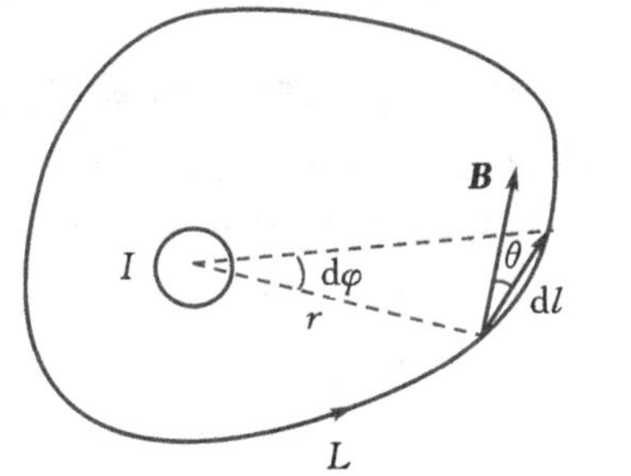

图 4-22 长直导线磁场中的环路积分

设真空中有一无限长载流直导线，电流为 I，垂直纸面向外，如图 4-22 所示。由于无限长载流直导线其磁感应线是以直导线为圆心的一系列同心圆，其绕向与电流 I 方向成右手螺旋关系。现在垂直于导线的平面内任取一闭合路径 L 且包围该电流，则磁感应强度沿该闭合路径的环路积分为

$$\oint_L \boldsymbol{B}\cdot \mathrm{d}\boldsymbol{l}=\oint_L B\cos\theta \mathrm{d}l \tag{4-26}$$

式中，θ 为路径上的线元 $\mathrm{d}l$ 与该处磁感应强度的夹角。由几何关系知 $\cos\theta \mathrm{d}l=r\mathrm{d}\varphi$，$r$ 为线元到直导线的距离。将 $B=\dfrac{\mu_0 I}{2\pi r}$ 代入式(4-26)可得

$$\oint_L \boldsymbol{B}\cdot \mathrm{d}\boldsymbol{l}=\int_0^{2\pi}\frac{\mu_0 I}{2\pi r}\cdot r\mathrm{d}\varphi=\mu_0 I$$

现在，再考虑若垂直于直导线平面内的闭合路径 L 不包围电流的情形。如图 4-23 所示，若从直导线引两条切线，将路径 L 分为 L_1 和 L_2 两部分，则

$$\oint_L \boldsymbol{B}\cdot \mathrm{d}\boldsymbol{l}=\oint_{L_1}\boldsymbol{B}\cdot \mathrm{d}\boldsymbol{l}+\oint_{L_2}\boldsymbol{B}\cdot \mathrm{d}\boldsymbol{l}=\frac{\mu_0 I}{2\pi}\left(\int_{L1}\mathrm{d}\varphi+\int_{L2}\mathrm{d}\varphi\right)=\frac{\mu_0 I}{2\pi}(\varphi-\varphi)=0$$

可见，当闭合路径不包围电流时，$\boldsymbol{B}$ 的环路积分为零。

为了更好地理解安培环路定理，有以下几点需要说明：

(1) 安培环路定律对于稳恒电流的任一形状的闭合回路均成立，反映了稳恒电流产生磁场的规律。稳恒电流本身是闭合的，故安培环路定律仅适用于闭合

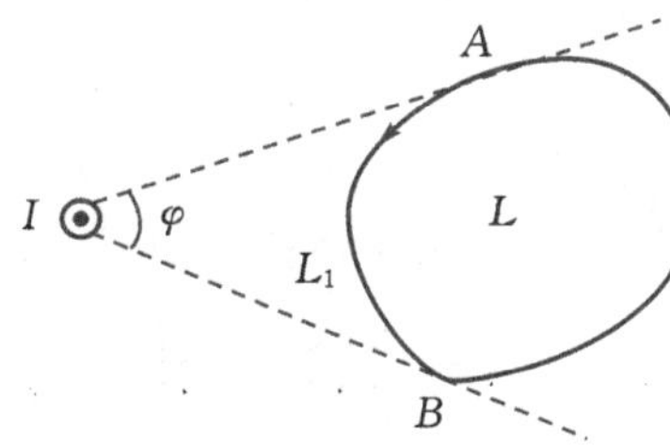

图 4-23 闭合路径不包围电流时的环路积分

的载流导线，而对于任意设想的一段载流导线则不成立。

(2)电流的正负规定：若电流流向与积分回路的绕向方向满足右手螺旋关系，式中的电流取正值；反之取负值。

(3)$\oint_L \boldsymbol{B}\cdot d\boldsymbol{l}$ 只与闭合回路所包围的电流有关，但路径上磁感应强度 $\boldsymbol{B}$ 是闭合路径内外电流分别产生的磁感应强度的矢量和。

(4)磁场中 $\boldsymbol{B}$ 的环流一般不等于零，说明稳恒磁场与静电场不同，稳恒磁场是非保守场，不能引入与静电场中与电势相应的物理量。

4.4.2　安培环路定理的应用

安培环路定理对于研究恒定磁场有重要意义。应用安培环路定理，计算一些具有一定对称性的电流分布的磁感应强度十分方便。计算时，首先用磁场叠加原理对载流体的磁场作对称性分析；然后根据磁场的对称性和特征，设法找到满足上述条件的积分路径(使 $\boldsymbol{B}$ 可提到积分号外)；最后利用定理公式求磁感应强度。下面举例讨论几种情况的磁场分布，说明安培环路定理的应用。

例 4－3　如图 4－24 所示，有一无限长载流圆柱导体，截面半径为 R，电流在截面内均匀分布，电流为 I，试求圆柱导体内外的磁场分布。

解　由于电流分布有轴对称性，而且圆柱体很长，所以磁场对圆柱导体轴线同样是有对称性的。磁场线是在垂直于轴线平面内以该平面与轴线交点为圆心的一系列同心圆，如图 4－24(b)所示。因此可以选取通过场点 P 的圆作为积分回路，圆的半径为 r，使电流方向与积分回路绕行方向满足右手螺旋法则，在每一个圆周上 $\boldsymbol{B}$ 的大小是相同的，方向与每点的 $d\boldsymbol{l}$ 的方向相同，这时有 $\boldsymbol{B}\cdot d\boldsymbol{l}=Bdl$。利用安培环路定理，对半径为 r 的环路有

$$\oint_L \boldsymbol{B}\cdot d\boldsymbol{l}=\int_L Bdl=B\cdot 2\pi r=\mu_0\sum_i I_i$$

对于圆柱体外部一点，闭合积分路径包围的电流为 $\sum_i I_i = I$，可得

$$B=\frac{\mu_0 I}{2\pi r}\qquad (r>R)$$

结果表明，在圆柱体外部，磁场分布与全部电流集中在圆柱导体轴线上的无限长直载流导线磁场分布相同。

对于圆柱体内部一点，闭合积分路径包围的电流为总电流 I 的一部分，由于电流均匀分布，所以得

$$I=\sum_i I_i=\frac{I}{\pi R^2}\pi r^2=\frac{r^2}{R^2}I$$

于是有

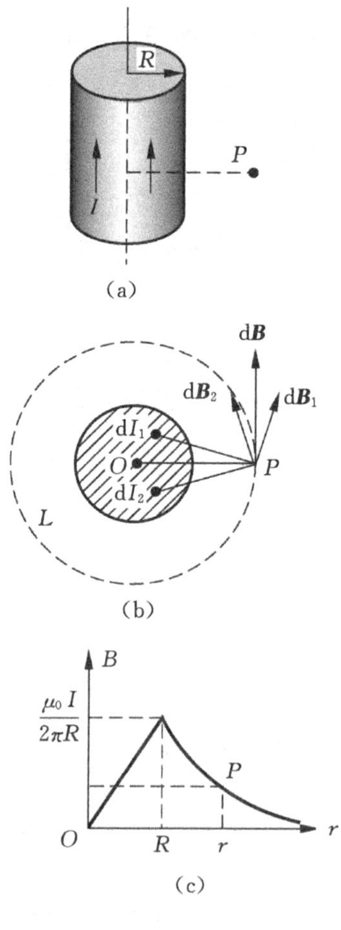

图 4－24　无限长均匀载流圆柱导体的磁场

$$B = \frac{\mu_0}{2\pi r} \cdot \frac{r^2}{R^2} I = \frac{\mu_0 r I}{2\pi R^2} \qquad (r < R)$$

结果表明，在圆柱体内部，磁感应强度 $\boldsymbol{B}$ 的大小与 r 成正比。$B-r$ 曲线如图 4-24(c)所示。

例 4-4　如图 4-25 所示，设无限长载流密绕螺线管中通有电流 I，单位长度上的匝数为 n，试求载流螺线管内外的磁场分布。

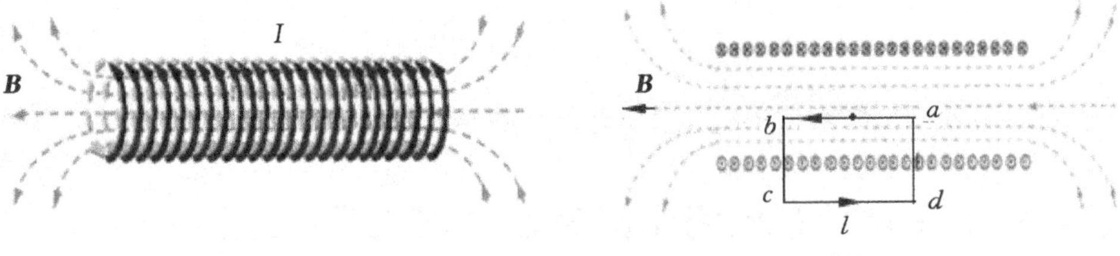

图 4-25　无限长螺线管的磁场

解　如图 4-25(b)所示，根据对称性可知，管内平行于轴线上任一直线上各点的磁感应强度相同。过管内任意场点 P 的一矩形闭合曲线 $abcd$ 为积分路径 l，则环路 ab 段的 $\mathrm{d}\boldsymbol{l}$ 方向与磁场 $\boldsymbol{B}$ 的方向一致，即 $\boldsymbol{B}$ 与 $\mathrm{d}\boldsymbol{l}$ 的夹角为 $0°$，故在 ab 段上，$\boldsymbol{B} \cdot \mathrm{d}\boldsymbol{l} = B\mathrm{d}l$；在环路 cd 段上，$\boldsymbol{B} = 0$，则 $\boldsymbol{B} \cdot \mathrm{d}\boldsymbol{l} = 0$；在环路 bc 段和 da 段上，管内部分 $\boldsymbol{B}$ 与 $\mathrm{d}\boldsymbol{l}$ 垂直，管外部分 $\boldsymbol{B} = 0$。都有 $\boldsymbol{B} \cdot \mathrm{d}\boldsymbol{l} = 0$。因此，沿此闭合路径 l，磁感应强度 $\boldsymbol{B}$ 的环流为

$$\oint_L \boldsymbol{B} \cdot \mathrm{d}\boldsymbol{l} = \int_a^b \boldsymbol{B} \cdot \mathrm{d}\boldsymbol{l} + \int_b^c \boldsymbol{B} \cdot \mathrm{d}\boldsymbol{l} + \int_c^d \boldsymbol{B} \cdot \mathrm{d}\boldsymbol{l} + \int_d^a \boldsymbol{B} \cdot \mathrm{d}\boldsymbol{l} = \int_a^b \boldsymbol{B} \cdot \mathrm{d}\boldsymbol{l} = B\,\overline{ab}$$

螺线管上每单位长度有 n 匝线圈，通过每匝的电流是 I，则闭合路径所围绕的总电流为 $n\,\overline{ab}I$，根据右手螺旋法则，其方向是正的。由安培环路定理 $B\,\overline{ab} = \mu_0 n\,\overline{ab}I$，因此，有

$$B = \mu_0 n I$$

此结果表明管内中间部分的磁场是均匀的。

例 4-5　如图 4-26 所示，设真空中有一螺绕环，环上均匀密绕 N 匝线圈，环的平均半径为 R，线圈中电流为 I，求螺绕环的磁场分布。

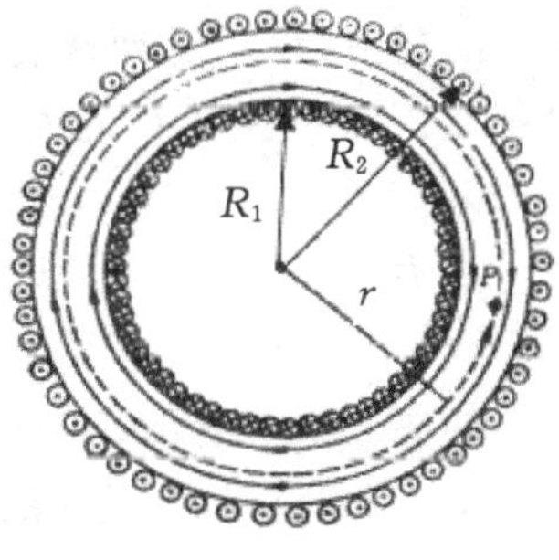

图 4-26　螺绕环的磁场

解　根据对称性分析，环内磁感应强度为一系列以螺绕环轴线为圆心的同心圆，在同一磁感应线上，$\boldsymbol{B}$ 大小相等，方向沿磁感应线的切线方向。如图 4-26 所示，以螺绕环中心为圆心，以 r 为半径在螺绕环内作一与螺绕环同轴的圆形闭合路径。根据安培环路定理可得

$$\oint_L \boldsymbol{B} \cdot \mathrm{d}\boldsymbol{l} = B \times 2\pi r = \mu_0 N I$$

则在螺绕环内部磁感应强度为

$$B = \frac{\mu_0 N I}{2\pi r}$$

可见，螺绕环内任意点处的磁感应强度随到环心的距离而变，即螺绕环内的磁场是不均匀的。用 R 表示螺绕环的平均半径，当 $R \gg R_2 - R_2$ 时，可近似认为环内任一与环共轴的同心圆的半径 $R \approx r$，则上式可变换为

$$B=\mu_0\frac{N}{2\pi R}I=\mu_0 nI$$

式中，$n=\frac{n}{2\pi R}$ 为环上单位长度所绕的匝数。因此，当螺绕环的平均半径比环的内外半径之差大得多时，管内的磁场可视为均匀的，计算公式与长螺线管相同。

再分析螺绕环外的磁场分布。类似地在环外取一圆形闭合回路，因穿过它的总电流为零，由安培环路定理可得

$$\oint_L \boldsymbol{B}\cdot \mathrm{d}\boldsymbol{l}=2\pi rB=0$$

上述结果表明，密绕螺绕环内部的磁场可近似看成均匀的，环外无磁场。

4.5 带电粒子在磁场和电场中的运动及其应用

4.5.1 洛伦兹力

带电粒子在磁场中运动时，受到磁场的作用力，这种磁场对运动电荷的作用力叫作洛伦兹力(lorentz force)。在4.2节中我们已经指出，当带电粒子沿磁场方向运动时，作用在带电粒子上的洛伦兹力为零；带电粒子的运动方向与磁场方向相垂直时，所受洛伦兹力最大，记作 $\boldsymbol{F}_{\perp}$，其值为

$$F_{\perp}=qvB$$

并且磁力 $\boldsymbol{F}_{\perp}$、电荷运动速度 v 和磁感应强度 $\boldsymbol{B}$ 三者相互垂直。

一般情况下，运动的带电粒子在磁场中某点所受到的洛仑兹力 $\boldsymbol{F}$ 的大小，与粒子所带电量 q 的量值、粒子运动速度 v 的大小、该点处磁感强度 $\boldsymbol{B}$ 的大小以及 $\boldsymbol{B}$ 与 $\boldsymbol{v}$ 之间夹角 θ 的正弦成正比。洛仑兹力 $\boldsymbol{F}$ 的大小为

$$F=qvB\sin\theta \tag{4-27}$$

洛仑兹力 $\boldsymbol{F}$ 的矢量表达式为

$$\boldsymbol{F}=q\boldsymbol{v}\times\boldsymbol{B} \tag{4-28}$$

如图4-27所示，洛仑兹力 $\boldsymbol{F}$ 的方向垂直于 $\boldsymbol{v}$ 和 $\boldsymbol{B}$ 构成的平面，其指向按右手螺旋法则由矢积 $\boldsymbol{v}\times\boldsymbol{B}$ 的方向以及 q 的正负来确定：对于正电荷，$\boldsymbol{F}$ 的方向与矢积 $\boldsymbol{v}\times\boldsymbol{B}$ 的方向相同；对于负电荷，$\boldsymbol{F}$ 的方向与矢积 $\boldsymbol{v}\times\boldsymbol{B}$ 的方向相反。

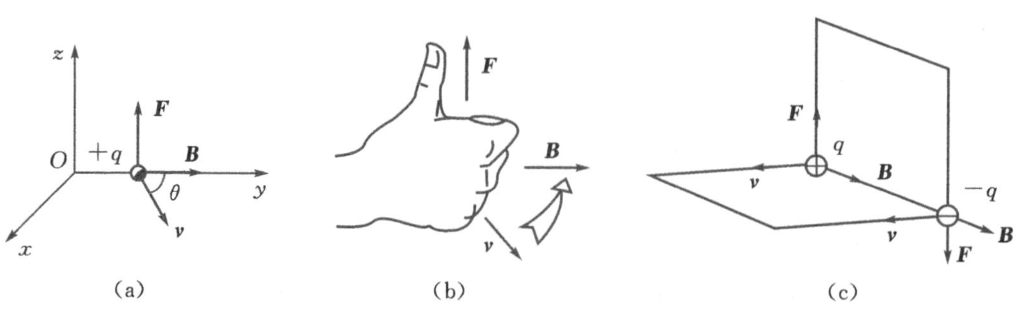

图4-27 洛伦兹力的方向

由于运动电荷在磁场中所受的洛仑兹力的方向始终与运动电荷的速度垂直，所以洛仑兹力只能改变运动电荷的速度方向，不能改变运动电荷速度的大小。也就是说，洛仑兹力只能使运动电荷的运动路径发生弯曲，但对运动电荷不做功。这是洛伦兹力的一个重要特性。

例 4－6　宇宙射线中的一个质子以速率 $v = 1.0 \times 10^7\ \mathrm{m \cdot s^{-1}}$ 竖直进入地球磁场内，估算作用在这个质子上的磁力多大？（地面附近磁感应强度约为 $B = 0.3 \times 10^{-4}\ \mathrm{T}$）

解　已知质子所带电荷量为 $q = 1.6 \times 10^{-19}\ \mathrm{C}$，按照洛伦兹力公式，可算出磁场对质子的作用力为

$$\begin{aligned} F &= qvB\sin\theta = 1.6 \times 10^{-19} \times 1.0 \times 10^7 \times 0.3 \times 10^{-4} \times \sin 90^\circ \\ &= 4.8 \times 10^{-17}\ N \end{aligned}$$

这个力约是质子重力（$mg = 1.6 \times 10^{-26}\ \mathrm{N}$）的 10^9 倍，因此当讨论微观带电粒子在磁场中的运动时，一般可以忽略重力的影响。

4.5.2　带电粒子在磁场中的运动

一个带电荷为 q，质量为 m 的粒子，在电场强度为 $\boldsymbol{E}$ 的电场中所受到的电场力为 $\boldsymbol{F}_e = q\boldsymbol{E}$。

一个带电荷为 q，质量为 m 的粒子，以速度 $\boldsymbol{v}$ 进入磁感应强度为 $\boldsymbol{B}$ 的均匀磁场中，它所受到的洛伦兹力为 $\boldsymbol{F}_m = q\boldsymbol{v} \times \boldsymbol{B}$。

一般情况下，带电粒子如果既在电场又在磁场中运动时，则带电粒子在电场和磁场中所受的力应为电场力和洛伦兹力的和，即

$$\boldsymbol{F} = \boldsymbol{F}_e + \boldsymbol{F}_m = q\boldsymbol{E} + q\boldsymbol{v} \times \boldsymbol{B} \tag{4-29}$$

下面，讨论带电粒子在均匀磁场中的运动情形。

如果有一个带电粒子电荷为 q，质量为 m，以初速度 $\boldsymbol{v}$ 进入磁感应强度为 $\boldsymbol{B}$ 的均匀磁场中，根据 $\boldsymbol{v}$ 与 $\boldsymbol{B}$ 之间的方向关系，我们分三种情况讨论带电粒子在磁场中的运动。

(1) 粒子的初速度 $\boldsymbol{v}$ 与磁场平行或反平行，即 $\boldsymbol{v} \parallel \boldsymbol{B}$，磁场对运动粒子的作用力 $\boldsymbol{F} = 0$，带电粒子做速度 $\boldsymbol{v}$ 的匀速直线运动，不受磁场的影响。

(2) 粒子的初速度 $\boldsymbol{v}$ 与磁场垂直，即 $\boldsymbol{v} \perp \boldsymbol{B}$，带电粒子所受的洛伦兹力的大小为 $F = qvB$，方向与速度 $\boldsymbol{v}$ 垂直，所以洛伦兹力只能改变速度的方向，不改变速度的大小。带电粒子进入磁场后，将做匀速圆周运动，洛伦兹力提供了向心力，如图 4－28 所示。

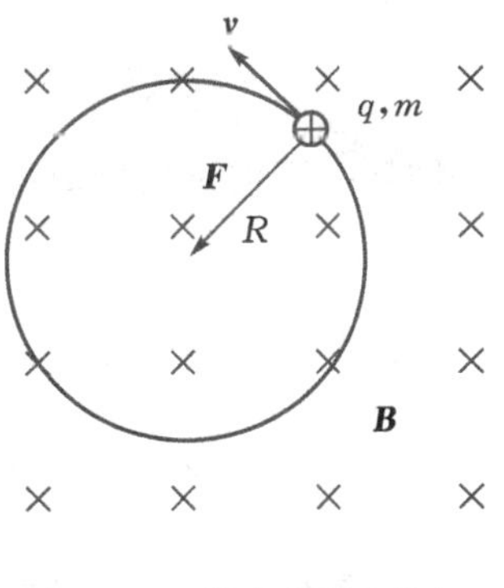

图 4－28　带电粒子在均匀磁场的圆周运动

由牛顿第二定律，得

$$qvB = m\frac{v^2}{R}$$

所以圆的轨道半径为

$$R = \frac{mv}{qB} \tag{4-30}$$

从式(4－30)可以看出，粒子运动半径 R 与带电粒子的速率成正比，与磁感应强度 $\boldsymbol{B}$ 的大小成反比。

粒子运动一周所需的时间，即回旋周期为

$$T=\frac{2\pi R}{v}=\frac{2\pi}{v}\frac{mv}{qB}=\frac{2\pi m}{qB} \tag{4-31}$$

带电粒子在单位时间内运行的周数，即频率为

$$f=\frac{1}{T}=\frac{qB}{2\pi m} \tag{4-32}$$

从式(4－31)和式(4－32)可以看出回旋周期 T 、频率 f 与带电粒子的速率和回旋半径无关。

(3)带电粒子的速度 $\boldsymbol{v}$ 与磁场 $\boldsymbol{B}$ 之间的夹角为 θ 时，则可以把速度 $\boldsymbol{v}$ 分解为平行于磁感应强度 $\boldsymbol{B}$ 的分量 $\boldsymbol{v}_{/\!/}$ 和垂直于磁感应强度 $\boldsymbol{B}$ 的分量 $\boldsymbol{v}_{\perp}$ ，如图 4－29(a)所示，它们的大小分别为

$$\boldsymbol{v}_{/\!/}=v\cos\theta$$

$$\boldsymbol{v}_{\perp}=v\sin\theta$$

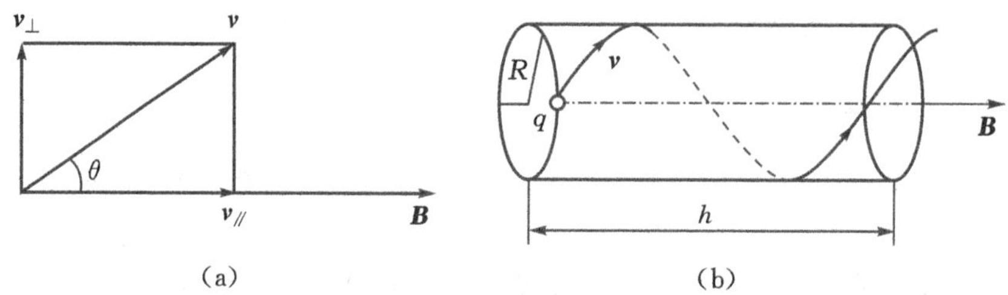

图 4－29 螺旋运动

若带电粒子在平行于磁场 $\boldsymbol{B}$ 的方向或其反方向运动，有 $F_{/\!/}=0$ ，则带电粒子做匀速直线运动；若带电粒子在垂直于磁场 $\boldsymbol{B}$ 的方向运动，有 $F_{\perp}=qvB\sin\theta$ ，则带电粒子在垂直于 $\boldsymbol{B}$ 的平面内做匀速圆周运动。

当两个分量同时存在时，带电粒子同时参与两个运动，结果粒子做螺旋线向前运动，轨迹是螺旋线。粒子的回转半径为

$$R=\frac{mv_{\perp}}{qB} \tag{4-33}$$

粒子的回旋周期为

$$T=\frac{2\pi R}{v_{\perp}}=\frac{2\pi m}{qB} \tag{4-34}$$

粒子回转一周前进的距离称为螺距，螺距为

$$h=v_{/\!/}T=\frac{2\pi mv\cos\theta}{qB} \tag{4-35}$$

式(4－35)表明，螺距 h 与 $v_{\perp}$ 无关，只与 $v_{/\!/}$ 成正比。

4.5.3 利用电场与磁场控制带电粒子运动的实例

1. 磁聚焦——磁透镜原理

由式(4－35)可得，当 θ 很小时，$\cos\theta\approx 1$ ，$h\approx\frac{2\pi mv}{qB}$ 。从磁场中某点发射一束很窄的带电粒子流时，如果它们的速率大小相近，则这些粒子沿磁场方向的 $v_{/\!/}$ 近似相等，尽管它们在做不同半径的螺旋线运动，但其螺距是近似相等的。每转一周，粒子又会重新汇聚在一起，这种现象称为磁聚焦，如图 4－30 所示。在实际中用得更多的是短线圈产生的非均匀磁场的磁

聚焦作用，这种线圈称为磁透镜，它在电子显微镜中起了与透镜相类似的作用。

2. 磁镜原理

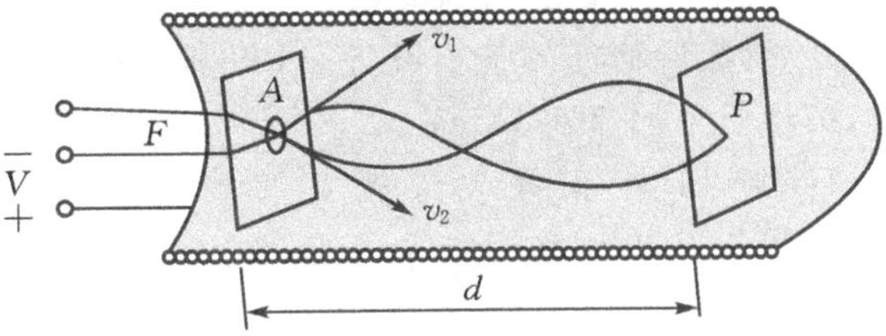

图 4－30　磁聚焦

下面，我们来看一例带电粒子在非均匀磁场中的运动情况。如图 4－31 所示，带电粒子在磁场中做螺旋运动的回旋半径 R 和 B 成反比，即磁场越强，则回转半径越小。这样一来，在强磁场中，整个带电粒子的运动便被约束在一条磁感应线附近的很小范围内做螺旋运动。也就是说，带电粒子回转轨道中心(称为引导中心)只能沿磁感应线作纵向运动，而不能横越它。可以证明，带电粒子由较弱的磁场区域进入较强的磁场区域（B 增加)，它的横向动能 $\frac{1}{2}mv_{\perp}^2$ 也要按比例增加，然而洛伦兹力不做功，带电粒子的总动能 $\frac{1}{2}m(v_{\perp}^2+v_{/\!/}^2)$ 也不变，于是纵向动能 $\frac{1}{2}mv_{/\!/}^2$ 必然减小，即 $v_{/\!/}$ 减小。若某个区域磁场变得足够强，$v_{/\!/}$ 还有可能变为零，这时引导中心沿磁感应线的运动被抑制，而后沿反方向运动。带电粒子的这种运动形式就像光线遇到镜面发生反射一样，所以通常把这种由弱到强的磁场分布叫作磁镜。如图 4－32 所示，用两个电流方向相同的线圈产生一个中央弱两端强的磁场，对其中的带电粒子来说，相当于两端各有一面磁镜，于是带电粒子就被局限在一定范围内做往返运动而无法逃出，这种磁场位形通常称为磁瓶。

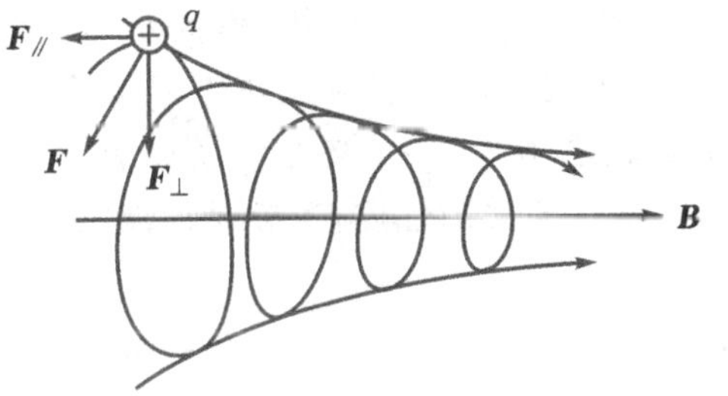

图 4－31　在非均匀磁场中带电粒子的受力

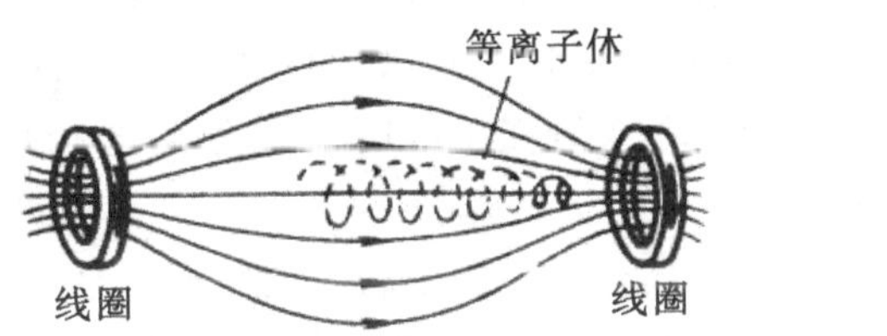

图 4－32　磁约束

我们人类生活的地球磁场也具有中间弱、两极强的持点，是一个天然的磁镜捕集器，如图 4－33 所示，约束在一定的空间范围内，形成环绕地球的辐射带——范·阿仑辐射带。辐射带有内、外两个，分别在距地面几千公里和 2 万公里的高空，内辐射带中主要是高能质子，外辐射带中主要是高能电子。对人类来说，地磁场这顶“保护伞”至关重要。从太阳发出的强大的带电粒子流(通常叫太阳风)，会受到地球磁场的作用发生偏转而直射地球。不然，在这种高能粒子的轰击下，地球的大气成份可能不是现在的样子，生命也将无法存在。

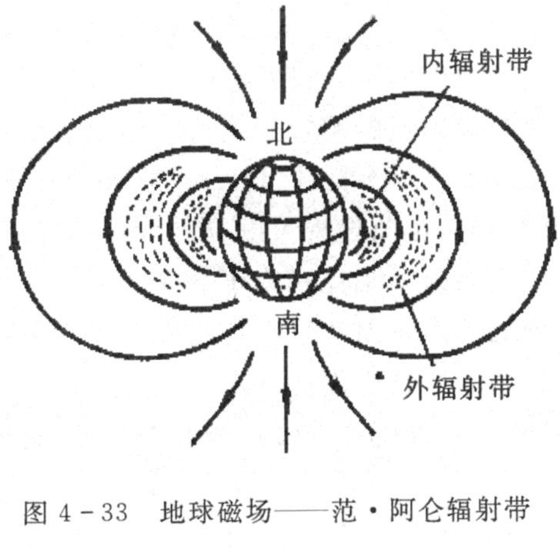

图 4－33　地球磁场——范·阿仑辐射带

3. 回旋加速器的基本原理

回旋加速器是获得高能粒子的一种装置，是原子核物理实验研究的基本设备。1932 年，劳伦斯（Ernest Lawrence）制成了第一台回旋加速器，可将质子加速到 1MeV。

回旋加速器的示意图如图 4-34所示。两个半圆形的金属空盒（D 形盒）放在真空室中，窄缝中心放置离子源（如质子、氘核或粒子源等）。电磁铁产生强大的恒定均匀磁场垂直于 D 形盒的底面，两 D 形盒接上高频交流电源，在缝隙间形成交变电场，由于金属盒的电屏蔽作用，D 形盒内部的电场很弱。

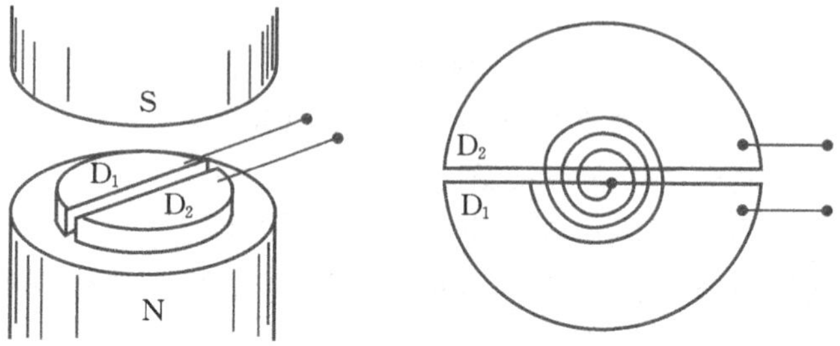

图 4-34　回旋加速器的示意图

设当 D_2 电势高于 D_1 时，正离子从离子源 P 发出，经缝隙间电场加速后以速率 v_1 进入，受均匀磁场作用做半径为 $R_1=\dfrac{mv_1}{qB}$ 的匀速圆周运动，经 $\dfrac{T}{2}=\dfrac{\pi m}{qB}$ 时间在 D_1 内绕过半个圆周后进入缝隙。若此时电场恰好反向，使正离子通过缝隙时又被加速，以较大的速率进入 D_2，在 D_2 中绕过 $R_2=\dfrac{mv_2}{qB}$ 的较大半圆后再次回到缝隙，尽管 $v_2>v_1$，$R_2>R_1$，但正离子绕半圆的时间 $T/2$ 不变。因此，只要保持交变电场的周期与离子回旋的周期相等（同步），就能确保离子经过缝隙时都能得到加速，随着离子速率的增大，轨道半径相应增大并趋于 D 形盒的边缘，达到预期速率后，再利用致偏电极将离子引出供实验之用。总之，交变电场加速离子，均匀磁场使之回旋，关键在于利用了回旋频率（或周期）与速率无关的性质，这就是回旋加速器的基本原理。

另外，离子在磁场中的匀速圆周运动是一种加速运动，它产生的电磁辐射称为同步加速器辐射，这是回旋加速器中最主要的能量损失机制，也是被加速离子能量受到限制的原因。然而，由于同步辐射提供了一种高度准直并且可以连续调谐的强光光源，特别是在真空紫外与 X 射线波段，可用于光化学、生物学、固体及其表面、材料学、光子散射、非线性光学、X 射线全息等多方面的研究，为回旋加速器开辟了新的广阔的应用前景。

4. 汤姆逊的阴极射线实验和电子的发现

1897 年，汤姆逊（Joseph John Thomson，1856—1940，英国）做了测量阴极射线粒子荷质比的实验，由此发现了电子。

阴极射线是在高电压下从金属制成的真空管阴极发射出来的，是在研究低压气体放电时发现的。阴极射线具有从阴极表面垂直射出，会引起化学反应，有热效应，能传递动量等性质，并且这些性质与阴极的材料无关。1894 年，汤姆逊测出阴极射线的速度比光速小三个数量级，断定阴极射线是带负电的粒子流，否定了阴极射线是电磁波的看法。

1897 年，汤姆逊测量阴极射线粒子荷质比的实验装置如图 4-35 所示。玻璃管内抽成真空，阳极 A 和阴极 C 之间维持数千伏电压，管内残存气体的离子撞击阴极引起的二次发射产生阴极射线。阳极 A 是紧固在玻璃管中的接地金属环，B 是另一接地金属环，A 和 B 中央的小孔使得在C和A之间加速的粒子通过小孔后形成窄束，打在玻璃管另一端荧光屏的中央 p 点，形成光斑。玻璃管中央的D和E是电容器两极板，在竖直方向产生均匀电场 $\boldsymbol{E}$，管外电磁铁在图中圆形区域内产生垂直于纸面的均匀磁场 $\boldsymbol{B}$，调节 $\boldsymbol{E}$ 和 $\boldsymbol{B}$，使粒子束在电场、磁场的作用下不发生偏转，即满足 $eE=evB$ 或 $v=E/B$。然后，撤去电场 $\boldsymbol{E}$，保留磁场 $\boldsymbol{B}$，粒子偏转，其轨迹半径为：

$$R=\frac{mv}{eB}$$

由以上关系可得

$$\frac{e}{m}=\frac{E}{RB^2}$$

测量出 E,B,R，得出阴极射线粒子的荷质比 e/m 比氢离子的荷质比大千余倍。

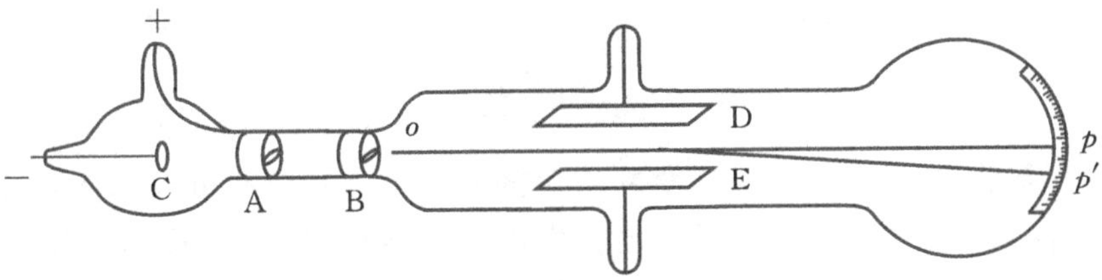

图 4－35　汤姆逊的阴极射线实验

汤姆逊采用不同金属材料制成阴极，并在放电管中充入不同气体，测出的阴极射线粒子的荷质比都很接近。他还测量了光电效应带电粒子以及炽热金属发出的带电粒子的荷质比，结果也都相近，从而发现了电子。电子的发现、原子结构模型的建立，还使人们对物质的电磁性质以及种种相关问题的研究有了更可靠的内在依据。

例 4－7　质谱仪。质谱仪是测量同位素质量和相对含量的仪器，种类很多，它的构造原理如图 4－36 所示。离子源 P 产生的离子经过窄缝 S_1 和 S_2 之间的电场加速后射入滤速器，滤速器中的电场 $\boldsymbol{E}$ 和磁场 $\boldsymbol{B}$ 都垂直于离子速度 v，且 $\boldsymbol{E}\perp\boldsymbol{B}$。通过滤速器的离子接着进入均匀磁场 $\boldsymbol{B}_0$ 中，沿着半圆周运动后到达照相底片上形成谱线。若测出谱线 A 到入口 S_0 的距离为 x，试证明相应的离子质量为

$$m=\frac{qB_0B}{2E}x$$

证明

(1)速度选择器。为使离子沿原方向前进通过窄缝 S_0，离子所受电场力与洛伦兹力应平衡，即 $qE=qvB$，故通过滤速器的离子的速率为

$$v=\frac{E}{B}$$

(2)质谱分析。离子在底片上的谱线 A 与入口 S_0 的距离 x 等于离子在磁场 $\boldsymbol{B}_0$ 圆周运动的直径，即

$$x=2R=\frac{2mv}{qB_0}=\frac{2mE}{qB_0B}$$

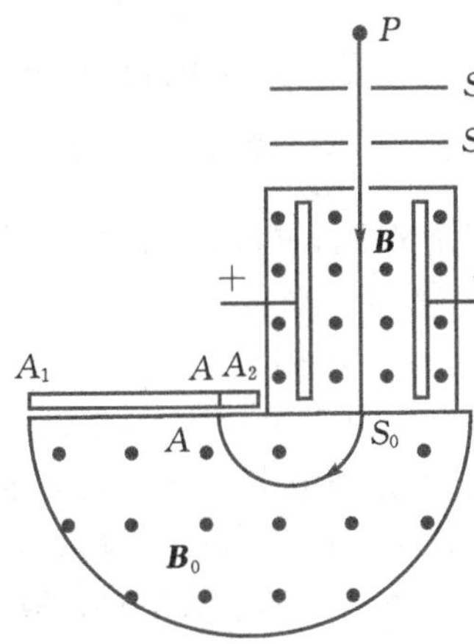

图 4－36　质谱仪原理图

$$m = \frac{qB_0 B}{2E} x$$

质谱仪中 $\boldsymbol{E}$,$\boldsymbol{B}$ 和 $\boldsymbol{B}_0$ 均固定,当离子所带电量 q 相同时,由 x 即可确定离子质量 m。通常的元素都有若干个质量不同的同位素,在质谱仪底片上会形成若干条谱线,由谱线位置可以确定同位素的质量。由谱线浓黑程度可以确定同位素的相对含量。

4.5.4 霍耳效应

当通有电流的导体或半导体板置于与电流方向垂直的磁场中时,在垂直于电流和磁场方向的导体或半导体的两侧之间,会产生横向电势差。这种现象是 1879 年美国物理学家霍耳对铜箔做实验时发现的,称为霍耳效应(hall effect),该电势差称为霍耳电势差(U_H)。

实验表明,霍耳电势差 U_H 的大小与磁感应强度 B、电流 I 均成正比,而与导体板厚度 d 成反比,即

$$U_H = R_H \frac{IB}{d} \tag{4-36}$$

式中,R_H 为霍耳系数,它是仅仅与导体材料有关的常数。霍耳效应可以用洛仑兹力来解释。以金属导体为例,其载流子为自由电子,设自由电子的数密度为 n ,漂移速度为 v ,则 $I = envdb$,可得

$$v = \frac{I}{endb} \tag{4-37}$$

如图 4-37 所示,向左漂移的电子受到了向外的洛仑兹力 $\boldsymbol{F}_m$ 作用,其值为 $F_m = qvB$ 。在洛伦兹力作用下,导体板内的电子向外移动,从而使导体板的内、外侧面分别有正、负电荷的积累,从而在内外侧面之间建立起电场强度为 $\boldsymbol{E}$ 的电场,于是,电子就要受到一个与洛伦兹力方向相反的电场力 $\boldsymbol{F}_e$ 。随着在内外侧面上电荷的积累,$\boldsymbol{F}_e$ 也不断增大。当两个力平衡时,体系达到稳定状态,此时自由电子不再偏转而定向漂移,于是有,$evB = -e\frac{U_H}{b}$,可得

$$U_H = -Bvb \tag{4-38}$$

将式(4-36)和式(4-37)代入式(4-38),得

$$R_H = \frac{1}{ne} \tag{4-39}$$

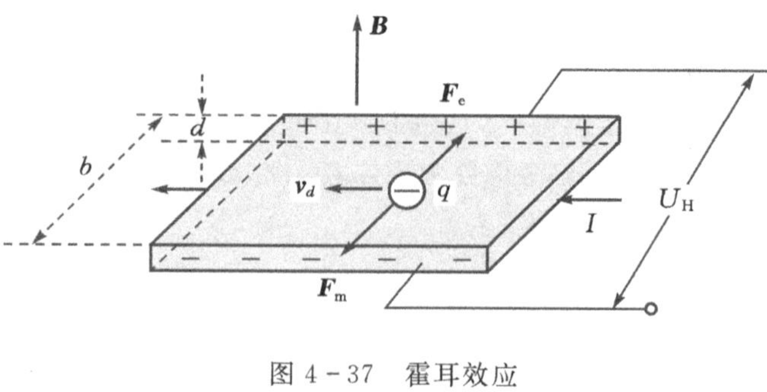

图 4-37 霍耳效应

若载流子是正电荷,则霍耳系数为 $R_H = \frac{1}{nq}$。式(4-39)表明,测量霍尔系数 R_H,可以确定载流子浓度 n ,半导体内载流子浓度远小于金属,所以半导体的霍尔系数比金属大得多。由于半导体内载流子浓度受温度、杂质和其他因素影响很大,所以霍尔效应为研究半导体载流子浓度的变化提供了重要的方法。根据霍尔系数的正负,还可以判断载流子所带电荷的符号,确定半导体的导电类型(电子型或空

穴型）。霍尔效应还用于测量磁场，测量直流或交流电路中的电流和功率，转换信号（如把直流电转换成交流电并进行调制，放大直流或交流信号），等等。利用多种半导体材料制成的霍尔元件具有结构简单可靠，使用方便，成本低廉等优点，广泛应用于测量技术、电子技术、自动化技术等方面。2013 年，由清华大学薛其坤院士领衔，清华大学、中科院物理所和斯坦福大学的研究人员联合组成的团队在量子反常霍尔效应研究中取得重大突破，从实验上首次观测到量子反常霍尔效应。

4.6　磁场对载流导线的作用

4.6.1　安培力

导线中的电流是电子做定向运动形成的，当把载流导线置于磁场中时，运动的载流子要受到洛仑兹力的作用，所以载流导线在磁场中受到的磁力本质上是在洛伦兹力作用下，导体中做定向运动的电子与金属导体中晶格上的正离子不断地碰撞，把动量传给了导体，从而使整个载流导体在磁场中受到磁力的作用。

如图 4－38(a)所示，在平行纸面向下的均匀磁场中的载流导线上取一电流元 $I\mathrm{d}\boldsymbol{l}$，此电流元与磁感应强度 $\boldsymbol{B}$ 之间的夹角为 φ。假设电流元中自由电子的定向漂移速度为 $\boldsymbol{v}_\mathrm{d}$，且 $\boldsymbol{v}_\mathrm{d}$ 与磁感应强度 $\boldsymbol{B}$ 之间的夹角为 θ，则 $\theta = \pi - \varphi$。

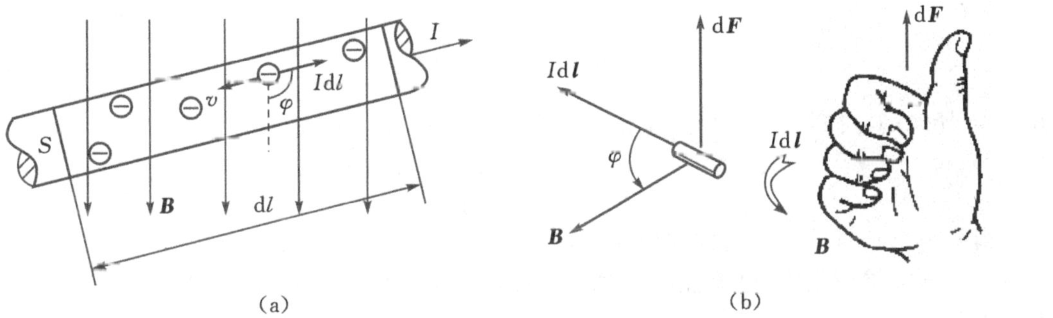

图 4－38　磁场对电流元的作用力

电流元中的每一个自由电子受到的洛伦兹力的大小均为 $F_\mathrm{m} = ev_\mathrm{d}B\sin\theta$，由于电子带负电，这个力的方向为垂直纸面向里。若电流元的截面积为 S，单位体积内有 n 个自由电子，则电流元中的自由电子数为 $nS\mathrm{d}l$。这样，此电流元所受的力等于这些电子所受洛伦兹力的总和。由于作用在每个电子上的力的大小及方向都相同，所以磁场作用于电流元上的力为

$$\mathrm{d}F = f \cdot nS\mathrm{d}l = ev_\mathrm{d}B\sin\theta \cdot nS\mathrm{d}l = nev_\mathrm{d}S\mathrm{d}lB\sin\theta \tag{4-40}$$

由于通过导线的电流为 $I = nev_\mathrm{d}S$，且 $\sin\theta = \sin\varphi$，故上式可写成

$$\mathrm{d}F = I\mathrm{d}lB\sin\varphi \tag{4-41}$$

式(4－41)表明：磁场对电流元 $I\mathrm{d}\boldsymbol{l}$ 作用的力，在数值上等于电流元、电流元所在处磁感应强度以及电流元 $I\mathrm{d}\boldsymbol{l}$ 和磁感应强度 $\boldsymbol{B}$ 之间夹角 φ 的正弦之乘积，这个规律叫作安培定律。磁场对电流元作用的力，通常叫作安培力。由以上分析可知洛仑兹力是安培力的微观本质，安培力是洛仑兹力的宏观表现。安培力的方向可以如下判定，如图 4－38(b)所示，右手四指由 $I\mathrm{d}\boldsymbol{l}$

经小于 180°的角弯向 $\boldsymbol{B}$，这时大拇指的指向就是安培力的方向。

安培定律用矢量式表示为

$$\mathrm{d}\boldsymbol{F} = I\mathrm{d}\boldsymbol{l} \times \boldsymbol{B} \tag{4-42}$$

式(4-42)为安培定律的数学表达式。对于任意形状的载流导线 L，在磁场中所受的安培力就等于其上各电流元所受安培力的矢量和，即为

$$\boldsymbol{F} = \int_L \mathrm{d}\boldsymbol{F} = \int_L I\mathrm{d}\boldsymbol{l} \times \boldsymbol{B} \tag{4-43}$$

两载流导线间的相互作用力，实质上是一载流导线的磁场对另一载流导线的作用力。如图 4-39 所示，设两导线间的距离为 a，分别通有同向电流 I_1 和 I_2。根据长直电流的磁场公式，导线 AB 在导线 CD 处产生的磁场为

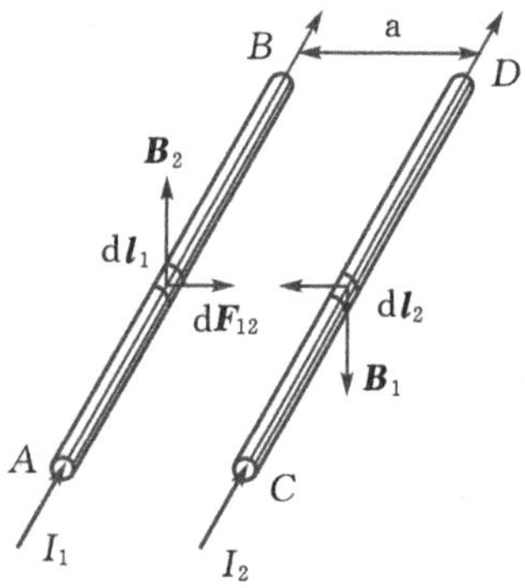

图 4-39 两平行长直载流导线间的相互作用力

$$B_1 = \frac{\mu_0 I_1}{2\pi a}$$

由安培力公式可得，导线 CD 上电流元 $I_2\mathrm{d}\boldsymbol{l}_2$ 受到的磁力大小为

$$\mathrm{d}F_{21} = \frac{\mu_0 I_1 I_2}{2\pi a}\mathrm{d}l_2$$

$\mathrm{d}F_{21}$ 的方向在两导线构成的平面内并垂直指向导线 AB。同理，导线 CD 产生的磁场作用在导线 AB 的电流元 $I_1\mathrm{d}l_1$ 上的磁力大小

$$\mathrm{d}F_{12} = \frac{\mu_0 I_1 I_2}{2\pi a}\mathrm{d}l_1$$

方向与 $\mathrm{d}F_{21}$ 的方向相反。可知，单位长度导线所受磁力大小为

$$f = \frac{\mathrm{d}F_{21}}{\mathrm{d}l_2} = \frac{\mathrm{d}F_{12}}{\mathrm{d}l_1} = \frac{\mu_0 I_1 I_2}{2\pi a} \tag{4-44}$$

当两平行长直导线通有同向电流时，其间磁相互作用力是吸引力；通有反向电流时，是排斥力。在国际单位制中，电流强度的单位"安培"就是根据式(4-44)定义的。设在真空中两无限长平行直导线相距 1m，通以大小相等的电流。如果导线每米长度的作用力为 2×10^{-7}N，则每根导线上的电流强度就规定为 1"安培"。

例 4-8 如图 4-40 所示，在均匀磁场 $\boldsymbol{B}$ 中有一半径为 $\boldsymbol{R}$ 的半圆形导线，通有电流 I，磁场的方向与导线平面垂直，求该导线受到的磁力。

解 如图所示，取坐标系 XOY，在导线上任取一电流元 $I\mathrm{d}\boldsymbol{l}$，它受到的磁力为：$\mathrm{d}\boldsymbol{F} = I\mathrm{d}\boldsymbol{l}\times\boldsymbol{B}$。$\mathrm{d}\boldsymbol{F}$ 的大小为 $BI\mathrm{d}l$，$\mathrm{d}\boldsymbol{F}$ 的方向沿半径背离圆心。

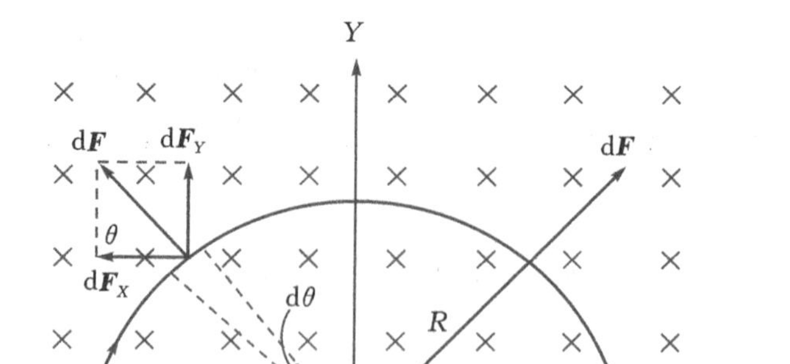

图 4-40

由于各电流元所受磁力方向不同，所以应将 $\mathrm{d}\boldsymbol{F}$ 分解为两个分量

dF_X 和 dF_Y，由对称性可知各电流元所受磁力的 X 方向的分力相互抵消，即 $F_X=\int dF_X=0$，所以合磁力的大小为

$$F=F_Y=\int dF\sin\theta=\int BI\,dl\sin\theta \tag{4-45}$$

将 $dl=Rd\theta$ 代入式(4-45)可得

$$F=\int_0^{\pi}BIR\,d\theta\sin\theta=2BIR$$

不难看出，上述结果与连接半圆导线的起点和终点的直导线 ab 所受磁力相同。可以证明，这个结论具有普遍意义，即在均匀磁场中，任意形状的平面载流导线所受磁力等于连接导线的起点和终点的载流直导线受到的磁力。

4.6.2 磁力矩

在磁电式电流计和直流电动机内，一般都有处在磁场中的线圈。当线圈中有电流通过时，它们将在磁场的作用下发生转动，因而讨论磁场对载流线圈的作用具有重要的实际意义。

如图 4-41 所示，在磁感应强度为 $\boldsymbol{B}$ 的均匀强磁场中，有一刚性矩形载流线圈 $abcd$，边长分别为 l_1 和 l_2，线圈通过的电流为 I，方向如图 4-41(a)所示，磁感应强度 $\boldsymbol{B}$ 的方向沿水平方向，与线圈平面成 φ 角。现分别求磁场对 4 个载流导线边的作用力。

由式(4-43)可知，作用于导线 ab，cd 两边的磁场力大小为

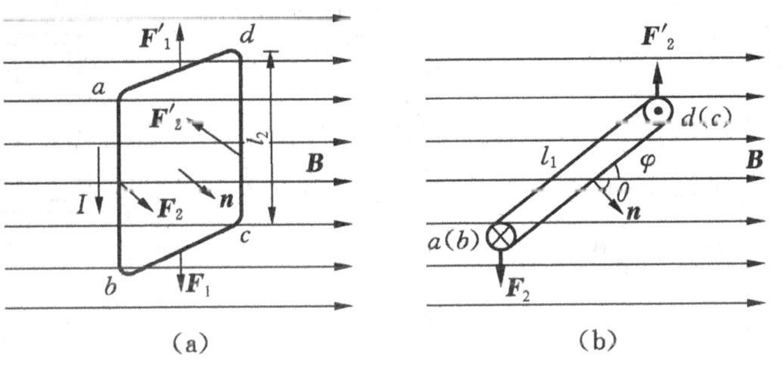

图 4-41 矩形载流线圈在磁场中所受的磁力矩

$$F_2=BIl_2,\quad F_2{}'=BIl_2$$

两者大小相等，方向相反，但作用线不在一条线上。作用在导线 bc，ad 两边的受力情况为

$$F_1=BIl_1\sin\varphi$$

$$F_1{}'=BIl_1\sin(\pi-\varphi)$$

两者大小相等，方向相反，且在同一直线上，相互抵消，故对于线圈来说，它们的合力矩为零。而 F_2 与 F'_2 形成一个力偶，其力偶臂为 $l_1\cos\varphi$。所以线圈所受的磁力矩为

$$M=F_2l_1\cos\varphi$$

又因为 $\theta=\dfrac{\pi}{2}-\varphi$，所以 $\cos\varphi=\sin\theta$，因此线圈所受的磁力矩为

$$M=F_2l_1\cos\varphi=BIl_2l_1\sin\theta=BIS\sin\theta \tag{4-46}$$

式中，$S=l_1l_2$ 是矩形线圈的面积，θ 是线圈法线 $\boldsymbol{n}$（规定 $\boldsymbol{n}$ 的方向与线圈电流的方向之间

满足右手螺旋关系，即四指与电流方向相同，大拇指方向即为法线方向，如图 4 - 42 所示）与磁感应强度 $\boldsymbol{B}$ 之间的夹角。当线圈有 N 匝时，则线圈所受的磁力矩为

$$M = NBIS\sin\theta \tag{4-47}$$

这里引入磁矩 $\boldsymbol{m}$ 概念，定义线圈磁矩 $\boldsymbol{m} = \boldsymbol{IS} = NIS\boldsymbol{n}$，因此，引入磁矩后式(4 - 47)可以写成矢量形式为

$$\boldsymbol{M}=\boldsymbol{m}\times\boldsymbol{B} \tag{4-48}$$

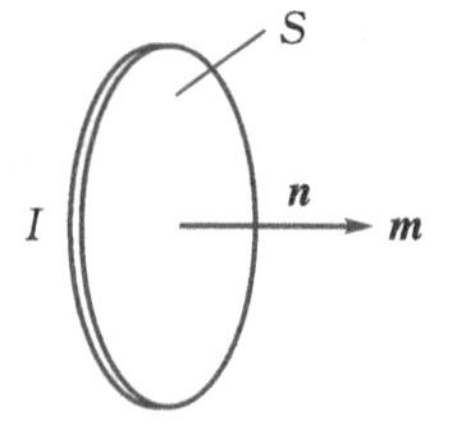

图 4 - 42　线圈的正法线

力矩 $\boldsymbol{M}$ 的大小为 $M = mB\sin\theta$，方向由磁矩 $\boldsymbol{m}$ 与 $\boldsymbol{B}$ 的矢量积确定。

式(4 - 48)虽然是从矩形线圈推导出来的，但可以证明对任意形状的平面载流线圈都成立。

下面分几种情况讨论。

(1)如图 4 - 43(a)所示，当 $\theta = 0$ 时，线圈平面与磁场 $\boldsymbol{B}$ 垂直，线圈所受的磁力矩 $M = 0$，此时线圈处于稳定平衡状态。

(2)如图 4 - 43(b)所示，当 $\theta = \pi$ 时，即线圈平面与磁场 $\boldsymbol{B}$ 平行，线圈所受的磁力矩最大，$M_{max} = ISB$。

(3)如图 4 - 43(c)所示，当 $\theta=\pi/2$ 时，线圈平面与磁场 $\boldsymbol{B}$ 垂直，线圈所受的磁力矩 $M=0$，这时线圈处于不稳定平衡状态，即此时只要线圈稍受扰动，就不再回到原平衡位置。

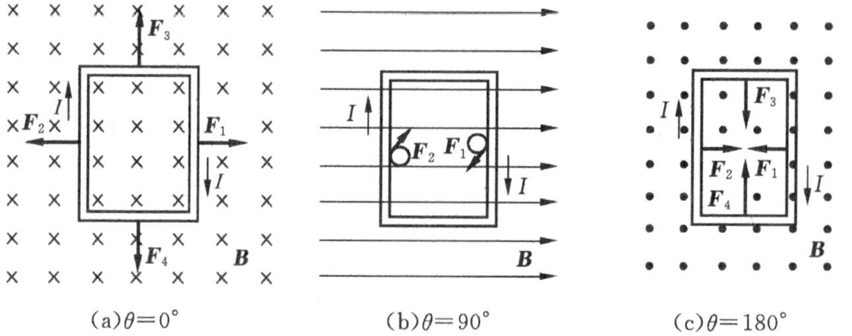

图 4 - 43　载流线圈法线方向与磁场方向成不同角度时所受的磁力矩

如果载流线圈处于非匀强磁场中，线圈除受磁力矩作用外，还要受到安培力的作用，因此，线圈除了转动外，还有平动，向磁场强的地方移动。

磁电式电流计就是通过载流线圈在磁场中受磁力矩的作用发生偏转而制作的。磁电式电流计的结构如图 4 - 44 所示。在永久磁铁的两极和圆柱体铁心之间的空气隙内，放一可绕固定转轴 OO' 转动的铝制框架，框架上绕有线圈，转轴的两端各有一个旋丝，且在一端上固定一针。当电流通过线圈时，由于磁场对载流线圈的磁力矩作用，使指针跟随线圈一起发生偏转，从偏转角的大小就可以测出通过线圈的电流。

在永久磁铁与圆柱之间空隙内的磁场是径向的，所以线圈平面的法线方向总是与线圈所在处的磁场垂直，因而线圈所受的磁力矩为

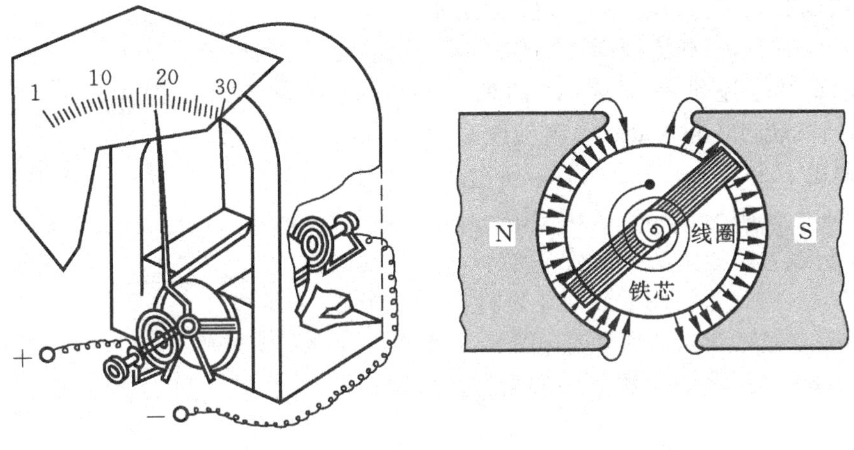

图 4-44 磁电式电流计

$$M = NBIS$$

当线圈转动时，旋丝卷紧，产生一个反抗力矩

$$M' = \alpha\theta$$

式中，α 为游丝的扭转常数；θ 为线圈转过的角度。平衡时有

$$M = NBIS = \alpha\theta$$

所以

$$I = \frac{\alpha}{NBS}\theta = k\theta$$

式中，$k = \frac{\alpha}{NBS}$ 为常量，因而根据线圈偏转角度 θ，就可以测出通过线圈的电流 I。

4.6.3 磁力的功

载流导线或载流线圈在磁力和磁力矩的作用下运动时，磁力就要做功。下面从两个特例出发，导出磁力做功的一般公式。

1. 载流导线在磁场中运动时磁力所做的功

设在磁感应强度为 $\boldsymbol{B}$ 的均匀磁场中，有一载流闭合回路 $abcda$，其中 ab 长度为 l，可以沿 da 和 cb 滑动，如图 4-45 所示。设 ab 滑动时，回路中电流不变，则载流导线 ab 在磁场中所受的安培力 $\boldsymbol{F}$ 的大小为 $F = IBl$，方向向右，在 $\boldsymbol{F}$ 的作用下将向右运动，当由初始位置 ab 移动到位置 $a'b'$ 时，磁力 $\boldsymbol{F}$ 所做的功为

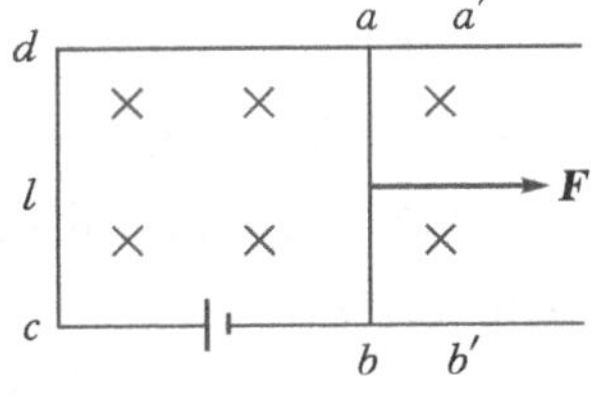

图 4-45 磁力对载流导线的功

$$W = F\overline{aa'} = IBl\,\overline{aa'} = BI\Delta S = I\Delta\Phi \qquad (4-49)$$

式(4-49)说明，当载流导线在磁场中运动时，若电流保持不变，磁力所做的功等于电流乘以通过回路所包围面积内磁通量的增量，即磁力所做的功等于电流乘以载流导线在移动中所切割的磁感应线数。

2. 载流线圈在磁场内转动时磁力所做的功

如图 4 - 46 所示，设载流线圈在均匀磁场中做顺时针转动，若设法使线圈中电流维持不变，线圈所受磁力矩为 $M = BIS\sin\varphi$，当线圈转过小角度 $\mathrm{d}\varphi$ 时，使线圈法向 $\boldsymbol{n}$ 与磁感应强度 $\boldsymbol{B}$ 之间的夹角由 φ 变为 $\varphi + \mathrm{d}\varphi$，磁力矩所做的元功为

$$\mathrm{d}W = -M\mathrm{d}\varphi = -BIS\sin\varphi\mathrm{d}\varphi = BIS\mathrm{d}(\cos\varphi) = I\mathrm{d}(BS\cos\varphi)$$

式中，负号表示磁力矩做正功时将使 φ 减小，$\mathrm{d}\varphi$ 为负值。

由于 $BS\cos\varphi$ 为通过线圈的磁通量，所以 $\mathrm{d}(BS\cos\varphi)$ 表示线圈转过 $\mathrm{d}\varphi$ 后磁通量的增量。所以有 $\mathrm{d}W = I\mathrm{d}\Phi$。

当线圈从 φ_1 转到 φ_1 时，磁力矩所做的总功为

$$W = \int_{\Phi_1}^{\Phi_2} = I\mathrm{d}\Phi = I(\Phi_2 - \Phi_1) = I\Delta\Phi \qquad (4-50)$$

式中，Φ_1 和 Φ_2 分别为线圈在 φ_1 和 φ_2 时通过线圈的磁通量。

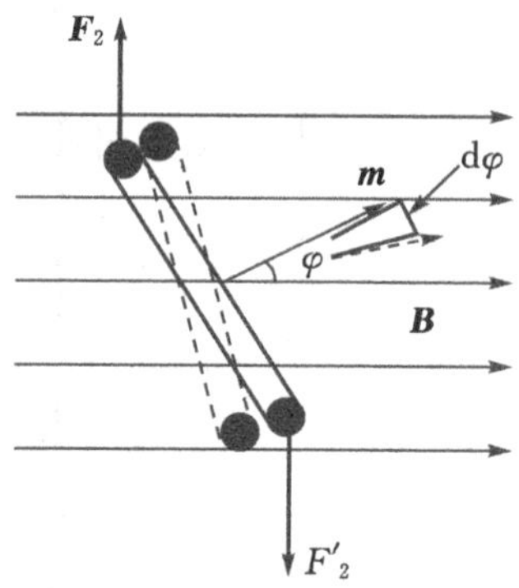

图 4 - 46 磁力对载流线圈的功

思考题

4 - 1 在同一根磁感应线上的各点 $\boldsymbol{B}$ 的大小是否一定处处相同？

4 - 2 能否用安培环路定理求出一段有限长直载流导线的磁感应强度？为什么？

4 - 3 在均匀磁场中放置两个面积相等而且通有相同电流的线圈，一个是三角形，另一个是矩形，这两个线圈所受到的最大磁力矩是否相等？磁力的合力是否相等？

4 - 4 式 $\mathrm{d}\boldsymbol{F} = I\mathrm{d}\boldsymbol{l} \times \boldsymbol{B}$ 中三个矢量，哪两个矢量始终是垂直的？哪两个矢量之间可以有任意角度？

4 - 5 一圆形导线回路，水平地放置在磁感应强度为 $\boldsymbol{B}$，方向铅直向上的均匀磁场中，问电流沿哪个方向流动时，导线回路处于稳定平衡状态？

4 - 6 如果我们想让一个质子在地磁场中一直沿着赤道运动，我们是向东发射它，还是向西发射它呢？

习 题

4 - 1 两根长度相同的细导线分别密绕在半径为 R 和 r 的两个长直圆筒上形成两个螺线管，两个螺线管的长度相同，$R = 3r$，螺线管通过的电流同为 I，螺线管中的磁感应强度为 B_R，B_r，满足（ ）。

(A) $B_R = 3B_r$ (B) $B_R = B_r$ (C) $3B_R = B_r$ (D) $B_R = 6B_r$

4 - 2 如习题 4 - 2 图所示，一个半径为 r 的半球面如图放在均匀磁场中，通过半球面的磁通量为（ ）。

(A) $2\pi r^2\boldsymbol{B}$ (B) $\pi r^2\boldsymbol{B}$ (C) $2\pi r^2\boldsymbol{B}\cos\alpha$ (D) $\pi r^2\boldsymbol{B}\cos\alpha$

4 - 3 下列说法正确的是（ ）。

(A)闭合回路上各点磁感强度都为零时，回路内一定没有电流穿过

(B)闭合回路上各点磁感强度都为零时，回路内穿过电流的代数和必定为零

(C)磁感强度沿闭合回路的积分为零时，回路上各点的磁感强度必定为零

(D)磁感强度沿闭合回路的积分不为零时，回路上任意一点的磁感强度都不可能为零

4-4　如习题 4-4 图所示，在图(a)和(b)中各有一半径相同的圆形回路 L_1，L_2，圆周内有电流 I_1，I_2，其分布相同，且均在真空中，但在图(b)中 L_2 回路外有电流 I_3，P_1，P_2 为两圆形回路上的对应点，则(　　)。

(A) $\oint_{L_1} \boldsymbol{B} \cdot \mathrm{d}\boldsymbol{l} = \oint_{L_2} \boldsymbol{B} \cdot \mathrm{d}\boldsymbol{l}, \boldsymbol{B}_P = \boldsymbol{B}_Q$　　(B) $\oint_{L_1} \boldsymbol{B} \cdot \mathrm{d}\boldsymbol{l} \neq \oint_{L_2} \boldsymbol{B} \cdot \mathrm{d}\boldsymbol{l}, \boldsymbol{B}_P = \boldsymbol{B}_Q$

(C) $\oint_{L_1} \boldsymbol{B} \cdot \mathrm{d}\boldsymbol{l} = \oint_{L_2} \boldsymbol{B} \cdot \mathrm{d}\boldsymbol{l}, \boldsymbol{B}_P \neq \boldsymbol{B}_Q$　　(D) $\oint_{L_1} \boldsymbol{B} \cdot \mathrm{d}\boldsymbol{l} \neq \oint_{L_2} \boldsymbol{B} \cdot \mathrm{d}\boldsymbol{l}, \boldsymbol{B}_P \neq \boldsymbol{B}_Q$

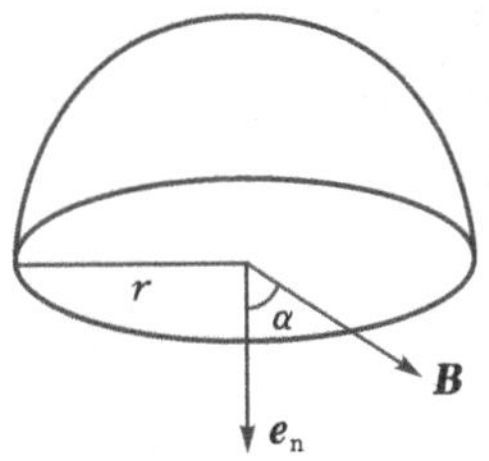

习题 4-2 图

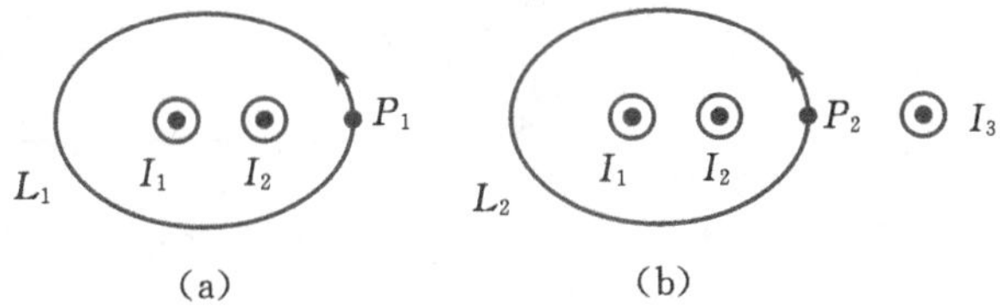

习题 4-4 图

4-5　有两个同轴圆柱面，它们的长度均为 20 m，内圆柱面的半径为 3.0 mm，外圆柱面的半径为 9.0 mm。若两圆柱面之间有 10 μA 的电流沿径向通过，求通过半径为 6.0 mm 的圆柱面上的电流密度。

4-6　一载有电流 I 的长导线弯折成如习题 4-6 图所示的形状，DE 为 1/4 圆弧，半径为 R，圆心 O 在 AC，EF 的延长线上。求 O 点处的磁感应强度。

4-7　如习题 4-7 图所示，已知地球北极地磁场磁感应强度 $\boldsymbol{B}$ 的大小为 6.5×10^{-5} T。如设想此地磁场是由地球赤道上一圆电流所激发的，此电流有多大？方向如何？

4-8　如习题 4-8 图所示，一个半径为 R 的无限长半圆柱面导体，沿长度方向的电流 I 在柱面上均匀分布。求半圆柱面轴线 OO' 上的磁感应强度。

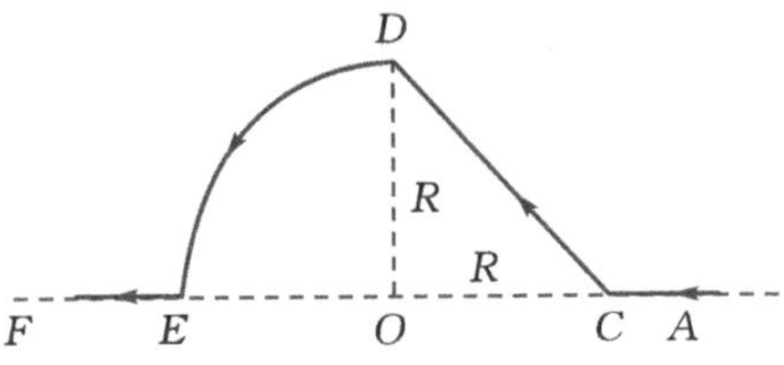

习题 4-6 图

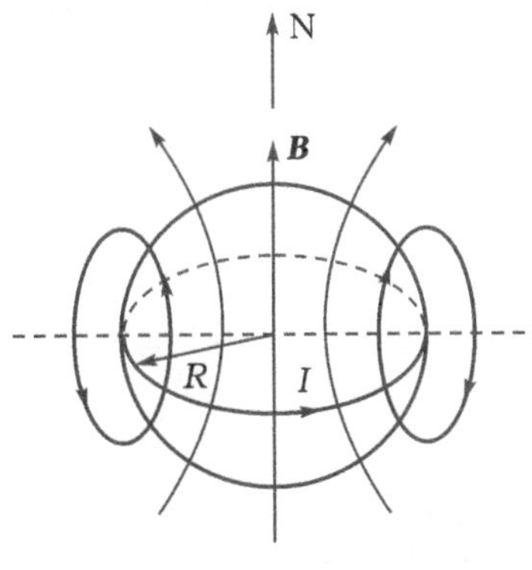

习题 4-7 图

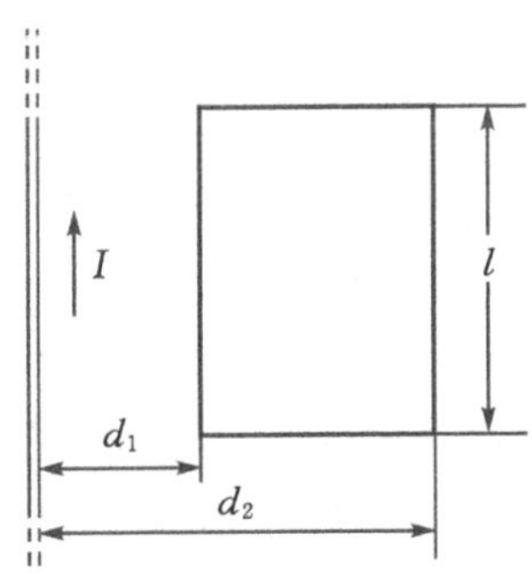

习题 4-9 图

4-9　如习题 4-9 图所示，载流长直导线的电流为 I，试求通过矩形面积的磁通量。

4-10　已知 10 mm^2 裸铜线允许通过 50 A 电流而不会使导线过热。电流在导线横截面上均匀分布。求：①导线内、外磁感应强度的分布；②导线表面的磁感应强度。

4－11 如习题4－11图所示，一根外径为R_2，内径为R_1的无限长载流圆柱壳，其中电流I沿轴向流过并均匀分布在横截面上。试求导体中任意一点($R_1<r<R_2$)的磁感应强度。

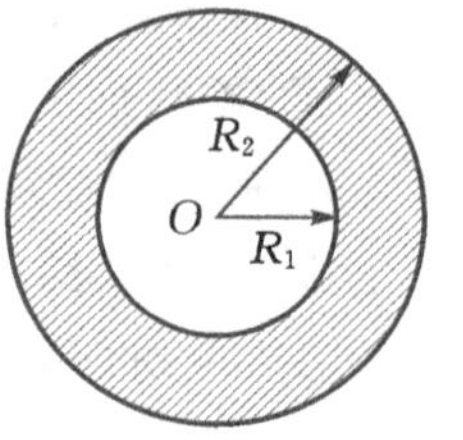

习题4－11图

4－12 有一同轴电缆，其尺寸如习题4－12图所示。两导体中的电流均为I，但电流的流向相反，导体的磁性可不考虑。试计算以下各处的磁感强度。① $r<R_1$；② $R_1<r<R_2$；③ $R_2<r<R_3$；④ $r>R_3$。

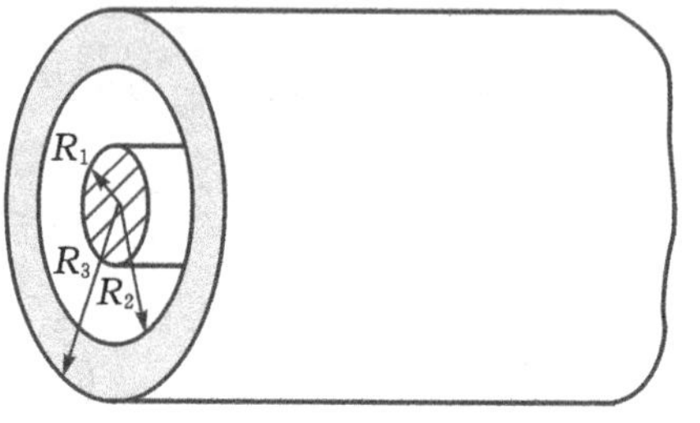

习题4－12图

4－13 磁场中某点处的磁感应强度为$\boldsymbol{B}=0.40\boldsymbol{i}-0.20\boldsymbol{j}$ (SI)，一电子以速度$\boldsymbol{v}=0.50\times10^6\boldsymbol{i}+1.0\times10^6\boldsymbol{j}$ (SI)通过该点，则作用于该电子上的磁场力$\boldsymbol{F}$为多少？

4－14 如习题4－14图所示，一匝边长为a的正方形线圈与一无限长直导线共面，置于真空中。当二者之间的最近距离为b时，求线圈所受合力$\boldsymbol{F}$的大小？

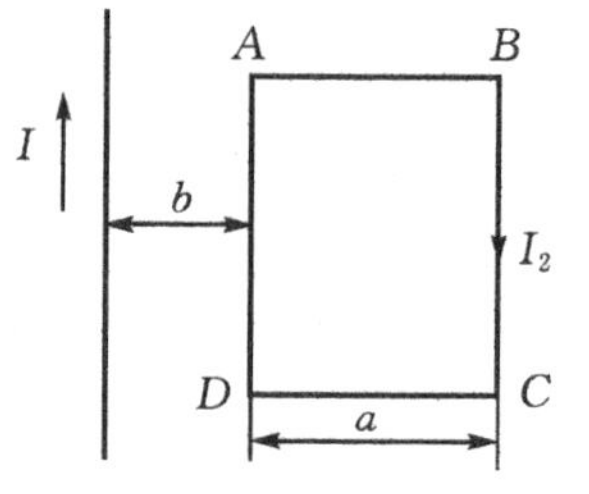

习题4－14图

第 5 章

磁场中的磁介质

前面讨论的都是真空中运动电荷及电流所产生的磁场，而在实际磁场中，一般都存在着各种各样的磁介质。与电场中的电介质由于极化而影响电场类似，磁场与磁介质之间也有相互作用。处于磁场中的磁介质产生磁化，磁化的磁介质也会产生附加磁场，从而对原磁场产生影响。

5.1 磁介质

在磁场中与磁场发生相互作用，反过来影响原来磁场的物质称为磁介质。实验表明不同磁介质对磁场的影响是不同的。设真空中某点的磁感应强度为 $\boldsymbol{B}_0$，磁介质由于磁化而产生的附加磁感应强度为 $\boldsymbol{B}'$，则磁介质中磁感应强度 $\boldsymbol{B}$ 为 $\boldsymbol{B}_0$ 和 $\boldsymbol{B}'$ 的矢量和，即

$$\boldsymbol{B} = \boldsymbol{B}_0 + \boldsymbol{B}' \tag{5-1}$$

附加磁感应强度 $\boldsymbol{B}'$ 的方向和大小随磁介质的不同而不同。根据 $\boldsymbol{B}'$ 与 $\boldsymbol{B}_0$ 方向之间的关系，磁介质可分为下面三类。

(1)顺磁质。顺磁质的附加磁感应强度 $\boldsymbol{B}'$ 与 $\boldsymbol{B}_0$ 同向，使得 $B > B_0$，如氧、铝、铂、铬等。

(2)抗磁质。抗磁质的附加磁感应强度 $\boldsymbol{B}'$ 与 $\boldsymbol{B}_0$ 反向，使得 $B < B_0$，如铜、铋、氢等。

实验指出，无论是顺磁质还是抗磁质，附加磁感应强度 $\boldsymbol{B}'$ 的值要比 $\boldsymbol{B}_0$ 的值小得多(通常只有 $\boldsymbol{B}_0$ 的十万分之几)，它对原来磁场的影响比较微弱，所以顺磁质和抗磁质统称为弱磁性物质。

(3)铁磁质。铁磁质的附加磁感应强度 $\boldsymbol{B}'$ 与 $\boldsymbol{B}_0$ 同向，附加磁感应强度 $\boldsymbol{B}'$ 的值要比 $\boldsymbol{B}_0$ 的值大得多，即 $B' \gg B_0$。这类磁介质能够显著地增强磁场，称为铁磁质。如铁、钴、镍及其合金等。

通常定义 B 与 B_0 的比值为该磁介质的相对磁导率，用 μ_r 表示，即

$$\mu_r = \frac{B}{B_0} \tag{5-2}$$

因此，对于顺磁质，$B > B_0$，$\mu_r > 1$；对于抗磁质，$B < B_0$，$\mu_r < 1$；对于铁磁质，$B \gg B_0$，$\mu_r \gg 1$。

5.2 磁介质的磁化　磁化强度

顺磁质和抗磁质的磁化特性决定于物质的微观结构。物质分子中任何一个电子都同时参与两种运动，即环绕原子核的轨道运动和电子本身的自旋运动。这两种运动都能够产生磁效应。电子轨道运动相当于一个圆电流，具有一定的轨道磁矩。电子自旋运动，也有自旋磁矩。

一个分子中所有的电子轨道磁矩和自旋磁矩的矢量和称为分子的固有磁矩，可以看成是一个等效的圆形分子电流产生的。

研究表明，当没有外磁场时，抗磁质的分子磁矩为零，顺磁质的分子磁矩不为零(称为分子固有磁矩)。但是，由于分子的热运动，这些分子电流的流向是杂乱无章的，在磁介质中的任一宏观体积中，分子磁矩相互抵消，如图 5 - 1 所示。因此，在无外磁场时，不论是抗磁质还是顺磁质对外都不显磁性。

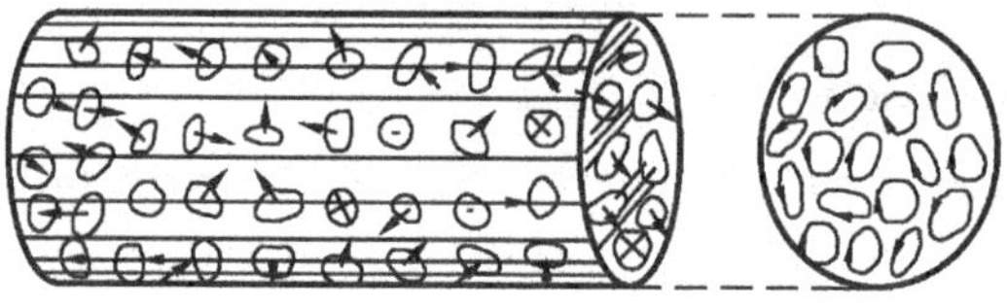

(a)

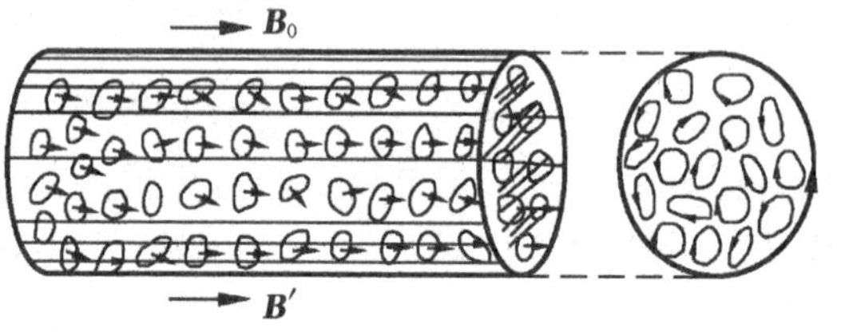

(b)

图 5 - 1 顺磁质中分子磁矩的取向

将磁介质放到磁场 $\boldsymbol{B}_0$ 中，磁介质将受到下面两种作用。

(1)分子固有磁矩将受到外磁场 $\boldsymbol{B}_0$ 的磁力矩作用，使各个分子磁矩都有转向外磁场的方向排列的趋势，这样各个分子磁矩将沿外磁场 $\boldsymbol{B}_0$ 方向产生附加的磁场 $\boldsymbol{B}'$，如图 5 - 1(b)所示。

(2)外磁场 $\boldsymbol{B}_0$ 将使各个分子固有磁矩发生变化，即对每一个分子产生一个附加的磁矩。可以证明，不论外磁场的方向如何，总是产生一个与外磁场方向相反的附加磁矩，结果会产生一个与外磁场方向相反的 $\boldsymbol{B}'$。

顺磁质的分子固有磁矩不为零，加上外磁场 $\boldsymbol{B}_0$ 后，要产生与外磁场反向的附加分子磁矩。但是由于顺磁质的分子固有磁矩一般要比附加磁矩大得多，因而在顺磁质内可以忽略不计。所以，顺磁质在外磁场中的磁化主要取决于分子磁矩的转向作用，即顺磁质产生的附加磁场总是与外磁场方向相同。

抗磁质的分子固有磁矩为零，在加上外磁场 $\boldsymbol{B}_0$ 后，分子磁矩的转向效应不存在，所以外磁场引起的附加磁矩是产生附加磁场的唯一原因。因而抗磁质产生的磁场总是与外磁场反向。

抗磁性是一切磁介质的特性，顺磁质也具有这种抗磁性，只不过，在顺磁质中，抗磁性的效应较顺磁性要小，因此，在研究顺磁质的磁化时，可以不考虑抗磁性。

由上面的讨论可以看出，磁介质的磁化实质上是分子磁矩的取向以及在外磁场作用下产生附加磁矩的作用。无论哪种作用，磁介质磁化后都产生了磁矩。因此，可以用磁介质中单位体积内的分子磁矩的矢量和来描述磁介质磁化的程度，单位体积内的分子磁矩的矢量和称为磁化强度，用 $\boldsymbol{M}$ 表示。以 $\sum \boldsymbol{m}_i$ 表示体积元 ΔV 内所有分子磁矩的矢量和，则有

$$\boldsymbol{M} = \frac{\sum \boldsymbol{m}_i}{\Delta V} \tag{5 - 3}$$

式中，ΔV 是体积元体积，$\boldsymbol{m}_i$ 是体积元内的第 i 个分子的磁矩。在国际单位制中，磁化强度的单位是 $\mathrm{A \cdot m^{-1}}$。

5.3　磁介质中的安培环路定理　磁场强度

不论是顺磁质还是抗磁质都有分子固有磁矩或附加磁矩，与这些磁矩相对应的，是等效的分子电流。在磁介质内部各点处的分子电流会相互抵消；而在磁介质的表面上的分子电流没有抵消，它们方向都相同，相当于在表面上有一层表面流动的电流，这种电流称为磁化电流或束缚电流，一般用 I_s 表示。

在磁介质中，由于磁化作用而产生磁化电流，这时总的磁感应强度为传导电流产生的 $\boldsymbol{B}_0$ 和磁化电流产生的 $\boldsymbol{B}'$ 的矢量和。此时的安培环路定理应写为

$$\oint_l \boldsymbol{B} \cdot \mathrm{d}\boldsymbol{l} = \mu_0 \left(\sum_i I_i + I_s \right) \tag{5-4}$$

以无限长直螺线管中充满均匀的各向同性顺磁质为例来讨论。设线圈中的传导电流为 I，磁介质的相对磁导率为 μ_r，单位长度线圈的匝数为 n，磁介质表面上单位长度的磁化电流为 nI'，取如图 5－2 所示的回路，设 $ab=1$，则式(5－4)可以写为

$$\oint_l \boldsymbol{B} \cdot \mathrm{d}\boldsymbol{l} = \mu_0 n (I + I')$$

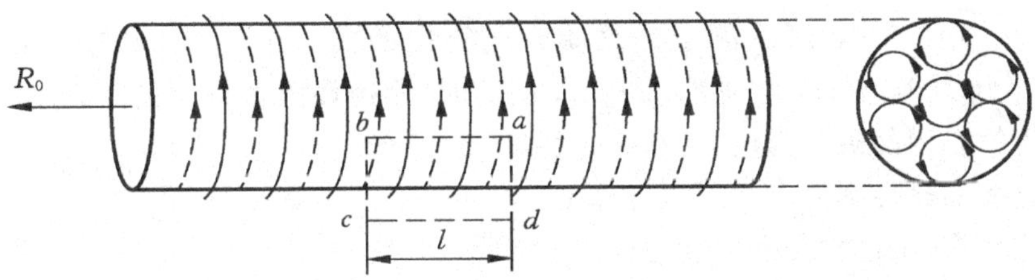

图 5－2　磁介质中的安培环路定理

对长直螺线管有

$$B_0 = \mu_0 nI, \quad B' = \mu_0 nI'$$

由式(5－1)和式(5－2)有

$$\mu_0 nI + \mu_0 nI' = B = \mu_r \beta_0 = \mu_r \mu_0 nI = \mu nI \tag{5-5}$$

式中，$\mu = \mu_0 \mu_r$，将式(5－5)代入式(5－2)有

$$\oint_l \boldsymbol{B} \cdot \mathrm{d}\boldsymbol{l} = \mu nI \tag{5-6}$$

令

$$\boldsymbol{H} = \frac{\boldsymbol{B}}{\mu} \tag{5-7}$$

式中，$\boldsymbol{H}$ 称为磁场强度，是表示磁场强弱与方向的物理量，是一个辅助量。在国际单位制中 H 的单位：$\mathrm{A \cdot m^{-1}}$。引入磁场强度 $\boldsymbol{H}$ 后，式(5－4)可以表示为

$$\oint_l \boldsymbol{H} \cdot \mathrm{d}\boldsymbol{l} = nI \tag{5-8}$$

因为 nI 为闭合回路所包围的传导电流的代数和，可改写为 $\sum\limits_i I_i$。这样式(5－8)可改写成

$$\oint_l \boldsymbol{H} \cdot d\boldsymbol{l} = \sum_i I_i \tag{5-9}$$

式(5-9)表明，磁场强度沿任意闭合回路的线积分，等于该回路所包围的传导电流的代数和。式(5-9)就是磁介质中的安培环路定理。虽然这一定理是通过长直螺线管这一特例导出的，但可以证明，它在一般情况下也是正确的。

由于 $\boldsymbol{H}$ 的环流只与闭合回路所包围的传导电流的代数和有关，与磁化电流及闭合回路之外的传导电流无关，因此，计算有磁介质存在时的磁感应强度 $\boldsymbol{B}$ 时，一般方法是先利用式(5-7)求出 $\boldsymbol{H}$ 的分布，然后利用式(5-5)求出 $\boldsymbol{B}$ 的分布。当然只有电流分布有一定的对称性时，$\boldsymbol{H}$ 才能方便地由磁介质中的安培环路定理求出。

运用安培环路定理计算磁介质中的磁感应强度 $\boldsymbol{B}$ 分布的主要步骤：

(1)了解磁场分布状态，分析对称性。

(2)所研究的点选取一闭合环路 $\boldsymbol{L}$，规定环路 $\boldsymbol{L}$ 的正方向，即固定环路的法线矢量 $\boldsymbol{n}$。

(3)若穿过 $\boldsymbol{L}$ 的传导电流 I_0 与 $\boldsymbol{n}$ 同向则为正，反之为负，由此算出穿过环路的传导电流的代数和。

(4)根据磁介质中的安培环路定理求出 $\boldsymbol{H}$，对于各向同性非铁磁质，可由式(5-9)求出 $\boldsymbol{B}$ 分布 。

例 5-1 在如图 5-3 所示测定铁磁质磁化特性的实验中，设所用的环形螺线管共有 1000 匝，平均半径为 15.0 cm，当通有 2.00 A 电流时，测得环内磁感应强度 B 为 1.00 T，求：

(1)螺线管铁心内的磁场强度 H 和磁化强度 J。

(2)该铁磁质的磁导率 μ 和相对磁导率 μ_r。

(3)已磁化环形铁心的“分子表面电流”。

解 (1)磁场强度为

$$H = nI = \frac{1000}{2\pi \times 15.0 \times 10^{-2}} \times 2.00 = 2.12 \times 10^3 \text{ A} \cdot \text{m}^{-1}$$

磁化强度为

$$J = \frac{B}{\mu_0} - H = \frac{1.00}{4\pi \times 10^{-7}} - 2.12 \times 10^3 = 7.94 \times 10^5 \text{ A} \cdot \text{m}^{-1}$$

(2)铁磁质中磁场在上述 H 值时的磁导率为

$$\mu = \frac{B}{H} = \frac{1.00}{2.12 \times 10^3} = 4.71 \times 10^{-4} \text{ H} \cdot \text{m}^{-1}$$

相对磁导率为

$$\mu_r = \frac{\mu}{\mu_0} = \frac{4.71 \times 10^{-4}}{4\pi \times 10^{-7}} = 375$$

(3)沿环形铁心的“分子表面电流”为

$$i_s = J = 7.94 \times 15^5 \text{A} \cdot \text{m}^{-1}$$

其绕行方向与螺线管中电流方向相同。

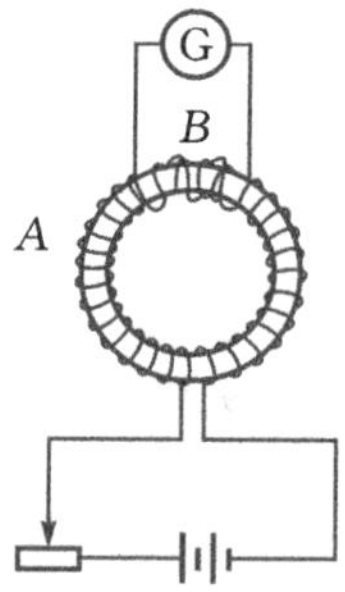

图 5-3

5.4 铁磁质

铁磁质是一类性能特殊的磁介质，表现在它磁化后能产生很强的磁感应强度。铁磁质还具有以下两个性质。

(1)铁磁质的磁导率(及磁化率)不是恒量,而且随外加铁磁质上的磁场强度 $\boldsymbol{H}$ 变化而变化,具有复杂的关系。对顺磁质和抗磁质来说,其相对磁导率都近似等于 1,而且一般为不随外磁场而改变的常量。铁磁质的相对磁导率 $\mu_r \gg 1$,一般可以达到 $10^2 \sim 10^4$,且随外磁场而变化。

(2)在外磁场撤除后,仍能保留部分磁性。

铁磁质常用于电机、电气设备、电子器件等。

1. 铁磁质的磁化特性

铁磁质的磁化规律通常用以下的实验方法测定,如图 5-4 所示,将待测的铁磁质做成闭合环填充在螺绕环内。设螺绕环单位长度上的匝数为 n,通过的电流为 I_0,则磁介质内磁场强度的大小为 $H=nI_0$,因而有 n 和 I_0 可以确定 H。至于磁感应强度 B,一般用一个与冲击电流计 G 相连接的,套在螺绕环上的次级线圈来测量,用反向开关 S 使螺绕环中的电流 I_0 反向,在反向的过程中,根据电磁感应原理,在次级线圈中将产生一个感应电动势,并在其中引起瞬时的感应电流。用冲击电流计测出由此引起的迁移电荷量就可以确定 B,试验时,不断改变 I_0,测出相应的 B 和 H,就可确定磁介质的磁化规律。

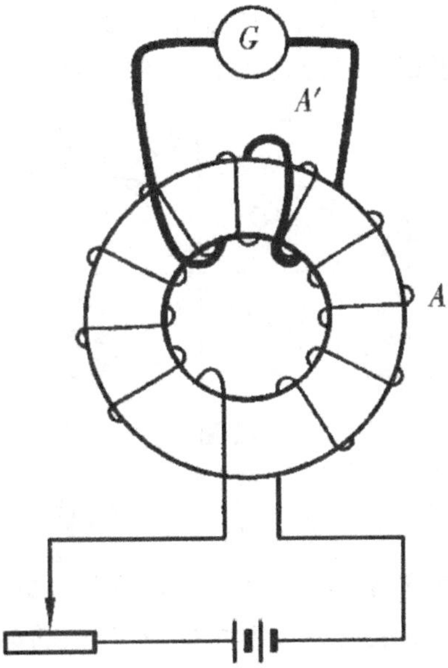

图 5-4　环状铁心被磁化

假设磁介质环在磁场强度 $H=0$ 时未处于磁化状态,即 $B=0$,在 $B-H$ 图中(见图 5-5),这个状态对应于坐标原点 O。当磁场强度 H 由零逐渐增大时,B 也从零增大。开始时,B 增大得比较慢(见 $B-H$ 曲线上 OA 段),然后经过一段急剧增长过程(AF 段),又缓慢下来(FS 段)。当 H 再继续增大时,B 几乎不再增大,说明磁介质的磁化已达到饱和状态。曲线 $OAFS$ 叫作起始磁化曲线。由于磁化曲线不是直线,磁导率 $\mu=B/H$ 和相对磁导率 $\mu_r=\mu/\mu_0$ 都不是恒量。如果在磁化达到饱和以后,使磁化强度减小,则 B 也减小,但不是沿曲线 SO 减小,而是沿曲线 SR 减小,当 $H=0$ 时,$B=B_r$(曲线上 R 点)。在没有外磁场的条件下,铁磁质的磁感应强度 B_r 叫作剩余磁感应强度,简称剩磁。有剩磁的磁介质,就是通常所说的永久磁石。如果使 H 再从零反向增大,则 B 继续减小,当反向磁场强度 H 的值等于 H_C 时,B 变为零(曲线上 C 点)。这个 H 的值 H_C 叫作矫顽力,其含义是消除剩磁所需的外部作用。当反向磁场强度 H 的值继续增大时,铁磁质将反向磁化,并且很快地磁化到饱和状态(曲线上 S' 点),此后若使反向磁场强度的值减小到零,然后又沿正方向增大,B 将沿 $S'R'C'S$ 曲线变化,形成闭合曲线

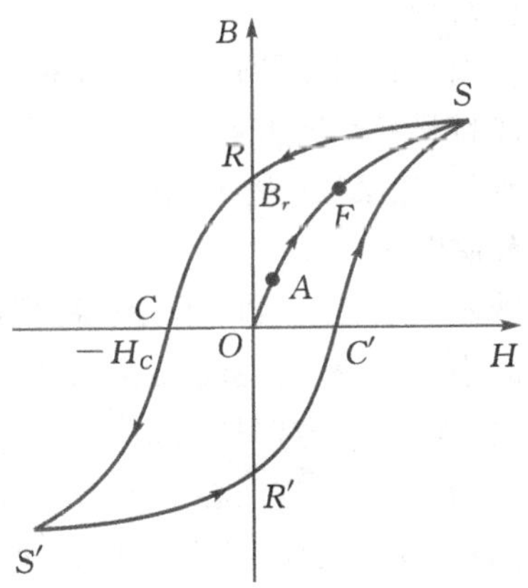

图 5-5　铁磁质的起始磁化曲线和磁滞回线

$SRCS'R'C'S$。

实验指出，当铁磁质在交变磁场作用下反复磁化时要发热。这表明有能量损耗，该能量是由磁化场的电流电源供给的。这种因铁磁质反复磁化而发生的能量损失叫作磁滞损耗。理论和实践都表明，磁滞回线所包围的面积越大，磁滞损耗也越大。在电器设备中这种损耗十分有害，必须尽量使它减小。

2. 铁磁材料

实验证明，不同铁磁材料的磁滞回线有很大的不同。如图 5－6 所示，根据矫顽力的大小或磁滞回线的形状的不同，铁磁材料可分为软磁材料、硬磁材料和矩磁材料。

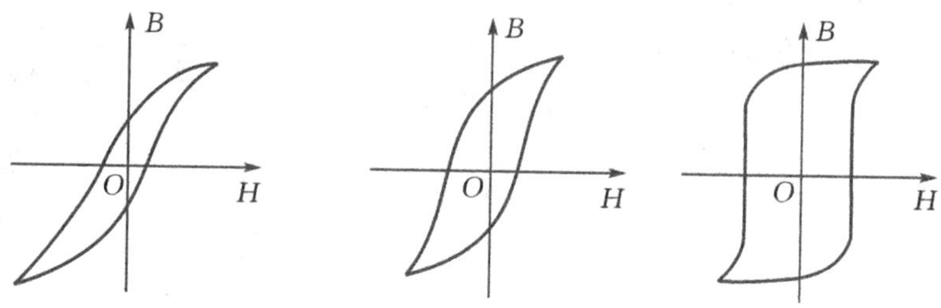

(a)软磁材料 (b)硬磁材料 (c)矩磁材料

图 5-6 不同铁磁质的磁滞回线

软磁材料如软铁、硅钢、坡莫合金等，特点是：材料的矫顽力小，容易磁化，也容易退磁。软磁材料的磁滞回线细而窄，所包围的面积小，因而磁滞损耗小，适用于交变磁场中，常用作变压器、继电器、电磁铁、电动机和发电机的铁芯等。

硬磁材料如碳钢、钕铁硼合金等，特点是：材料的矫顽力大，剩磁大。硬磁材料的磁滞回线粗而宽，磁滞损耗大。这种材料磁化后能保留很强的磁性，适用于制造各种类型的永久磁体，如扬声器等。

矩磁材料如锰镁铁氧体、锂锰铁氧体等，磁滞回线接近于矩形，特点是剩磁接近饱和值。若矩磁材料在不同方向的外磁场下磁化，当电流为零时，总是处于两种剩磁状态，因此可用作计算机的“记忆”元件，或用于自动控制技术等方面。

3. 磁畴

铁磁质的起因可以用“磁畴”理论来解释。如图 5－7 所示，在铁磁质内存在着无数个自发磁化的小区域，称为磁畴，磁畴的体积约为 $10^{-12} \sim 10^{-9}\ cm^3$。在每个磁畴中，所有原子的磁矩全都向着同一个方向排列整齐，在未磁化的铁磁质中，由于热运动，各磁畴的磁矩取向是无规则的，因此整块铁磁质在宏观上对外不显示磁性。当在铁磁质内加外磁场并逐渐增大外磁场时，磁畴将发生变化，这时磁矩方向与外磁场方向接近的磁畴逐渐增大，而方向相反的磁畴逐渐减小。最后当外加磁场加大到一定程度后，所有磁畴的磁矩方向都指向同一方向，这时磁介质就达到饱和状态。

在外加磁场去除后，铁磁质将重新分裂为许多磁畴，但由于掺杂和内应力等原因，各磁畴之间存在摩擦阻力，使磁畴并不能恢复到原来杂乱排列的状态，因而表现出磁滞现象。当外磁场去除后，铁磁质仍能保留部分磁性。

当铁磁质的温度升高到某一临界温度时，分子热运动加剧，磁畴就会瓦解，从而使铁磁质

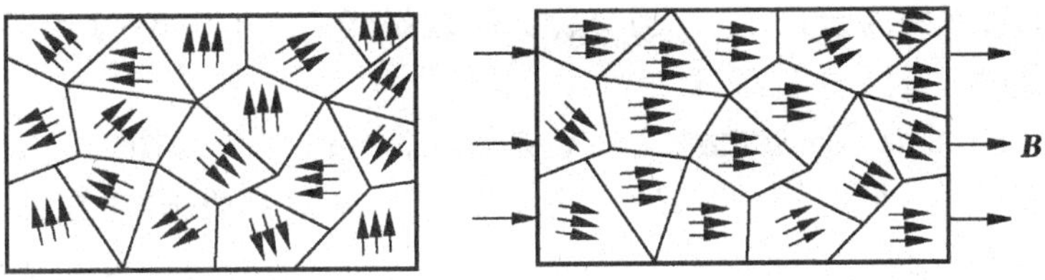

(a)无外磁场　(b)有外磁场

图 5-7　磁畴

的磁性消失，成为顺磁质，这个临界温度称为居里温度或居里点。

阅读材料 4　地球的磁场

远在距今 1900 多年前，在我国历史上就已有“磁勺柄指南”的记载。到了公元 11 世纪，我国宋代的航海家已使用指南针——罗盘——来导航。但是长久以来，人们一直不明白，磁针静止时为什么总是指向南北方向，在观察了小磁针在一根条形磁铁近旁的指向后，人们才猜想地球本身应该具有磁性。

一个用细线悬挂在水平位置的小磁针，在四周没有磁性物体和电流的影响时，小磁针的静止方位指向接近地理南、北极方向，这好像小磁针被一块磁铁紧紧吸引住那样，由此人们更确信地球是一个大磁铁，上述现象是地球表面处的磁场对小磁针的作用所致。地球自转轴与地面的两个交点，分别称为地理的南、北两极，而地球内部的磁化强度(猜测的)的方向与地球的自转轴的交角约为 15°，所以地球两个磁极中心位于地理南、北极的附近。上述小磁针在静止时，磁针北端的磁极称为“指北极”，简称北极；南端的磁极称为“指南极”，简称南极。据此，则在地理北极附近的地磁极是磁南极 S_m；而在地理南极附近的地磁极是磁北极 N_m(见图 5-8)。根据近代的正确测量，地磁的 S_m 极在北半球加拿大北海岸以北北纬 70°50′和西经 90°的地方，而地磁的 N_m 极则处于南半球罗斯海西部南纬 70°10′和 150°45′东经的地方。

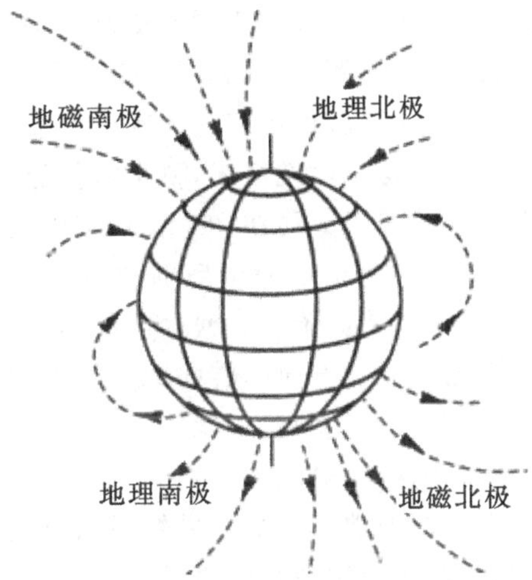

图 5-8　地球的磁场

地球是一个大磁铁，因此在它的周围存在着磁场，我们称地球周围的磁场为地球磁场或地磁场，简称地磁。在离地球约 5 倍地球半径处，地球的磁场分布近似一个均匀磁化了的球产生的磁场。在不同的地点，磁场强度是不同的，而且除了在磁赤道处，地磁场都不是水平的，因此，地面上任一点磁场可分为水平分量 B_θ(θ 为磁纬度)和径向分量 B_r。小磁针静止时所在的直立平面称为地磁子午面，这个平面与地球的地理子午面间的夹角称为磁偏角，根据测定发现地面上不同地点的磁偏角是不同的，在赤道地区较小，但在高纬度区可以很大。小磁针静止时与水平面间的夹角称为磁倾角，在地磁赤道上，磁倾角为零；在磁南极和磁北极处的磁倾角为 90°。磁场强度的水平分量、磁偏角和磁倾角三个量通常称为地磁的三个要素，地球磁场的研究必须先从这三个要素的测定入手。在北京地区，地磁场 $B=0.548\times10^{-4}$ T，磁偏角为 $-6°$（偏东为正，偏西为负），磁倾角为 $58°1'$。

根据测量发现，在地面不同点地磁的三个要素是不同的，如在地图上将要素相同点连成曲线可得出一张地磁图。早在 1581 年，诺尔曼绘制了第一张世界地磁图，在图上标明世界各地罗盘指针所指示的实际方向，无疑此图对航行和探险事业中的导向以及发现地磁异常等方面有很大的参考价值。例如，当发现某一地区的地磁显著偏离地磁图上标明的数据资料时，也就是出现地磁异常时，这往往是该地区即将出现地震或气象突变的预兆；或者当从地磁图上发现某一地区的地磁数据与相邻地区相差悬殊时，则可能表明该地区地下深处蕴藏着丰富的磁铁矿（“磁法探矿”）。我国已于 1950 年、1960 年和 1970 年先后发表了由地面测量得到的不同比例尺的全国地磁图。1960 年 10 月，国际上采用了一个“国际参考地磁场”，以此作为计算全球性地磁异常的参考。

人们还发现，地磁场的强度和方向已经过多次的循环变化：其强度由强变弱，以致消失变为零，然后地磁方向倒转，强度再由弱变至反方向的最大值，地壳中的火山岩石清楚地保留了地磁变化的资料。自从地球形成以来，自远古至今，地球上各处频频出现火山的爆发，每一次爆发时从地球内部喷射出大量的岩浆。在这些岩浆逐渐冷却凝固的过程中，它里面的结晶体便会顺着当时地磁场的方向有序地排列起来，采用现代检测手段，人们很容易推断出熔岩凝固的年代，从而可推知不同历史时期地磁场的方向和强度。根据对这些火山的精确测定，已知在过去 40 万年间，地球磁场的方向倒转（地磁的 N_m 极和 S_m 极南北移位）已经有 9 次，而在近 30 万年内，地球磁极也曾有 3 次南北移位。

最近几个世纪以来，科学家们连续测量和记载了地磁场强度的数据，发现地磁强度一直在不断地减弱。大约在 20 年前，美国通过所发射的地磁卫星对地磁进行了长时间的精密测量和仔细研究，得出了一个精确的地磁减弱速度，由此推算到公元 32 世纪（即 3100 年后）来临之前，地磁将消失殆尽。根据以往地磁变化、南北移位的历史，在 32 世纪开始时，是否会像过去那样出现地磁方向的转向呢？到那时人们又将怎样适应这样的地磁变化呢？在漫长的历史时期中，多次地磁转向时我们的祖先并没有留下真实情况及人们感受的记录，那么我们期望下一次地磁倒转历史能被我们的子孙描绘得一清二楚。至于是什么原因引起地磁场的循环变化，直到现在仍懵然无知。另外，昼、夜和季节更换也会引起地磁场有规律的变化，这种变化一般很小，在几十年中并不明显。

地磁场除了上述有规律的变化之外，还会突然出现不规则的变化，这种变化称为磁暴。产生磁暴的主要原因是：当太阳活动时，在太阳黑子区域有一股连续的带电粒子流射向地球，由这些粒子流所形成的电流产生一个附加磁场，这附加磁场强烈地干扰地磁场而产生了磁暴。有时磁暴非常强烈，它能使指南针失效，它还会在地面上的输电线、电话线、输油管道和一切细长的金属导体中产生感应电流而引起破坏作用。磁暴和北极光往往同时发生。

有关地磁的起源一直是科学家们力图探明的一个基本课题。自从 1819 年奥斯特发现电流的磁效应，1820 年安培提出物质的磁性来源于分子电流的假设后，科学家们很自然地想到了地磁场应和地球内部的电流源相联系着。按现代的观点，地磁场来源于磁流体力学机制：地球炽热核心内的导电流体的运动和磁场的存在形成一个自行维持着的巨大直流发电机，促使在地球核心内导电流体形成一个巨大的环形电流，从而使地球产生如图 5－8 所示的磁场。但是内部的环形电流又是怎样形成的呢？因为地磁方向每倒转一次，表明产生地磁的环形电流也已反向，又是什么机制促使如此巨大的环形电流周期性地变换方向的呢？这些都是科学家们正在探索的课题。

所以生物，包括人类在内，都已完全适应和习惯于在地磁环境下生活和繁衍，可以认为，地磁一方面对地球上的生命起着保护作用，另一方面也为他们的生存创造了条件。根据人造卫星的探测，地面周围的磁场并不延伸到很遥远的区域，这是因为从太阳发射出来的等离子体阻止了地磁场的向外延伸，因此，地磁场局限在地球周围的有限区域之内，这个区域称为磁层或地磁层，它随地球一起运动，就是这个磁层挡住了由宇宙空间射来的、足以使生物致命的高能粒子流，使所有生物得以安全地栖息在地球上。还有人类和生物赖以生存的水，也是依靠地磁场将大量的氢离子吸引到地球表面，从而使它和空气中的氧化合而形成水滴和雨降落到地面的。因此也可以这样说，地球上的生命是伴随着地磁场的形成并增强到足以对生命起保护作用时才出现的，即生命和地磁两者是紧紧地联系在一起的。

思考题

5-1　顺磁质、抗磁质的特性如何？磁化机制有什么不同？

5-2　在恒定磁场中，若闭合曲线所包围的面积上没有任何电流穿过，则该曲线上各点的磁感应强度必为零。在恒定磁场中，若闭合曲线上各点的磁场强度皆为零，则该曲线所包围的面积上穿过的传导电流的代数和必为零。这两种说法对不对？

5-3　根据铁磁质的磁滞回线说明铁磁质有些什么特性？

5-4　为什么一块磁铁能吸引一块原来未磁化的铁块？

5-5　一块永磁铁落到地板上就可能部分退磁，为什么？把一根铁条南北放置并敲它几下，它就可能磁化，又是为什么？

习　题

5-1　将半径为 R 的圆柱形无限长载流直导体置于均匀无限大磁介质之中，若导体中流过的恒定电流为 I，磁介质的相对磁导率为 $\mu_r(\mu_r<1)$，则磁介质内的磁化强度为(　　)。

(A) $-(\mu_r-1)I/2\pi r$　(B) $(\mu_r-1)I/2\pi r$　(C) $-\mu_r I/2\pi r$　(D) $I/2\pi\mu_r r$

5-2　试证明霍耳电场强度与稳恒电场强度之比 $E_H/E_C=ne\rho$，这里 ρ 为材料电阻率，n 为载流子的数密度。

5-3　如习题 5-3 图所示，一载流线半径为 R，载流为 I，置于均匀磁场 $\boldsymbol{B}$ 中，求：①线圈受到的安培力；②线圈受到的磁力矩(对 y 轴)。

5-4　半径为 $R=0.1\ \mathrm{m}$ 的半圆形闭合线圈，载有电流 $I=10\ \mathrm{A}$，放在均匀磁场中，磁场方向与线圈平面平行，如习题 5-4 图所示。已知 $B=0.5\ \mathrm{T}$，求：①线圈所受力矩的大小和方向(以直径为转轴)；②若线圈受上述磁场作用转到线圈平面与磁场垂直的位置，则力矩做功为多少？

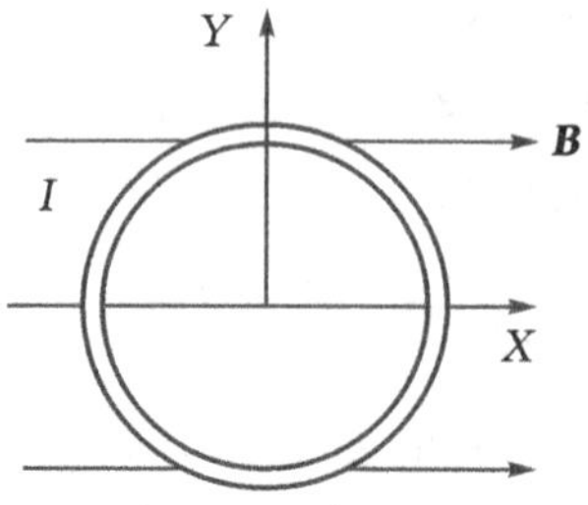

习题 5－3 图

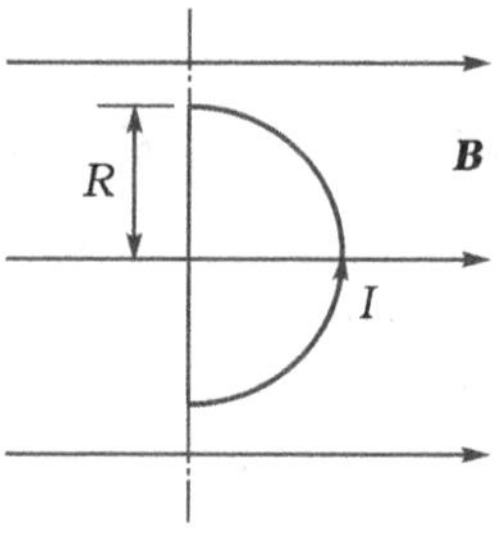

习题 5－4 图

5－5　在实验室，为了测试某种磁性材料的相对磁导率 μ_r，常将这种材料做成截面为矩形的环形样品，然后用漆包线绕成一环形螺线管。设圆环的平均周长为 0.10 m，横截面积为 $0.50\times10^{-4}\ m^2$，线圈的匝数为 200 匝.当线圈通以 0.10 A 的电流时，测得穿过圆环横截面积的磁通量为 6.0 ×10－5 Wb，求此时该材料的相对磁导率 μ_r。

第 6 章

电磁感应与电磁场

1820 年奥斯特发现了电流的磁效应以后，不少科学家就开始研究电流磁效应的逆现象，即如何利用磁场来产生电流。那么，能否利用磁效应产生电流呢？从 1822 年起，英国实验物理学家法拉第就开始对这一问题进行了大量的实验研究，终于在 1831 年发现了电磁感应现象，即利用磁场产生电流的现象，并总结出电磁感应定律。

电磁感应现象的发现，不仅阐明了变化磁场能够激发电场这一关系，还进一步揭示了电与磁之间的内在联系，促进了电磁理论的发展。电磁感应定律也是麦克斯韦电磁理论的基本组成部分之一。在实践中，它为人类获取巨大而廉价的电能开辟了道路，标志着一场重大的工业和技术革命的到来。

前面几章，我们讨论了静止电荷产生的电场和恒定电流产生的磁场所遵循的规律，它们都是不随时间变化的电场和磁场。本章主要在电磁感应现象的基础上讨论电磁感应定律，以及动生电动势和感生电动势，然后介绍互感和自感，磁场的能量，以及麦克斯韦关于有旋电场和位移电流的假设，最后简要介绍麦克斯韦方程组及电磁波的产生及性质。

6.1 电磁感应定律

6.1.1 电磁感应现象

1831 年 8 月 29 日法拉第首次发现，处在随时间而变化的电流附近的闭合回路中有感应电流产生。随后，他做了一系列实验，用来判别产生感应电流(induction current)的条件和决定感应电流的因素，揭示了感应现象的奥秘。电磁感应定律是建立在广泛的实验基础上的，我们首先通过几个实验来说明电磁感应现象和产生电磁感应现象的条件。

如图 6-1 所示，在磁铁插入或拔出线圈 A 的过程中，电流计的指针发生偏转。插入和拔出时电流反向。电流大小与插入或拔出速度有关。若磁铁不动，线圈中无电流。如果保持磁铁静止，使线圈相对磁铁运动，也可以观察到同样的现象。

如图 6-2 所示，将线圈 A' 与直流电源相连。用这个通电线圈 A' 代替磁铁重复上面的实验，可以观察到同样的现象。

通过这两个实验可以发现，当磁铁或通电线圈 A' 与线圈 A 有相对运动时，A 中有电流。那么究竟是由于磁铁或通电线圈 A' 与线圈 A 的相对运动，还是由于线圈 A 处磁场的变化引起的呢？让我们观察下面的实验。

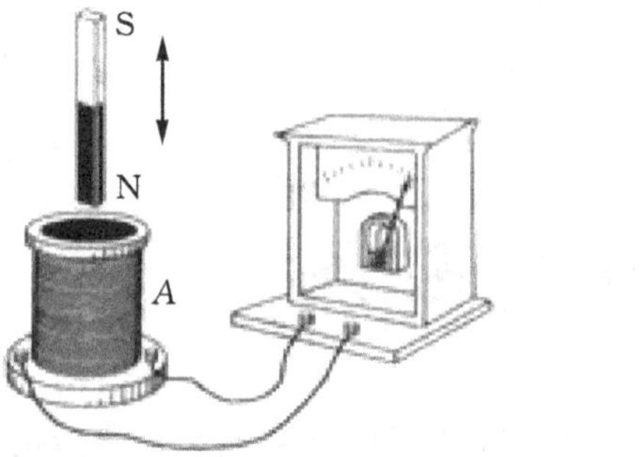

图6-1　磁铁与线圈回路相对运动时，回路产生电流

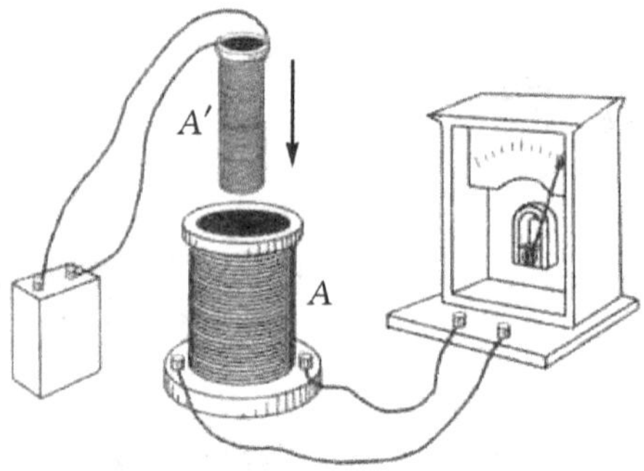

图 6-2　载流线圈与线圈回路相对运动时，回路产生电流

如图 6-3 所示，把线圈 A' 跟开关 K 和直流电源串联起来，再把 A' 插在线圈 A 内，A 与 A' 无相对运动。当接通或断开开关 K 的瞬间，线圈 A 中产生感应电流，接通和断开时电流反向。如果用一个可变电阻代替开关 K，当调节可变电阻来改变线圈 A' 中电流的时候，线圈 A 中亦有电流产生。调节可变电阻的动作愈快，线圈 A 中的电流就愈大。由此可见，相对运动不是 A 中产生电流的原因，A 中电流的产生应归结为 A 中磁场的变化。这样的认识是否全面，再通过下面的实验进一步研究。

如图 6-4 所示，把接有电流计的导体线框放在均匀的稳恒磁场中，使线框平面跟磁场方向垂直。导线 AB 可以沿着导轨滑动并保持接触。实验表明，当使 AB 朝某一方向滑动时，线框中有电流产生。AB 滑动得越快，电流计指针偏转的角度越大，即电流越大。当 AB 朝反方向滑动时，电流的方向相反。在这个实验里，磁场是稳恒的，所以当导线 AB 滑动时，线框所处的磁场并没有变化。AB 的移动只是使线框的面积发生了变化，结果，同样产生了感应电流。由此可见，把感应电流的起因只归结为磁场变化的认识是不够全面的。

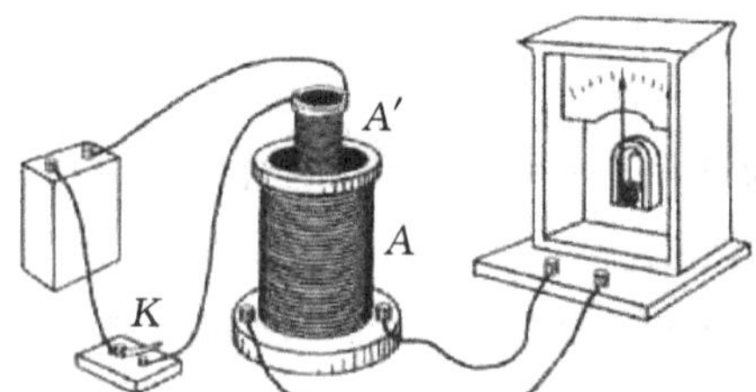

图 6-3　接通或断开电流时，线圈回路产生电流

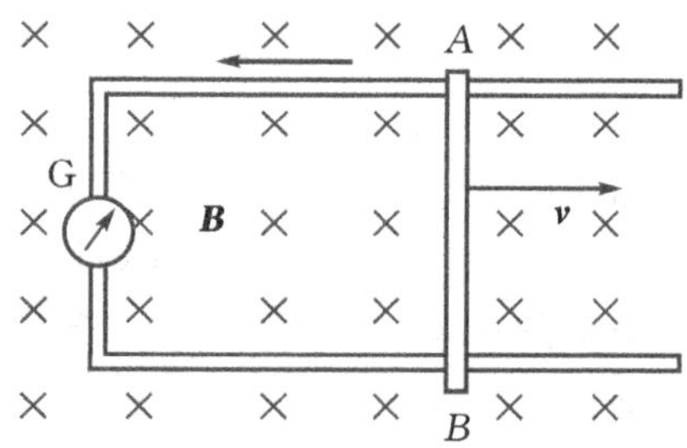

图 6-4　一段导线在磁场中运动时，回路中产生电流

综上所述，无论是使闭合回路（或线圈）保持不动，而使闭合回路（或线圈）中的磁场发生变化；或者是磁场保持不变，而使闭合回路（或线圈）在磁场中运动，都可以在闭合回路（或线圈）中引起电流。也就是说，尽管在闭合回路（或线圈）中引起电流的方式有所不同，但都可归结出一个共同点，即通过闭合回路（或线圈）的磁通量都发生了变化。于是，可以得出如下结论：当穿过一个闭合导体回路所围面积的磁通量发生变化时，不管这种变化是由于什么原因引起的，回路中均产生电流。这种现象叫作电磁感应现象。回路中所出现的电流叫作感应电流。在回路中出现电流，表明回路中有电动势存在。这种由于磁通量的变化而引起的电动势，叫作感应电动势（induction electromotive force）。感应电动势比感应电流更能反映电磁感应现象的本质。实际上，当回路不闭合时，也会发生电磁感应现象，这时并没有感应电流，而感应电动势却

仍然存在，另外，感应电流的大小是随回路电阻而变的，而感应电动势的大小则与回路无关。因此，对于电磁感应现象，应更为本质地表述为：当穿过闭合回路的磁通量发生变化时，就在导体回路中产生感应电动势。

6.1.2 电磁感应定律

通过大量的精确实验表明：闭合导体回路的感应电动势 ε_i 与穿过这个回路的磁通量 Φ_m 的变化率成正比。当采用国际单位制(SI)时，比率系数为 1，其数学表达式为

$$\varepsilon_i = -\frac{\mathrm{d}\Phi_\mathrm{m}}{\mathrm{d}t} \tag{6-1}$$

式(6-1)称为法拉第电磁感应定律(Faraday law of electromagnetic induction)的数学表达式。在国际单位中，ε_i 的单位为 V，Φ_m 的单位为 Wb，t 的单位为 s，式中负号表明了电动势的方向，是楞次定律的数学表示。如果回路由 N 匝线圈所组成，那么当磁通量变化时，每匝中都将产生感应电动势。由于各匝之间串联，故整个线圈的总电动势为

$$\begin{aligned}\varepsilon_i &= \left(-\frac{\mathrm{d}\Phi_{\mathrm{m}_1}}{\mathrm{d}t}\right)+\left(-\frac{\mathrm{d}\Phi_{\mathrm{m}_2}}{\mathrm{d}t}\right)+\cdots+\left(-\frac{\mathrm{d}\Phi_{\mathrm{m}_N}}{\mathrm{d}t}\right)\\ &= -\frac{\mathrm{d}}{\mathrm{d}t}(\Phi_{\mathrm{m}_1}+\Phi_{\mathrm{m}_2}+\cdots+\Phi_{\mathrm{m}_N})\\ &= -\frac{\mathrm{d}}{\mathrm{d}t}\psi\end{aligned} \tag{6-2}$$

式中，$\psi = \Phi_{\mathrm{m}_1}+\Phi_{\mathrm{m}_2}+\cdots+\Phi_{\mathrm{m}_N}$，称为线圈的全磁通(fluxoid)或磁链数(magnetic flux linkage)。如果穿过每匝的磁通量都相等且为 Φ_m，则 $\psi = N\Phi_\mathrm{m}$，于是式(6-2)变化为

$$\varepsilon_i = -\frac{\mathrm{d}\psi}{\mathrm{d}t} = -N\frac{\mathrm{d}\Phi_\mathrm{m}}{\mathrm{d}t} \tag{6-3}$$

若闭合回路的电阻为 R，则由欧姆定律可得感应电流为

$$I_i = \frac{\varepsilon_i}{R} = -\frac{1}{R}\frac{\mathrm{d}\psi}{\mathrm{d}t}$$

则在一段时间($t_1 - t_2$)内，通过回路任一截面的感应电量(induction charge)为

$$q = \int_{t_1}^{t_2} I_i\,\mathrm{d}t = \int_{t_1}^{t_2} -\frac{1}{R}\frac{\mathrm{d}\psi}{\mathrm{d}t}\mathrm{d}t = -\frac{1}{R}\int_{\psi_1}^{\psi_2}\mathrm{d}\psi = -\frac{1}{R}(\psi_2-\psi_1) \tag{6-4}$$

由此可见，此电量只与磁通量的变化量有关，而与其变化的快慢无关。测出在某段时间中通过回路的感应电量，而且回路电阻已知，则可求得在这段时间内通过回路所围面积的磁通量的变化。磁通计就是根据这个原理设计的。

6.1.3 楞次定律

1834 年，楞次在大量实验事实的基础上，总结出了判断感应电流方向的规律：闭合回路中产生的感应电流的方向，总是使得它所激发的磁场阻碍引起感应电流的磁通量的变化。这个规律称为楞次定律。

应用楞次定律判断感应电流的方向时，应该注意：①回路绕行方向与回路正法线方向遵守右手螺旋法则；(2)回路中感应电动势的方向与回路绕行方向一致时，感应电动势取正值；相反时取负值。

如图 6-5(a)所示,取回路的绕行方向为顺时针方向,各匝线圈的正法线 $\boldsymbol{n}$ 的方向与磁感应强度 $\boldsymbol{B}$ 的方向一致,因此穿过线圈的磁通量为正值。当磁铁移近线圈时,穿过线圈的磁通量增加。由式(6-1)得感应电动势 ε_i 小于零,方向应与回路绕行相反,故其方向如图 6-5(a)所示,感应电流 I_i 与 ε_i 方向相同,感应电流产生的磁场的方向与磁铁磁场的方向相反,将阻碍磁铁向线圈运动。如果磁铁远离线圈时,如图 6-5(b)所示,穿过线圈的磁通量仍然为正值。当磁铁远离线圈时,磁感应强度 $\boldsymbol{B}$ 减小,穿过回路的磁通量将减小,由式(6-1)得感应电动势 ε_i 大于零,即感应电流 I_i,ε_i 都与回路绕行方向一致,I_i 产生的磁场方向与磁体磁场方向相同,将阻碍磁铁远离线圈的运动。

又如图 6-6 所示,在闭合回路中,导线运动切割磁场线时,回路绕行方向为 $abcda$,$\boldsymbol{n}$ 与 $\boldsymbol{B}$ 反向,$\Phi_m < 0$ 。当 ab 向右滑动,即回路所围面积增大时,$\dfrac{d\Phi_m}{dt} < 0$,则 $\varepsilon_i = -\dfrac{d\Phi_m}{dt} > 0$,I_i,ε_i 方向应与回路绕行方向一致。导线 ab 将受力 $\boldsymbol{F}_i$ 作用,方向向左,阻碍导线向右运动。因此,要移动导线,就要对外力做功,这样就把其他形式的能量转变为感应电流通过回路时所放出的焦耳热。

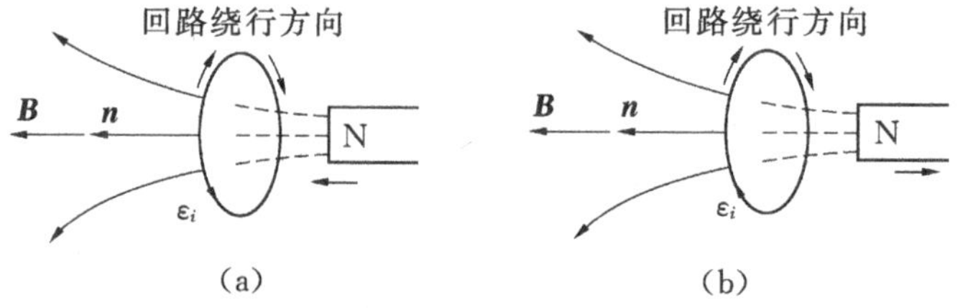

图 6-5 感应电动势方向的确定

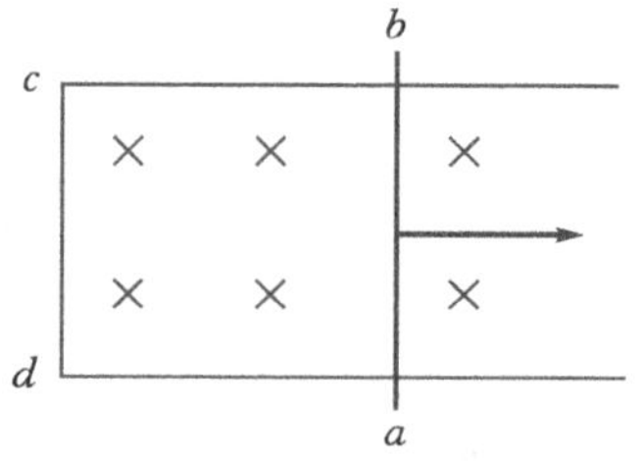

图 6-6 导体切割磁场线

楞次定律是能量守恒定律在电磁感应现象上的具体体现。感应电流在闭合回路中流动时将释放焦耳热,根据能量守恒定律,这部分热量只能从其他形式的能量转化而来。法拉第电磁感应定律中的负号,正表明了感应电动势的方向和能量守恒定律之间的内在联系。从前面的讨论可知,把磁棒插入线圈或从线圈中拔出,必须克服斥力或引力做机械功。实际上,正是这部分机械功转化成了感应电流所释放的焦耳热。

6.2 感应电动势

法拉第电磁感应定律表明,只要闭合导体回路中的磁通量随时间变化,就会在闭合回路中产生感应电动势。根据磁通量的表达式可以看出,穿过回路所围面积 S 的磁通量是由磁感应强度、回路面积的大小以及面积在磁场中的取向等三个因素决定的。因此,只要这三个因素中任一个因素发生变化,都可使磁通量变化,从而引起磁感应电动势。所以根据磁通量变化的原理不同,可将感应电动势分为两种:一种是由于回路所围面积的变化或面积取向变化,从而使通过回路的磁通量发生变化而产生的感应电动势,称为动生电动势(motional electromotive force);另一种是回路不动,由于磁感应强度变化从而使通过回路的磁通量发生变化而产生的感应电动势,称为感生电动势(induced electromotive force)。下面我们分别加以讨论。

6.2.1 动生电动势

如图 6-7 所示,一矩形导体回路,可动的边为长 l 的导体棒 ab,在磁感应强度为 $\boldsymbol{B}$ 的均匀磁场中，以速度 $\boldsymbol{v}$ 向右运动，且速度 $\boldsymbol{v}$ 与 $\boldsymbol{B}$ 的方向垂直。某时刻，穿过回路面积的磁通量为

$$\Phi_m = BS = Blx$$

当 ab 运动时，回路所围面积扩大，则回路中的磁通量发生变化，由法拉第电磁感应定律可知，回路中感应电动势的大小为

$$|\varepsilon_i| = \frac{d\Phi}{dt} = \frac{d(Blx)}{dt} = Bl\frac{dx}{dt} = Blv$$

感应电动势的方向，由楞次定律可知为逆时针。由于只是 ab 运动，其他边均不动，所以动生电动势应归于导体棒 ab 的运动，动生电动势集中于 ab 段内，这一段可视为整个回路的电源。棒 ab 中的动生电动势的方向由 a 指向 b，所以在棒上，b 点电势高于 a 点的电势。

在前面的学习中我们已经知道，电动势是非静电力作用的表现，那么引起动生电动势的非静电力是什么呢？

当导体棒 ab 以速度 $\boldsymbol{v}$ 在磁场中运动时，导体棒中的自由电子也以速度 $\boldsymbol{v}$ 随着棒一起向右运动，因而每个自由电子所受的洛伦兹力为

$$\boldsymbol{F}_m = -e\boldsymbol{v} \times \boldsymbol{B}$$

式中，$-e$ 为电子所带的电量，$\boldsymbol{F}_m$ 的方向由 b 指向 a，如图 6－8(a)所示。在洛伦兹力的作用下，自由电子沿 $b \rightarrow a$ 方向运动，即电流沿 $a \rightarrow b$ 方向。自由电子的运动结果是使棒 ab 两端出现了电荷积累，a 端带负电，b 端带正电。这两种电荷在导体中产生自 b 指向 a 的静电场，其电场强度为 $\boldsymbol{E}$，所以电子还要受到一个与洛伦兹力方向相反的静电力 $\boldsymbol{F}_e = -e\boldsymbol{E}$ 的作用，此静电力随电荷的累积而增大，当静电力的大小增大到等于洛伦兹力的大小时，即 $F_m = F_e$ 时，ab 两端保持稳定的电势差。这时，导体棒 ab 相当于一个有一定电动势的电源，如图 6－8(b)所示。洛伦兹力是使在磁场中运动的导体棒维持恒定电势差的根本原因，即洛伦兹力是非静电力。若以 $\boldsymbol{E}_k$ 表示非静电场强，则有

$$\boldsymbol{E}_k = \frac{\boldsymbol{F}_m}{-e} = \boldsymbol{v} \times \boldsymbol{B} \tag{6-5}$$

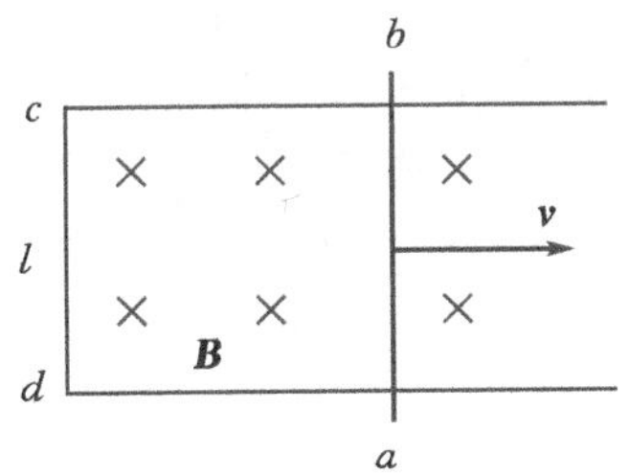

图 6－7　动生电动势

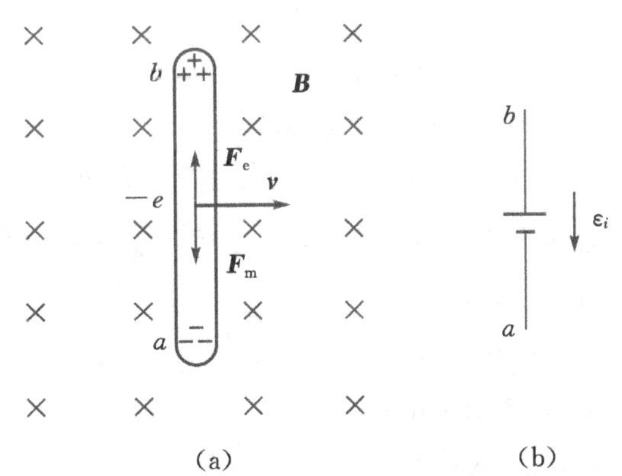

图 6－8　动生电动势与洛伦兹力

由电动势的定义，可知在磁场中运动的导体棒 ab 上产生的动生电动势为

$$\varepsilon_i = \int_a^b \boldsymbol{E}_k \cdot d\boldsymbol{l} = \int_a^b (\boldsymbol{v} \times \boldsymbol{B}) \cdot d\boldsymbol{l} \tag{6-6}$$

如图 6－11 所示，由于 $\boldsymbol{v}$，$\boldsymbol{B}$ 和 $d\boldsymbol{l}$ 三者相互垂直，式(6－6)积分可得

$$\varepsilon_i = \int_0^l vB\,\mathrm{d}l = Bvl$$

对于一个任意形状的导线，在非均匀磁场中做任意运动时，导线中的自由电子在随导线运动时，同样会受到洛伦兹力的作用，导线内就会有 $\boldsymbol{E}_k$，且产生动生电动势，整个导线上的动生电动势应该是各导线元的动生电动势之和。设导线 ab 中的一段导线元 $\mathrm{d}\boldsymbol{l}$ 以速度 $\boldsymbol{v}$ 运动，则在导线元中产生的动生电动势为

$$\mathrm{d}\varepsilon_i = \boldsymbol{E}_k \cdot \mathrm{d}\boldsymbol{l} = (\boldsymbol{v}\times\boldsymbol{B})\cdot\mathrm{d}\boldsymbol{l}$$

导线 ab 上产生的总的动生电动势为

$$\varepsilon_i = \int_a^b \mathrm{d}\varepsilon_i = \int \boldsymbol{E}_k \cdot \mathrm{d}\boldsymbol{l} = \int_a^b (\boldsymbol{v}\times\boldsymbol{B})\cdot\mathrm{d}\boldsymbol{l}$$

如果整个导体回路 L 都在恒定磁场中运动，则闭合回路中产生的动生电动势为

$$\varepsilon_i = \oint_L \mathrm{d}\varepsilon_i = \oint_L (\boldsymbol{v}\times\boldsymbol{B})\cdot\mathrm{d}\boldsymbol{l}) \tag{6-7}$$

计算动生电动势的基本方法通常有两种：①根据定义用积分法求解；②用法拉第电磁感应定律求解。一般来说，对于一段任意形状导线在磁场中平动或直导线在磁场中转动的情况，常常用定义式去求解；对于闭合线圈或一段曲导线在磁场中绕定轴转动的情况，则直接使用法拉第电磁感应定律较为方便。

解题的一般步骤如下：

(1)选取积分路径 L 沿着导线，在其上任取导线元 $\mathrm{d}l$。

(2)在图上 $\mathrm{d}l$ 所在处给出该处磁感应强度 $\boldsymbol{B}$ 及该处导线的运动速度 $\boldsymbol{v}$ 的方向。

(3)在图上作出 $(\boldsymbol{v}\times\boldsymbol{B})$ 的方向。

(4)从图上正确给出 $\boldsymbol{v}$ 和 $\boldsymbol{B}$ 矢量之间的夹角 α 和$(\boldsymbol{v}\times\boldsymbol{B})$与 $\mathrm{d}\boldsymbol{l}$ 矢量之间的夹角 θ，则给出

$$\mathrm{d}\varepsilon_i = (\boldsymbol{v}\times\boldsymbol{B})\cdot\mathrm{d}\boldsymbol{l} = vB\sin\alpha\cos\theta\mathrm{d}l$$

(5)统一变量后，确定积分上下限，算出积分，得出 E。

(6)若 $E>0$，则末端为高电势，相当于电源的正极；若 $E<0$，则末端为低电势，相当于电源的负极。

例 6-1　如图 6-9 所示，均匀恒定磁场 $\boldsymbol{B}$ 中有一半径为 R 的圆弧形导线 $\overset{\frown}{acb}$ 以速度 $\boldsymbol{v}$ 沿 x 方向平动，求导线上的动生电动势。

解法一　取 a 为参考点，选 L 绕行方向沿 $\overset{\frown}{acb}$ 在导线上任取 $\mathrm{d}l$，在图上作出 $(\boldsymbol{v}\times\boldsymbol{B})$ 的方向，从图上看出 $\alpha=\dfrac{\pi}{2}$，与 θ 有如图所示的关系式，则

$$\mathrm{d}\varepsilon_i = (\boldsymbol{v}\times\boldsymbol{B})\cdot\mathrm{d}\boldsymbol{l} = vB\sin\alpha\cos\theta\mathrm{d}l = vBR\cos\theta\mathrm{d}\theta$$

整个圆弧导线上的动生电动势为

$$\varepsilon_{\overset{\frown}{acb}} = \int \mathrm{d}E = vBR\int_{\pi/4}^{7\pi/4}\cos\theta\mathrm{d}\theta = -\sqrt{2}BvR$$

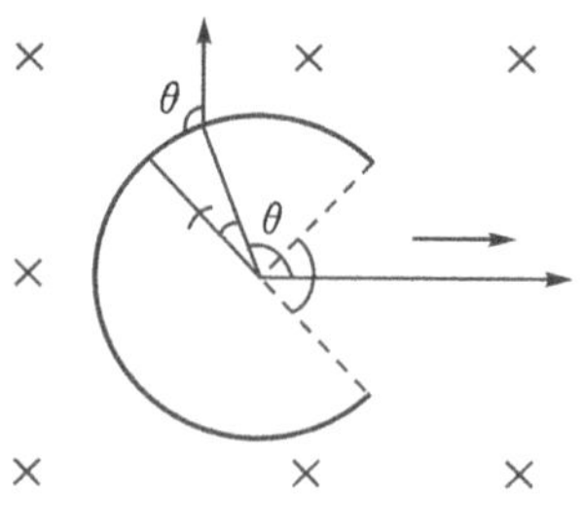

图 6-9

式中，负号说明 a 点电势高，电动势的方向与绕行方向相反，即由 b 经 c 指向 a。

解法二　首先将 ab 连接起来，形成一闭合回路。穿过整个闭合回路的磁通量不发生变化，所以

$$\varepsilon_i = \varepsilon_{\widehat{acb}} + \varepsilon_{\overline{ba}} = 0$$

$$\varepsilon_{\widehat{acb}} = -\varepsilon_{\overline{ba}} = \varepsilon_{\overline{ab}}$$

很容易求得

$$\varepsilon_{\overline{ab}} = -\sqrt{2}BvR$$

则

$$\varepsilon_{\widehat{acb}} = -\sqrt{2}BvR$$

式中，负号说明 a 点电势高。

例 6-2　如图 6-10 所示，长为 l 的导线 ab 与一载有电流 I 的长直导线 AB 共面且相互垂直，当 ab 以速度 $\boldsymbol{v}$ 平行于电流方向运动时，求其上的动生电动势。

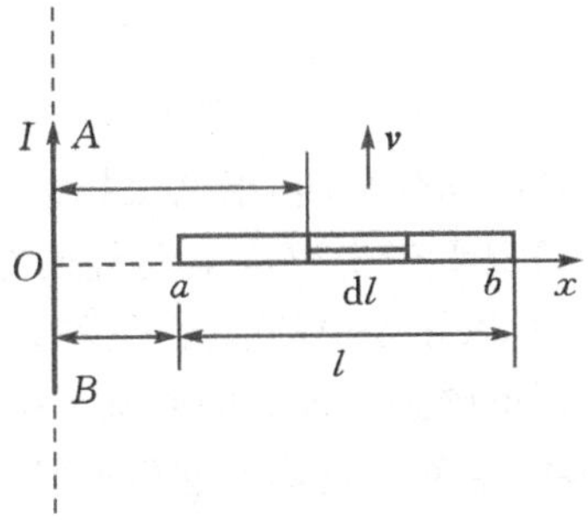

图 6-10

解法一　取坐标如图，L 的绕行方向沿导线 ab，在导线上任取 $\mathrm{d}l$，$(\boldsymbol{v}\times\boldsymbol{B})$ 的方向沿 b 到 a，$\alpha=\dfrac{\pi}{2}$，$\theta=\pi$，则

$$\mathrm{d}\varepsilon_i = (\boldsymbol{v}\times\boldsymbol{B})\cdot\mathrm{d}\boldsymbol{l} = vB\sin\alpha\cos\theta\mathrm{d}l = -vB\,\mathrm{d}l = -\frac{\mu_0 Iv}{2\pi r}\mathrm{d}r$$

ab 导线上的电动势

$$\varepsilon_{ab} = \int\mathrm{d}\varepsilon_i = -\frac{\mu_0 Iv}{2\pi}\int_d^{d+l}\frac{\mathrm{d}r}{r} = -\frac{\mu_0 Iv}{2\pi}\ln\frac{d+l}{d}$$

a 处为高电势，a，b 导线上的电动势方向和 L 的绕行方向相反，即 $b\to a$。

解法二　如图 6-11 建立坐标系，设想 ab 与另一部分假想的固定轨道 $bcda$ 构成回路，L 的绕行方向为 $abcda$，则某时刻通过回路的磁通量为

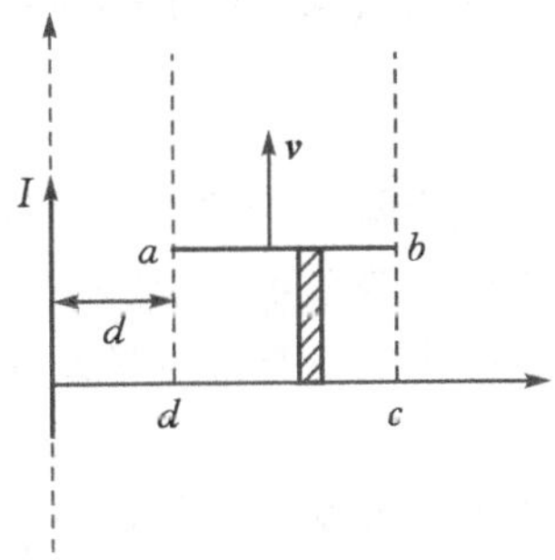

图 6-11

$$\mathrm{d}\varphi = \boldsymbol{B}\cdot\mathrm{d}\boldsymbol{S} = \frac{\mu_0 I}{2\pi x}y\,\mathrm{d}x$$

$$\varphi = \int\mathrm{d}\varphi = \frac{\mu_0 Iy}{2\pi}\int_d^{d+l}\frac{\mathrm{d}x}{x} = \frac{\mu_0 Iy}{2\pi x}\ln\frac{d+l}{d}$$

$$\varepsilon_i = -\frac{\mathrm{d}\varphi}{\mathrm{d}t} = -\frac{\mu_0 Iv}{2\pi}\ln\frac{d+l}{d}$$

式中，“-”表示电动势与回路绕向相反。

例 6-3　如图 6-12 所示，一根长度为 L 的导体棒，在磁感应强度为 $\boldsymbol{B}$ 的均匀磁场中，以角速度 ω 在与磁场方向垂直的平面上绕棒的一端 O 作匀速转动，试求在导体棒两端的感应电动势。

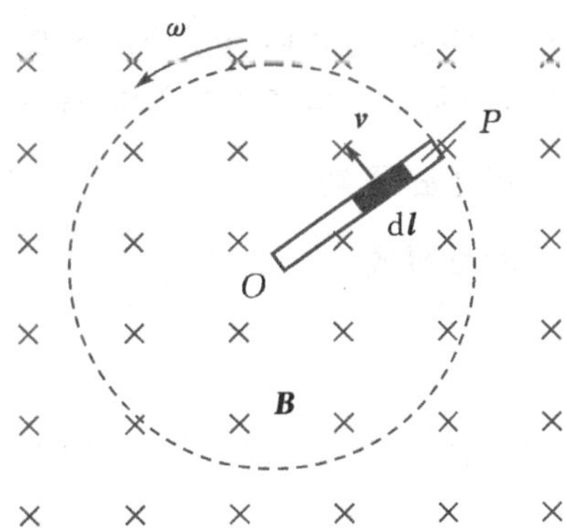

图 6-12

解　取 OP 方向为导线的正方向，在导体棒上取极小的一段线元 $\mathrm{d}\boldsymbol{l}$，方向为 OP 方向。线元运动的速度大小为 $v=l\omega$，方向如图 6-12 所示。由于 $\boldsymbol{v}$，$\boldsymbol{B}$，$\mathrm{d}\boldsymbol{l}$ 互相垂直，所以 $\mathrm{d}\boldsymbol{l}$ 两端的动生电动势

$$\mathrm{d}\varepsilon_i = (\boldsymbol{v}\times\boldsymbol{B})\cdot\mathrm{d}\boldsymbol{l} = -vB\,\mathrm{d}l = -B\omega l\,\mathrm{d}l$$

把导体棒看成是由许多长度为 $\mathrm{d}l$ 的线元组成的，于是导体棒两端之间的动生电动势为各线元的动生电动势之和，即

$$\varepsilon_i=\int_L \mathrm{d}\varepsilon_i=\int_0^L -\omega B l\,\mathrm{d}l=-\frac{1}{2}B\omega L^2$$

式中,“—”号表示 ε_i 的方向与选定方向相反,即动生电动势的方向由 P 指向 O,也可以由 $\boldsymbol{v}\times\boldsymbol{B}$ 确定 ε_i 的方向,显然两者是一致的。此时 O 端积累正电荷而带正电,P 端带负电。

6.2.2 感生电动势

我们用洛伦兹力解释了导体在磁场中运动时动生电动势产生的原因,指出洛伦兹力就是使电子运动并产生电动势的非静电力。现在进一步讨论置于磁场中的导体回路不动,而当磁场随时间变化时,根据法拉第电磁感应定律可知,导体回路中有感应电动势产生。那么,在这种情况下产生感应电动势的非静电力是又什么?首先,它不是洛仑兹力,因为导体并没有运动,所以导体中的载流子没有定向宏观的运动速度。麦克斯韦(J. C. Maxwell,1831—1879)在分析电磁感应现象的基础上提出了一个大胆的假设:变化的磁场在其周围空间激发一种新的电场,这种电场称为感生电场(induced electric field)或叫作涡旋电场(curl electric field)。感生电动势的非静电力就是这个感生电场力。若用符号 $\boldsymbol{E}_k$ 表示感生电场强度,则沿任意闭合回路的感生电动势为

$$\varepsilon_i=\oint_L \boldsymbol{E}_k\cdot\mathrm{d}\boldsymbol{l} \tag{6-8}$$

根据法拉第电磁感应定律,我们可以得到感生电场的环路定理

$$\oint_L \boldsymbol{E}_k\cdot\mathrm{d}\boldsymbol{l}=-\frac{\mathrm{d}\Phi_\mathrm{m}}{\mathrm{d}t} \tag{6-9}$$

这说明,只要穿过空间内某一闭合回路所围面积的磁通量发生变化,那么此闭合回路上的感生电动势总是等于感生电场 $\boldsymbol{E}_k$ 沿该闭合回路的环流。

感生电场与静电场既有相同之处,也有不同之处。相同之处是:静电场和感生电场都能对静电荷产生作用力,在形式上也是 $\boldsymbol{F}=q\boldsymbol{E}_k$ 。不同之处在于首先是产生原因不同,静电场是由静止电荷激发产生的,而感生电场则是由变化磁场激发产生的;其次是场的性质不同,静电场的电场线是始于正电荷、终于负电荷的,它的环路积分为零,是一个有源场、无旋场,而感生电场的电场线则是闭合的,其环路积分不一定为零,是一个无源场、涡旋场;另外,静电场的环路积分始终为零,我们也说静电场是保守场,并可以引进电势能;而感生电场的环路积分不恒等于零,说明感生电场不是保守场,从而不能引进电势能。

由于磁通量 $\Phi_\mathrm{m}=\iint_S \boldsymbol{B}\cdot\mathrm{d}\boldsymbol{S}$,且闭合回路是静止的,它所围的面积 S 也不随时间变化,故式(6-9)可写成

$$\oint_L \boldsymbol{E}_k\cdot\mathrm{d}\boldsymbol{l}=-\iint_S \frac{\partial\boldsymbol{B}}{\partial t}\cdot\mathrm{d}\boldsymbol{S} \tag{6-10}$$

式中,$\dfrac{\partial\boldsymbol{B}}{\partial t}$ 是闭合回路所围面积内面元 $\mathrm{d}\boldsymbol{S}$ 处的磁感强度随时间的变化率。式(6-10)表明,只要存在着变化的磁场,就一定会有感生电场。而且感生电场 $\boldsymbol{E}_k$ 与 $-\dfrac{\partial\boldsymbol{B}}{\partial t}$ 在方向上满足右手螺旋关系,显然,它与用楞次定律判断 ε_i 和 $\boldsymbol{E}_k$ 的方向是一致的。

在一般的情况下,空间的电场可能既有静电场 $\boldsymbol{E}_0$,又有感生电场 $\boldsymbol{E}_k$ 。根据叠加原理,总电场 $\boldsymbol{E}$ 沿封闭路径 L 的环流应是静电场 $\boldsymbol{E}_0$ 的环流和感生电场 $\boldsymbol{E}_k$ 的环流之和。由于前者为

零，所以 $\boldsymbol{E}$ 的环流等于 $\boldsymbol{E}_k$ 的环流。因此，利用式(6 - 10)可得

$$\oint_L \boldsymbol{E} \cdot \mathrm{d}\boldsymbol{l} = -\iint_S \frac{\partial \boldsymbol{B}}{\partial t} \cdot \mathrm{d}\boldsymbol{S} \tag{6-11}$$

式(6 - 11)是关于磁场和电场关系的又一个普遍的基本规律。它可以理解为变化的磁场产生电场。

例 6 - 4　一半径为 R 的无限长直螺线管，其中的电流作线性变化（$\frac{\mathrm{d}I}{\mathrm{d}t}$ = 常量）时，则内部的磁场也随时间作线性变化，若 $\boldsymbol{B}$ 的变化率 $\frac{\mathrm{d}\boldsymbol{B}}{\mathrm{d}t}$ 为一常量。求管内、外的感生电场 $\boldsymbol{E}_k$ 。

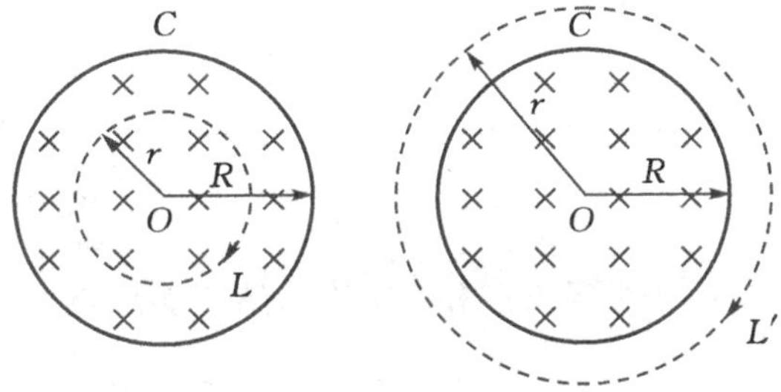

(a)　(b)

图 6 - 13

解　螺线管的截面如图 6 - 13 所示，图中圆周 C 为螺线管的边缘。根据对称性可知，管内、外的感生电场线都是 C 的同心圆。圆上各点 $\boldsymbol{E}_k$ 的方向皆沿切向，且同一圆周上各点的 $\boldsymbol{E}_k$ 大小相同。假定电流随时间增加，则磁场也随时间增加，即 $\frac{\mathrm{d}B}{\mathrm{d}t} > 0$ 。

先求管内的 $\boldsymbol{E}_k$ ，取半径为 r（$r < R$）的同心圆周 L 作积分路径，如图 6 - 13(a)所示。选顺时针方向作为 L 中感应电动势的正方向，则有

$$\oint_L \boldsymbol{E}_k \cdot \mathrm{d}\boldsymbol{l} = E_k 2\pi r$$

又有

$$\iint_S \frac{\partial \boldsymbol{B}}{\partial t} \cdot \mathrm{d}\boldsymbol{S} = \iint_S \frac{\partial B}{\partial t}\mathrm{d}S = \frac{\partial B}{\partial t}\pi r^2$$

式中，S 是圆周 L 所围的面积，根据式(6　11)，得

$$E_k 2\pi r = -\frac{\partial B}{\partial t}\pi r^2$$

所以

$$E_k = -\frac{r}{2}\frac{\partial B}{\partial t} \qquad (r < R)$$

式中，负号表示 $\boldsymbol{E}_k$ 的方向与选定的正方向相反，即 $\boldsymbol{E}_k$ 沿逆时针方向。

再求管外的 $\boldsymbol{E}_k$，取半径为 r（$r > R$）的圆周 L' 作积分路径，如图 6 - 13(b)所示，选顺时针方向作为 L' 中感应电动势的正方向，则有

$$\oint_{L'} \boldsymbol{E}_k \cdot \mathrm{d}\boldsymbol{l} = 2\pi r E_k$$

又有

$$\iint_{S'} \frac{\partial \boldsymbol{B}}{\partial t} \cdot \mathrm{d}\boldsymbol{S} = \iint_{S_0} \frac{\partial B}{\partial t}\mathrm{d}S = \frac{\partial B}{\partial t}\pi R^2$$

式中，S' 是圆周 L' 所围的面积，S_0 为 C 所围的面积，因在圆周 C 外的空间有 $\boldsymbol{B} = 0$ ，$\frac{\partial \boldsymbol{B}}{\partial t} = 0$，故有上式的关系。根据式(6 - 11)，得

$$E_k 2\pi r = -\frac{\partial B}{\partial t}\pi R^2$$

所以

$$E_k = -\frac{R}{2r}\frac{\partial B}{\partial t} \qquad (r < R)$$

式中，负号表示 $\boldsymbol{E}_k$ 的方向为逆时针方向。若 $\frac{\mathrm{d}B}{\mathrm{d}t} < 0$，则管内、外的 $\boldsymbol{E}_k$ 方向为顺时针。

例 6-5 一半径为 R 的圆柱形均匀磁场，磁场感应强度 B 随时间作线性变化（$\frac{\mathrm{d}B}{\mathrm{d}t}$＝常量），现在磁场内放上一长度也为 R 的导体细棒 AB，细棒垂直于磁场方向，位置如图 6-14 所示。求细棒 AB 上的感应电动势。

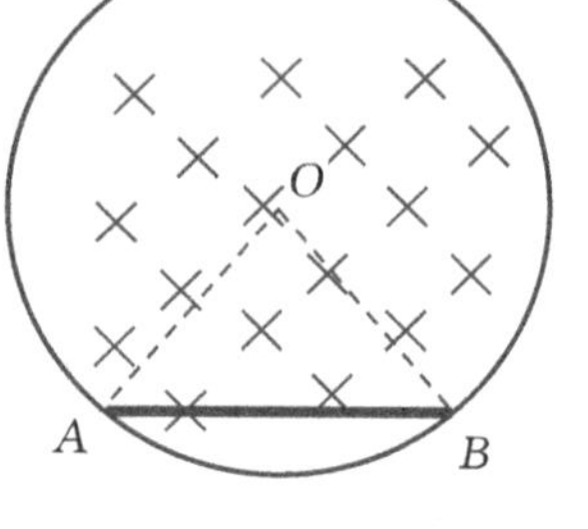

图 6-14

解 补上两个半径 OA 和 OB 与 AB 构成回路 $OBAO$，利用法拉第电磁感应定律，可得三角形回路感应电动势为

$$\varepsilon_{OABO}=\varepsilon_{OA}+\varepsilon_{AB}+\varepsilon_{BO}=-\frac{\mathrm{d}\varphi}{\mathrm{d}t}=-S_{\triangle OAB}\frac{\mathrm{d}B}{\mathrm{d}t}$$

由于半径 OA 和 OB 均与感应涡旋电场方向垂直，则

$$\varepsilon_{OA}=\int_{OA}\boldsymbol{E}\cdot d\boldsymbol{l}=0\,,\quad \varepsilon_{BO}=\int_{BO}\boldsymbol{E}\cdot \mathrm{d}\vec{\boldsymbol{l}}=0$$

综上可得，$\varepsilon_{AB}=-S_{\triangle OAB}\frac{\mathrm{d}B}{\mathrm{d}t}$

6.2.3 电子感应加速器

电子感应加速器是利用感生电场对电子加速的设备。其结构原理如图 6-15 所示。在电磁铁的两磁极间放一个真空室，电磁铁受交变电流激励，在两磁极间产生交变磁场。当磁场发生变化时，两极间任意闭合回路的磁通发生变化，就会产生感生电场，射入其中的电子在感生电场的作用下不断加速，同时电子还要受到磁场的洛伦兹力作用，使其在环形真空室内沿圆形轨道运动。为了使电子稳定在半径为 R 的圆形轨道上运动，则产生向心力的洛伦兹力应满足

$$evB_R=m\frac{v^2}{R}$$

即

$$B_R=\frac{mv}{eR}$$

式中，B_R 是电子轨道上的磁感应强度；R 为轨道半径；v 为电子运动速度。

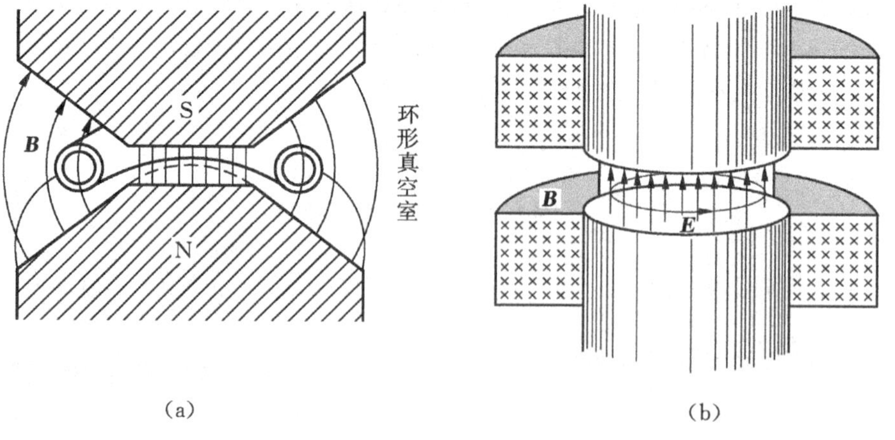

图 6-15 电子感应加速器

设轨道平面上的平均磁感应强度为 $\boldsymbol{B}$；则通过轨道面积的磁通量为

$$\Phi_m = \boldsymbol{B} \cdot \boldsymbol{S} = B\pi R^2$$

由式(6－9)可得

$$\oint_L \boldsymbol{E}_k \cdot d\boldsymbol{l} = E_k 2\pi R = -\frac{d\Phi_m}{dt} = -\pi R^2 \frac{d\overline{B}}{dt}$$

所以

$$E_k = -\frac{R}{2}\frac{d\overline{B}}{dt}$$

作用在电子上的切向力的大小为

$$eE_k = \frac{eR}{2}\frac{d\overline{B}}{dt}$$

根据牛顿第二定律，有

$$F_e = \frac{d}{dt}(mv) = \frac{d}{dt}(eRB_R) = eR\frac{dB_R}{dt}$$

所以

$$\frac{dB_R}{dt} = \frac{1}{2}\frac{d\overline{B}}{dt}$$

即只要 $B_R = \overline{B}/2$，被加速的电子就可稳定在半径为 R 的圆形轨道上运动。

小型电子感应加速器可将电子加速至几十万电子伏特，大型的电子感应加速器可达数百万电子伏特。电子感应加速器是近代物理研究的重要装置，用加速后具有较高能量的电子束去轰击各种靶，可得到穿透能力很强的 X 射线。利用这些 X 射线，可研究某些核反应和制备一些放射性同位素。电子在加速时，由于要辐射能量，所以限制了加速能量的进一步提高。

6.3　自感和互感

作为法拉第电磁感应定律的特例，下面将讨论两个在电工、无线电技术中有着广泛应用的电磁感应现象——自感和互感。

6.3.1　自感　自感电动势

我们知道，当任何回路中通有电流时，就有这一电流所产生的磁通量通过这个回路本身，当该回路的电流或回路的形状或回路周围的磁介质发生变化时，通过回路自身的磁通量也将发生变化。这种由于回路中电流产生的磁通量发生变化，而在回路自设中产生感应电动势的现象，称为自感(self-induction)现象。自感现象中的感生电动势叫作自感电动势，用符号 ε_L 表示。为描述一个线圈产生自感电动势 ε_L 的能力，引进自感系数(coefficient of self-inductance)的概念。

考虑一个闭合回路，设回路中电流为 I，由毕奥-萨伐尔定律，电流 I 产生的磁感应强度 B 与 I 成正比，所以穿过该回路的磁通量也与 I 成正比，即

$$\Phi = LI \tag{6-12}$$

式中，L 称为自感系数，简称自感(self-inductance)，也称电感(inductance)，其大小决定于回路的匝数、几何形状、大小以及周围磁介质的磁导率。在国际单位制中，它的单位是亨利，用符号 H 表示。可见，回路中自感的大小等于回路中的电流为单位值时通过这个回路所围面积的磁

通量。

当线圈的自感系数为常量，线圈中的电流发生变化时，根据法拉第电磁感应定律和式(6－12)，线圈自身产生的自感电动势为

$$\varepsilon_L = -\frac{\mathrm{d}\Phi}{\mathrm{d}t} = -L\frac{\mathrm{d}I}{\mathrm{d}t} \tag{6-13}$$

式(6－13)说明，自感电动势与其电流的变化率成正比，比率系数即为自感系数 L，式中的负号表明：当线圈回路中的 $\frac{\mathrm{d}I}{\mathrm{d}t} > 0$ 时，$\varepsilon_L < 0$，即自感电动势与电流方向相反；反之，当 $\frac{\mathrm{d}I}{\mathrm{d}t} < 0$ 时，$\varepsilon_L > 0$，即自感电动势与电流方向相同。其实是表示 ε_L 反抗 I 的变化，这正是楞次定律所要求的。

当线圈的自感系数不为常量，线圈中的电流也发生变化时，则有

$$\varepsilon_L = -\frac{\mathrm{d}\Phi}{\mathrm{d}t} = -L\frac{\mathrm{d}I}{\mathrm{d}t} - I\frac{\mathrm{d}L}{\mathrm{d}t} \tag{6-14}$$

式中，第一项代表了变化电流对自感电动势的贡献部分；第二项代表了线圈的自感系数变化时对自感电动势的贡献。

例 6－6 一个长直密绕螺线管共有 N 匝，螺线管长为 l，截面积为 S，管内充满磁导率为 μ 的均匀介质，求其自感系数。

解 设长直螺线管内通有电流 I，忽略边缘效应，用 $n = \frac{N}{l}$ 表示螺线管单位长度上的匝数，则螺线管内的均匀磁场为 $B = \mu nI = \mu\frac{N}{l}I$

通过螺线管的全磁通为 $\psi = NBS = \mu\frac{N^2}{l}IS$

由式(6－12)得 $L = \frac{\psi}{I} = \mu\frac{N^2}{l}S$

若用 $V = lS$ 表示螺线管内的体积，则有

$$L = \mu n^2 V$$

可见，欲获得较大自感的螺线管，通常采用较细导线制成的绕组，增加单位长度上的匝数，并选取较大磁导率的磁介质放置在螺线管内以增加其自感。这个例题为我们提供了怎样改变螺线管自感系数的有效途径。

自感现象的应用很广泛，利用线圈具有阻碍电流变化的特性，可以稳定电路中的电流，例如日光灯上装置的镇流器；无线电设备中常以自感线圈和电容器组合构成共振电路或滤波器等。在某些情况下自感现象又是有害的，例如在具有很大自感的线圈电路断开时，由于电路中的电流变化很快，在电路中产生很大的自感电动势，甚至会使线圈击穿或在电闸间隙产生强烈的电弧，这些都要加以避免。

6.3.2 互感 互感电动势

设有两个邻近的回路，其中分别通有电流，则任一回路中电流所产生的磁感应线将有一部分通过另一个回路所包围的面积。当其中任意一个回路中的电流发生变化时，通过另一个回路所围面积的磁通量也随之变化，因而在回路中产生感应电动势。这种由于一个回路中的电流变化而在邻近另一个回路中产生感应电动势的现象，称为互感现象（mutual inductance phenomenon)，所产生的感应电动势称为互感电动势（mutual inductance electromotive force）。

如图 6－16 所示，在空间放置两个邻近的闭合线圈 1 和 2，线圈 1 中通有电流 I_1，在空间产生磁场为 $\boldsymbol{B}_1$，它穿过线圈 2 的全磁通为 Φ_{21}。由毕奥-萨伐尔定律可知，电流 I_1 产生的磁场正比于 I_1，其穿过回路 2 的磁通量也与 I_1 成正比，即

$$\Phi_{21} = M_{21} I_1 \tag{6-15}$$

同理，电流 I_2 产生的磁场通过回路 1 的磁通量与 I_2 成正比，即

$$\Phi_{12} = M_{12} I_2$$

式中，M_{21} 和 M_{12} 只与两线圈的形状、大小、匝数、相对位置以及周围磁介质的磁导率有关，把它称为两线圈的互感（mutual inductance）。实验和理论证明，对于给定的两个导体回路，M_{21} 和 M_{12} 总是相等的，即

$$M_{21} = M_{12} = M$$

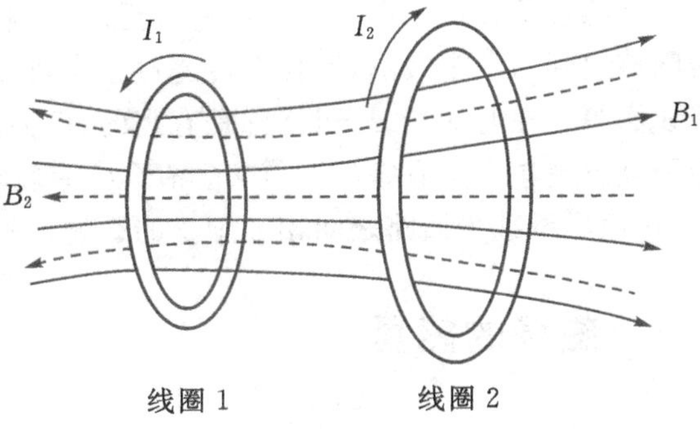

图 6－16 互感现象

它是一个能反映两线圈之间耦合程度的物理量，在国际单位制中，互感的单位与自感相同，为亨利(H)。当 M 不变时，根据电磁感应定律有

$$\varepsilon_{21} = -\frac{\mathrm{d}\Phi_{21}}{\mathrm{d}t} = -M\frac{\mathrm{d}I_1}{\mathrm{d}t} \tag{6-16}$$

$$\varepsilon_{12} = -\frac{\mathrm{d}\Phi_{12}}{\mathrm{d}t} = -M\frac{\mathrm{d}I_2}{\mathrm{d}t} \tag{6-17}$$

例 6－7 如图 6－17 所示，有一长直螺线管，长为 l_1，半径为 r（$l_1 \gg r$），单位长度上有 n_1 匝导线，在螺线管外部再紧绕一螺线管，长为 l_2，单位长度上有 n_2 匝导线。求两螺线管之间的互感系数及 L_1，L_2 的关系。

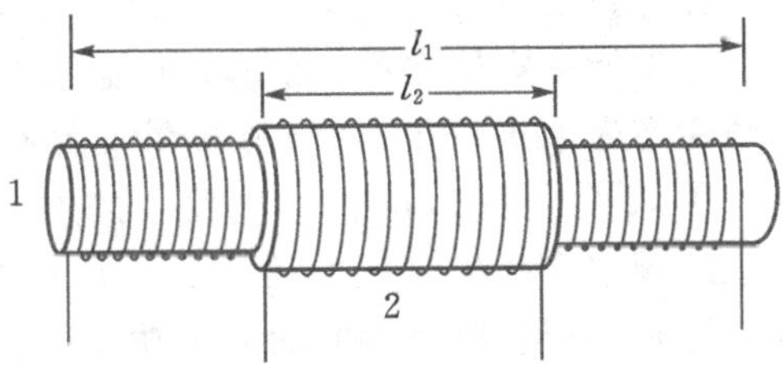

图 6－17

解 设在螺线管 1 中通以电流 I_1，则产生的磁场为

$$B_1 = \mu_0 n_1 I_1$$

穿过螺线管 2 的全磁通为

$$\psi_{12} = N_2 B_1 S = \mu_0 n_1 n_2 l_2 \pi r^2 I_1$$

则互感系数为

$$M = \frac{\psi_{12}}{I_1} = \mu_0 n_1 n_2 l_2 \pi r^2 = \mu_0 n_1 n_2 V_2$$

根据例 6－6 的结果，可得

$$L_1 = \mu_0 n_1^2 V_1$$

$$L_2 = \mu_0 n_2^2 V_2$$

所以有

$$M=\sqrt{\frac{l_2}{l_1}}\sqrt{L_1L_2}$$

必须指出，此结果是在题设条件下的两个耦合回路情况下得到的。而在一般情况下，$M=K\sqrt{L_1L_2}$，且 $K\leqslant1$，称为耦合系数。两个半径相同的线圈，只有当 $l_1=l_2$，且每个回路的自身全磁通都通过另一个回路，或说无漏磁时才有 $K=1$。在有漏磁的情况下，$K<1$，即 $M<\sqrt{L_1L_2}$。

互感现象在电工电子技术中有广泛应用，利用互感现象能很方便地使能量或信号由一个线圈传递到另一个线圈，而且在传递过程中可以随设计要求改变电流或电压，例如变压器和感应线圈等。在有些情况下，互感是有害的，例如收音机各回路之间、电话线与电力输送线之间会因互感现象产生有害的干扰，了解了互感现象的物理本质，就可以设法改变电器之间的布置，从而尽量减少回路之间相互干扰的影响。

6.4 磁场的能量

6.4.1 线圈储存的磁能

我们知道，当对电容器充电时，储存在电容器中的能量是储存在两极板之间的电场中。由于电流在激发磁场的过程中，需要供给能量，所以磁场也储存能量。如图 6-18 所示，电路中含有一自感为 L 的线圈，电阻为 R，电源电动势为 ε。当开关 K 与电键 1 闭合后，电路中的电流由零迅速增加，电流达到稳定值 I_0 后，突然把开关 K 合到电键 2 处，这时电源已切断，但回路中的电流没有立即降到零。这时电流将在电阻 R 上产生焦耳热，那么这个能量从何而来？它又储存在哪里呢？

根据能量守恒定律，能量不可能无中生有，想必这个能量是线圈在充电过程中，由电源提供而储存于自感线圈之中的。当开关 K 与电键 1 闭合后，电路中的电流由零迅速增加，此时自感线圈中会产生自感电动势 ε_i，其方向与电流方向相反，因此电流就必须克服自感电动势做功，从而使部分电能转化为自感线圈的磁能。这也就是说，在电流从零达到稳定值的整个过程中，电源供给的能量一部分为电阻上的焦耳热，另一部分则转化为线圈中的磁场能量，在线圈中建立磁场。

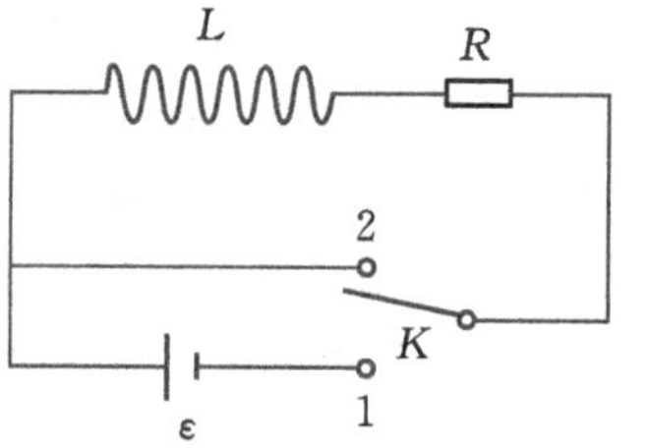

图 6-18 线圈中的能量

现在我们研究电键 K 合到电键 1 处进行充电时的情况，设某时刻回路中电流为 i，应用欧姆定律得

$$\varepsilon-L\frac{\mathrm{d}i}{\mathrm{d}t}=iR \tag{6-18}$$

设 $t=0$ 时，$i=0$；$t=t_0$ 时，$i=I_0$，式(6-18)经变形，两边积分后可得

$$\int_0^{t_0}\varepsilon i\,\mathrm{d}t=\frac{1}{2}LI_0{}^2+\int_0^{t_0}i^2R\mathrm{d}t \tag{6-19}$$

式中，$\int_0^{t_0}\varepsilon i\,\mathrm{d}t$ 为电流在 0 到 t_0 时间内所做的功，即供给的能量；$\int_0^{t_0}i^2R\mathrm{d}t$ 为这段时间内电阻上

消耗的焦耳热；而 $\frac{1}{2}LI_0^2$ 表示电源反抗自感电动势而做的功，即线圈中的磁场能量 W_m，故对自感为 L 的线圈，当其电流为 I 时，磁场的能量为

$$W_m = \frac{1}{2}LI^2 \tag{6-20}$$

也可用类似的方法来计算两个互感线圈的磁能。设两个相邻的线圈 1 和 2，分别通以电流，在电流从零增大到 I_1，I_2 的过程中，电源除了供给产生焦耳热的能量和克服自感电动势做功外，还要克服各自的互感电动势做功，在建立 I_1 和 I_2 的过程中，某一时间间隔 $\mathrm{d}t$ 内，克服两个互感电动势所做的功为

$$\begin{aligned} \mathrm{d}W &= \mathrm{d}W_1 + \mathrm{d}W_2 = -\varepsilon_{12} i_1 \mathrm{d}t - \varepsilon_{21} i_2 \mathrm{d}t \\ &= -\left(-M\frac{\mathrm{d}i_2}{\mathrm{d}t}\right) i_1 \mathrm{d}t - \left(-M\frac{\mathrm{d}i_1}{\mathrm{d}t}\right) i_2 \mathrm{d}t \\ &= M i_1 \mathrm{d}i_2 + M i_2 \mathrm{d}i_1 \\ &= M\mathrm{d}(i_1 i_2) \end{aligned} \tag{6-21}$$

整个过程中，电源克服互感电动势做的总功为

$$W = \int \mathrm{d}W = M\int_0^{I_1}\int_0^{I_2} \mathrm{d}(i_1 i_2) = MI_1 I_2 \tag{6-22}$$

这部分功也以磁能的形式储存起来。一旦电流中止，这部分磁能便通过互感电动势做功全部释放出来。由此可见，当两个线圈中各自建立了电流 I_1 和 I_2 后，除了每个线圈里各储有自感磁能 $W_{L1} = \frac{1}{2}L_1 I_1{}^2$，$W_{L2} = \frac{1}{2}L_2 I_2{}^2$ 之外，它们之间还储有另一部分磁能 $W_{12} = MI_1 I_2$。故两个相邻的线圈中所储存的总磁能为

$$W = W_{L1} + W_{L2} + W_{12} = \frac{1}{2}L_1 I_1{}^2 + \frac{1}{2}L_2 I_2{}^2 + MI_1 I_2 \tag{6-23}$$

写成对称形式，则有

$$W = \frac{1}{2}L_1 I_1{}^2 + \frac{1}{2}L_2 I_2{}^2 + \frac{1}{2}MI_1 I_2 + \frac{1}{2}MI_2 I_1 \tag{6-24}$$

还可将式(6-24)推广到 N 个线圈的普遍情形

$$W = \frac{1}{2}\sum_{i=1}^{N} L_i I_i{}^2 + \frac{1}{2}\sum_{i,j=1}^{N}{}' M_{ij} I_i I_j \tag{6-25}$$

式中，$\sum'$ 表示 $i \neq j$；L_i 为第 i 个线圈的自感系数；M_{ij} 为第 i 个和第 j 个线圈之间的互感系数。

6.4.2 磁场的能量

我们知道，载有电流 I 的自感线圈内具有磁场，自感线圈的能量也就是储存在自感线圈磁场中的能量。下面，从长直螺线管的特例导出磁场能量和磁场能量密度的一般表达式。

已知长直螺线管的自感系数为 $L = \mu n^2 V$，当载有电流 I 时，长直螺线管具有的能量为 $W = \frac{1}{2}LI^2$，即有

$$W_L = \frac{1}{2}\mu n^2 V I^2 \tag{6-26}$$

当忽略边缘效应后，载流长直螺线管内产生的均匀磁场将全部集中于螺线管内部，其磁感应强度 $B=\mu nI$ 。所以式(6-26)中的 I 可以由磁感应强度 B 取代，可得到

$$W_L=\frac{1}{2}\cdot\mu n^2V\cdot\frac{B^2}{\mu^2n^2}=\frac{B^2}{2\mu}V \tag{6-27}$$

由于载流螺线管具有的能量 W_L 也就是载流螺线管的磁场所有的能量，通常将磁场的能量记为 W_m 。由式(6-27)可以得到单位体积内的磁场能量

$$w_m=\frac{dW_m}{dV}=\frac{B^2}{2\mu} \tag{6-28}$$

式中，w_m 为磁场能量密度(density of magnetic energy)，简称磁能密度。虽然这个公式是从长直螺线管磁场的特例中推出的，但可以证明它是磁能密度的一般表达式。

由此可以得出以下结论：在空间中任何存在磁场的地方都存在磁场的能量，若空间某处的磁感应强度为 B，磁导率为 μ ，则该处的磁能密度为

$$w_m=\frac{B^2}{2\mu}=\frac{1}{2}BH=\frac{1}{2}\mu H^2 \tag{6-29}$$

式中，H 为磁场强度，$H=\dfrac{B}{\mu}$ 。

已知磁能密度后，则可以计算出定义于某一区域内的磁场中的能量

$$W_m=\iiint_V w_m dV=\frac{1}{2}\iiint_V BH\,dV \tag{6-30}$$

例 6-8　如图 6-19 所示，一根很长的同轴电缆，由内、外半径分别为 r_1 和 r_2 的同轴圆筒组成，其间充满磁导率为 μ 的均匀介质，它们所通过的电流为 I，大小相等，方向相反。试求长度为 l 的一段电缆内储存的能量和自感系数。

解　由安培环路定理可求得

$$B=\begin{cases}0 & r<r_1, r>r_2\\ \dfrac{\mu I}{2\pi r} & r_1<r<r_2\end{cases}$$

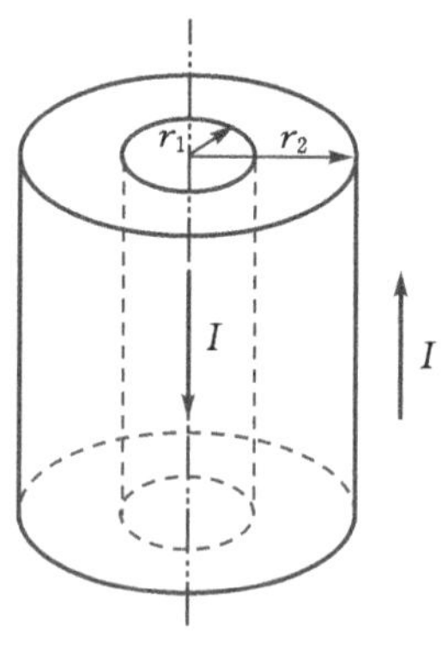

图 6-19

两圆筒间的磁场能量密度为

$$w_m=\frac{1}{2}BH=\frac{1}{2}\frac{B^2}{\mu}=\frac{\mu I^2}{8\pi^2r^2}$$

长为 l 的电缆内的总磁能为

$$W_m=\iiint_V w_m dV=\int_{r_1}^{r_2}\frac{\mu I^2 l}{8\pi^2r^2}2\pi r dr=\frac{\mu I^2 l}{4\pi}\ln\frac{r_2}{r_1}$$

对于同轴电缆，长为 l 的一段内的磁场能量就是同长度内的自感磁能，即 $W_m=W_L=\dfrac{1}{2}LI^2$ ，所以

$$L=\frac{2W_m}{I^2}=\frac{\mu l}{2\pi}\ln\frac{r_2}{r_1}$$

6.5　位移电流　麦克斯韦方程组

麦克斯韦(J. C. Maxwell)于 1865 年，在前人的基础上总结了电磁学的全部定律，提出了

有旋电场和位移电流的概念，并把全部电磁学规律概括成一组方程，即麦克斯韦方程组，建立了完整的电磁场理论，并预言了以光速传播的电磁波的存在。过后不久，赫兹便从实验中证实了这个预言，实现了电、磁、光的统一。

6.5.1　位移电流

由法拉第电磁感应定律可知，变化的磁场能在周围空间激发电场。那么，变化的电场能否在周围空间激发磁场呢？下面就来讨论这个问题。我们知道，对于稳恒电流，磁场满足安培环路定理

$$\oint_L \boldsymbol{H} \cdot \mathrm{d}\boldsymbol{l} = \sum I_i \tag{6-31}$$

式中 $\sum I_i$ 是穿过以任一闭合回路 L 为边界的任意曲面的传导电流的总和。

现在来讨论在非稳恒电流产生的磁场中，式(6-31)是否成立。先讨论电流随时间变化的一个特例——电容器充、放电的过程。如图 6-20 所示，电容器在充、放电过程中，电路中的电流 I 是随时间变化的，若在极板附近取一闭合回路 L，并以 L 为边界作两个面 S_1 和 S_2，S_1 与导线相交，S_2 在两极板间，S_1 和 S_2 构成一个闭合曲面。由于电流穿过以 L 为边界的曲面 S_1，根据安培环路定理有

$$\oint_L \boldsymbol{H} \cdot \mathrm{d}\boldsymbol{l} = I \tag{6-32}$$

对于同样以 L 为边界，但穿过电容器两极板之间的曲面 S_2，由于这一曲面上并没有电流穿过，根据安培环路定理有

$$\oint_L \boldsymbol{H} \cdot \mathrm{d}\boldsymbol{l} = 0 \tag{6-33}$$

可见，在有电容器存在的非稳恒电流情况下，安培环路定理出现了自相矛盾的结果。在非稳恒电流的磁场中，磁场强度沿回路 L 的环流与如何选取以闭合回路 L 为边界的曲面有关，选取不同的曲面，环流有不同的值。这说明，在非恒定电流的情况下，安培环路定理是不适用的，必须寻求新的规律。

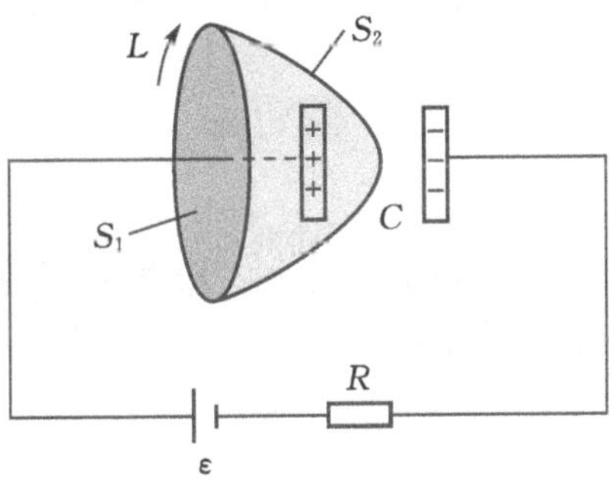

图 6-20　电容器充电过程

麦克斯韦在分析产生上述矛盾的原因时指出，关键在于该电路中的传导电流不连续，传导电流流至电容器时中断了。他还进一步分析电路中有交变电流通过时，由于电容器充放电，电容器极板上的自由电荷的电量将随时间发生变化，电容器两板间的电场 $\boldsymbol{E}$（以及电位移矢量 $\boldsymbol{D}$）也随时间发生变化。麦克斯韦假设在非恒定条件下高斯定理仍然成立。对于图 6-20 中由 S_1 和 S_2 组成的闭合曲面 S，则有

$$\oint\!\!\oint_S \boldsymbol{D} \cdot \mathrm{d}\boldsymbol{S} = q \tag{6-34}$$

式中，q 为闭合曲面 S 所包围的自由电荷。将式(6-34)对时间 t 求导，并交换对时间求导和对空间积分的运算顺序，得

$$\oiint_S \frac{\partial \boldsymbol{D}}{\partial t} \cdot \mathrm{d}\boldsymbol{S} = \frac{\mathrm{d}q}{\mathrm{d}t} \tag{6-35}$$

式中，$\frac{\mathrm{d}q}{\mathrm{d}t}$为闭合曲面$S$内自由电荷的增加率，根据电荷守恒定律，$\frac{\mathrm{d}q}{\mathrm{d}t}$应等于单位时间流入闭合曲面$S$内的电量，所以

$$\frac{\mathrm{d}q}{\mathrm{d}t} = -\oiint_S \boldsymbol{j}_c \cdot \mathrm{d}\boldsymbol{S} \tag{6-36}$$

式中，$\boldsymbol{j}_c$为电路中的传导电流密度矢量。由式(6-35)和式(6-36)可得

$$\oiint_S \frac{\partial \boldsymbol{D}}{\partial t} \cdot \mathrm{d}\boldsymbol{S} = -\oiint_S \boldsymbol{j}_c \cdot \mathrm{d}\boldsymbol{S} \tag{6-37}$$

式(6-36)可改写为

$$\oiint_S \left(\frac{\partial \boldsymbol{D}}{\partial t} + \boldsymbol{j}_c\right) \cdot \mathrm{d}\boldsymbol{S} = 0 \tag{6-38}$$

由此可见，在普遍情况下，虽然传导电流密度$\boldsymbol{j}_c$是不连续的，而$\frac{\partial \boldsymbol{D}}{\partial t} + \boldsymbol{j}_c$却是连续的。只要边界$L$相同，$\frac{\partial \boldsymbol{D}}{\partial t} + \boldsymbol{j}_c$在以$L$为边界的任意曲面上的积分是相等的。因此，麦克斯韦称$\frac{\partial \boldsymbol{D}}{\partial t}$为位移电流密度，用$\boldsymbol{j}_d$来表示，即

$$\boldsymbol{j}_d = \frac{\partial \boldsymbol{D}}{\partial t} \tag{6-39}$$

称$\frac{\partial \boldsymbol{D}}{\partial t} + \boldsymbol{j}_c$为全电流密度，用$\boldsymbol{j}_s$来表示，即

$$\boldsymbol{j}_s = \frac{\partial \boldsymbol{D}}{\partial t} + \boldsymbol{j}_c = \boldsymbol{j}_d + \boldsymbol{j}_c \tag{6-40}$$

而位移电流密度$\boldsymbol{j}_d$和全电流密度$\boldsymbol{j}_s$在曲面上的通量分别称为位移电流I_d和全电流I_s，即

$$I_d = \iint_S \frac{\partial \boldsymbol{D}}{\partial t} \cdot \mathrm{d}\boldsymbol{S} \tag{6-41}$$

$$I_s = \iint_S \frac{\partial \boldsymbol{D}}{\partial t} \cdot \mathrm{d}\boldsymbol{S} + \iint_S \boldsymbol{j}_c \cdot \mathrm{d}\boldsymbol{S} \tag{6-42}$$

于是在上述的电容器电路中，极板间的传导电流中断，但可以由位移电流来接替，从而维持了电路中电流的连续性。这样一来，安培环路定理可修正为

$$\oint_L \boldsymbol{H} \cdot \mathrm{d}\boldsymbol{l} = \iint_S \boldsymbol{j}_c \cdot \mathrm{d}\boldsymbol{S} + \iint_S \frac{\partial \boldsymbol{D}}{\partial t} \cdot \mathrm{d}\boldsymbol{S} \tag{6-43}$$

式中，S是指以L为边界的曲面。式(6-43)表明，磁场强度$\boldsymbol{H}$沿任意闭合回路的积分等于穿过此闭合回路所包围曲面的全电流，这就是全电流安培环路定理。式(6-42)还表明，不仅传导电流能产生有旋磁场，位移电流也能产生有旋磁场，即变化的电场产生有旋磁场。这就是麦克斯韦位移电流假设的实质。

最后须特别指出，虽然位移电流和传导电流在激发磁场方面是等效的，但它们在本质上是不同的。传导电流是大量自由电荷的宏观定向运动，通过电阻时产生焦耳热；而位移电流实质上是电位移通量的变化率，没有热效应。

6.5.2 麦克斯韦方程组

我们先后介绍了麦克斯韦关于有旋电场和位移电流两个假设。有旋电场假设指出变化磁

场激发有旋电场，位移电流假设指出变化电场激发有旋磁场。这两个假设揭示了电场和磁场之间的内在联系。存在变化电场的空间必存在变化磁场，同样，存在变化磁场的空间也必存在变化电场。也就是说，变化电场和变化磁场是密切地联系在一起的，它们构成一个统一的电磁场整体。这就是麦克斯韦关于电磁场的基本概念。麦克斯韦在系统总结前人成就的基础上，结合他引入的有旋电场和位移电流两个假设，把静电场和稳恒磁场的基本规律加以修正和推广，得到一组适用于一般电磁场的完整的方程组。这个方程组叫作麦克斯韦方程组，其积分形式是

$$\oiint_S \boldsymbol{D} \cdot \mathrm{d}\boldsymbol{S} = \sum_i q_i \tag{6-44}$$

$$\oint_L \boldsymbol{E} \cdot \mathrm{d}\boldsymbol{l} = -\iint_S \frac{\partial \boldsymbol{B}}{\partial t} \cdot \mathrm{d}\boldsymbol{S} \tag{6-45}$$

$$\oiint_S \boldsymbol{B} \cdot \mathrm{d}\boldsymbol{S} = 0 \tag{6-46}$$

$$\oint_L H \cdot \mathrm{d}\boldsymbol{l} = \iint_S \left(\boldsymbol{j}_c + \frac{\partial \boldsymbol{D}}{\partial t}\right) \cdot \mathrm{d}\boldsymbol{S} \tag{6-47}$$

下面简要地说明以上 4 个方程的物理意义。

方程(6-44)是一般形式下电场的高斯定理，它说明电位移矢量与电荷的联系。尽管电场与随时间变化的磁场也能有联系(如感生电场)，但总电场遵从这一高斯定理。

方程(6-45)是法拉第电磁感应定律。它揭示出随时间变化的磁场与电场之间的联系。尽管电场也可能由电荷激发，但总电场与磁场总是遵从这一条定律的。

方程(6-46)是磁场的高斯定理。它反映一个实验事实，即磁感应线不可能起于、终于空间任一点；也就是说不存在单一的“磁荷”。

方程(6-47)是推广后的安培环路定理。它揭示出磁场与电流以及随时间变化的电场之间的联系，即磁场强度对任意闭合路径的环流取决于通过该闭合路径所围面积的传导电流和电场强度的变化率的通量，它反映了传导电流和变化的电场都可以激发磁场，同时也表明变化的电场必伴随着磁场。

上述 4 个方程称为麦克斯韦方程组(积分形式)。式中的电场量 D，E 为电荷激发的电场和涡旋电场的总电场，磁场量 B，H 为传导电流和位移电流激发的总磁场。从方程组中还可以看到，在电磁场中的电场和磁场是相互联系的、不可分割的。电磁场的所有特性都可以由上述 4 个方程来确定。

在有介质存在时，E，B 都和介质的性质有关，要完整地说明宏观电磁现象，除了上述 4 个方程外，还要加上下面 3 个关系式，对各向同性均匀电介质有

$$\begin{cases} D = \varepsilon E \\ B = \mu H \\ J = \gamma E \end{cases} \tag{6-48}$$

其中第一个和第二个式子是电位移矢量和磁场强度的定义式，第三个式子是欧姆定律的微分形式。如果再加上电磁力的基本规律 $F = qE + qv \times B$，则麦克斯韦的电磁场理论就已经成为一个非常完备的理论体系。

从麦克斯韦方程组可以看出，在相对稳定的情况下，即只存在电荷和稳恒电流时，麦克斯韦方程组表现为静电场和稳恒磁场所遵从的规律。这时，电场和磁场都是静态的，它们之间没

有联系。而在运动的情况下，即当电荷在运动，电流也在变化时，麦克斯韦方程组描述了变化着的电场和磁场之间的紧密关系。变化的电场要激发一个有旋磁场，变化的磁场又会激发一个有旋电场，电场和磁场就以这种互激的形式在同一空间相互依存并形成一个统一的整体，这才是真正意义上的电磁场。可以证明，电磁场一旦产生，即使场源电荷及电流不存在了，这种互激依然可以随着时间的流逝而在空间无限地延伸。在距离电荷和电流很远的空间，电磁场最终是以波动的形式在传播着，这就是电磁波。电磁波的波速，经麦克斯韦的计算，正好等于光速，于是麦克斯韦断言，光也是一种电磁波。光和电磁场在麦克斯韦理论中的统一，使得经典电磁学的发展到达顶峰，成为麦克斯韦最辉煌的成就。自此，电磁学已成为一门可与牛顿力学并立的完备的科学理论(经典物理)。

上面所讨论的麦克斯韦方程组的积分形式，能够适用于一定范围内的电磁场，而不能适用于某一给定点上的电磁场。但在实际应用中，更重要的是麦克斯韦方程组的微分形式。根据矢量分析中的高斯定理 $\oiint_S \boldsymbol{A}\cdot \mathrm{d}\boldsymbol{S}=\iiint_V \nabla\cdot \boldsymbol{A}\mathrm{d}V$ 和斯托克斯定理 $\oint_L \boldsymbol{A}\cdot \mathrm{d}\boldsymbol{l}=\iint_S(\nabla\times\boldsymbol{A})\cdot \mathrm{d}\boldsymbol{S}$，我们可以很容易由麦克斯韦方程组的积分形式导出其微分形式。

假定自由电荷是体分布的，且电荷的体密度为 ρ，则高斯定理可写成

$$\oiint_S \boldsymbol{D}\cdot \mathrm{d}\boldsymbol{S}=\iiint_V \rho\mathrm{d}V$$

式中 V 为高斯面 S 所包围的体积。根据矢量分析中的高斯定理，可把上式左端的面积分化为体积分

$$\iiint_V \nabla\cdot \boldsymbol{D}\mathrm{d}V=\iiint_V \rho\mathrm{d}V \tag{6-49}$$

上式(6-49)对任何体积都成立，被积函数本身应处处相等，故有

$$\nabla\cdot \boldsymbol{D}=\rho \tag{6-50}$$

这就是高斯定理的微分形式。同样可得磁场中的高斯定理的微分形式为

$$\nabla\cdot \boldsymbol{B}=0 \tag{6-51}$$

对于安培环路定理，我们也假定电流是体分布的。利用斯托克斯定理，把式(6-47)左端的线积分化为面积分则有

$$\iint_S(\nabla\times\boldsymbol{H})\cdot \mathrm{d}\boldsymbol{S}=\iint_S\left(\boldsymbol{j}_c+\frac{\partial\boldsymbol{D}}{\partial t}\right)\cdot \mathrm{d}\boldsymbol{S} \tag{6-52}$$

式(6-52)中积分范围可以任意，被积函数必须相等，可得

$$\nabla\times\boldsymbol{H}=\boldsymbol{j}_c+\frac{\partial\boldsymbol{D}}{\partial t}$$

对于式(6-45)也可以进行类似处理，最后可得如下 4 式

$$\begin{aligned}
&\nabla\cdot \boldsymbol{D}=\rho && \text{(a)}\\
&\nabla\times\boldsymbol{E}=-\frac{\partial\boldsymbol{B}}{\partial t} && \text{(b)}\\
&\nabla\cdot \boldsymbol{B}=0 && \text{(c)}\\
&\nabla\cdot \boldsymbol{H}=\boldsymbol{j}_c+\frac{\partial\boldsymbol{D}}{\partial t} && \text{(d)}
\end{aligned} \tag{6-53}$$

式(6-53)便是麦克斯韦方程组的微分形式。由麦克斯韦方程组可以看出，变化的电场和磁场是相互联系、不可分割的统一整体，把它们称为电磁场。麦克斯韦方程组是对整个电磁场理论

的总结，它形式上简洁优美，全面反映了电磁场的基本性质和规律。从麦克斯韦方程组出发，通过数学运算，可以推测出电磁场的各种性质。麦克斯韦电磁理论的建立是 19 世纪物理学史上的又一个重要里程碑。正如爱因斯坦在一次纪念麦克斯韦诞辰时所说的“这是自牛顿以来物理学上所经历的最深刻和最有成果的一次变革”。

6.6　电磁波

根据麦克斯韦电磁场理论，只要在空间某区域有变化电场（或变化磁场），在邻近区域将产生变化磁场（或变化电场），这变化磁场（或变化电场）又在较远区域产生新的变化电场（或变化磁场），并在更远的区域产生新的变化磁场（或变化电场），这种变化的电场和变化的磁场不断地交替产生，由近及远以有限的速度在空间传播，形成电磁波。在物理学史上，麦克斯韦先从理论上预言电磁波的存在，1887 年，德国物理学家赫兹（Heinrich Rudolf Hertz）用实验证实了电磁波的存在。电磁波的发现为近代无线电通信开辟了道路。

6.6.1　电磁波的产生与传播

只有加速运动的带电粒子、宏观上随时间变化的电荷和电流分布，才能激发脱离场源、在空间独立运动的电磁波。因此，如果要产生电磁波，需要一个电场或磁场作周期性变化的振荡电路作为波源。下面，简单介绍一下 LC 振荡电路及其辐射的电磁波。

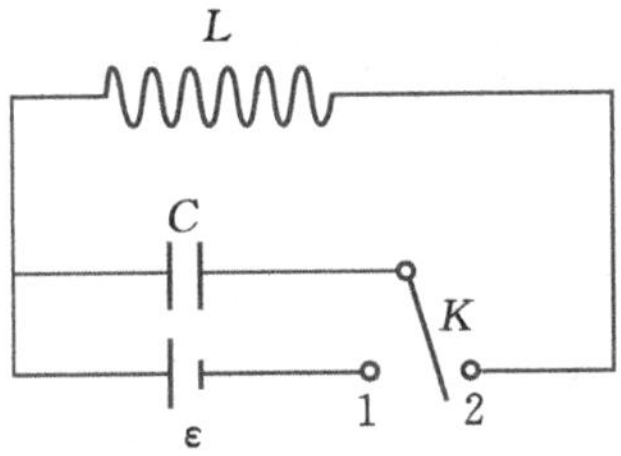

图 6-21　LC 振荡电路

如图 6-21 所示，将自感为 L 的线圈、电容为 C 的电容器、电动势为 ε 的电源以及电键 K 连接成的电路称为 LC 电路。当电键 K 合向 1 时，电源对电容器充电，当电容器上充有电量 Q_0 后，突然将电键合向 2，充有电量的电容器将开始放电。在电容器放电完毕时，电容器中电场的能量为零，线圈中磁场的能量达到最大值，电场能全部转换为自感线圈的磁场能。此时，虽然电容器两极板上的电荷为零，但电流并不立即消失，由于线圈的自感作用，使感应电流的方向和原电流的方向一致，从而对电容器反向充电，在两极板间建立了与先前方向相反的电场。

当电容器两极板上的电量达到最大值时，反向充电结束，电路中的电流减小到零，线圈中的磁场也相应消失。至此，线圈中的磁场能量又全部转变为电容器极板间的电场能量。接着，电容器再通过线圈放电，电场能量再次转换为磁场能量。如此周而复始地重复下去，电路中就产生了周期性变化的电流，这种电荷和电流随时间作周期性变化的现象称为电磁振荡（electromagnetic oscillation）。

LC 振荡所形成的电场和磁场是不会显著地以电磁波的形式传播出去的，必须具备两个条件：一是振荡频率要高；二是电路要开放。要提高电磁振荡频率，就必须减少电路中线圈的自感 L 和电容器的电容 C。也就是增大电容器两极板间的距离和减小极板面积以减小 C，同时减少电感线圈的匝数来使 L 变小。所谓开放电路就是设法使电路中的电磁能辐射到空间中去，向外辐射电磁波。最后用导线的横截面积取代两极板的面积，并以线状导线代替螺线管，把电路改造为一条直导线。这样不仅能提高其辐射频率，而且使场所占的空间范围变大，电荷在其中来回振荡，两端出现交替的等量异号电荷，这样的电路称为偶极振子（electric dipole)。当 LC 回路向空间辐射能量时，电磁振荡的振幅会逐渐减少，为了使电磁振荡继续下去，必须给系统补充能量。

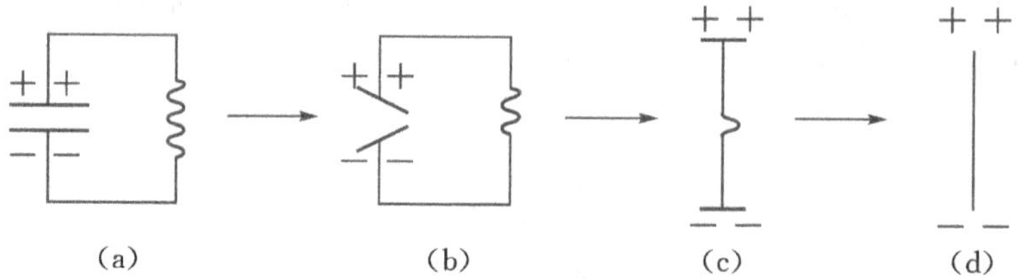

图 6-22 从 LC 振荡电路演变为偶极振子

电偶极振子周围的电磁场，可以用麦克斯韦方程组严格计算出来，这里只给出结论和简单的讨论，设偶极振子的电偶极距为

$$p = ql = lQ_0\cos\omega t = p_0\cos\omega t$$

在离偶极子足够远的地方，波阵面逐渐趋于球形。若以偶极振子的中心为原点，偶极振子激发的电磁场在足够远处为球面电磁波，其波的表达式为

$$\left.\begin{aligned} E &= \frac{\mu p_0\omega^2\sin\theta}{4\pi r}\cos\left[\omega\left(t-\frac{r}{u}\right)\right]\propto\frac{1}{r} \\ H &= \frac{\sqrt{\varepsilon\mu}\,p_0\omega^2\sin\theta}{4\pi r}\cos\left[\omega\left(t-\frac{r}{u}\right)\right]\propto\frac{1}{r} \end{aligned}\right\} \tag{6-54}$$

图 6-23 是偶极振子激发的球面电磁波的示意图，空间某点处的 $\boldsymbol{E}$，$\boldsymbol{H}$，$\boldsymbol{r}$ 相互垂直。当 r 很大时，式(6-54)振幅中的 r 和 $\sin\theta$ 可看成是恒量，这时电磁波可近似为平面简谐波，其电磁波的波表达式为

$$\left.\begin{aligned} E &= E_0\cos[\omega(t-\frac{r}{u})] \\ H &= H_0\cos[\omega(t-\frac{r}{u})] \end{aligned}\right\} \tag{6-55}$$

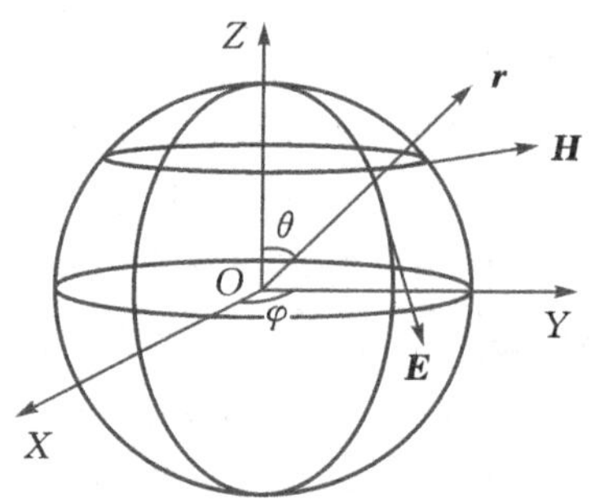

图 6-23 偶极子场

可见，平面电磁波可以看成是离场源非常远时的球面电磁波。理论和实践证明平面电磁波具有如下性质。

(1)平面电磁波是横波。电磁波中的电场强度 $\boldsymbol{E}$、磁场强度 $\boldsymbol{H}$ 和电磁波的传播速度 $\boldsymbol{u}$ 三者相互垂直，即 $\boldsymbol{E}\perp\boldsymbol{u}$，$\boldsymbol{H}\perp\boldsymbol{u}$，$\boldsymbol{E}\perp\boldsymbol{H}$，并且 $\boldsymbol{E}\times\boldsymbol{H}$ 的方向与 $\boldsymbol{u}$ 的方向相同。即 $\boldsymbol{E}$，$\boldsymbol{H}$，$\boldsymbol{u}$ 三者互相垂直且成右手螺旋关系。

(2)平面电磁波具有偏振性，沿给定方向传播的电磁波，电场强度 $\boldsymbol{E}$ 和磁场强度 $\boldsymbol{H}$ 分别在各自的平面上振动，而且它们具有相同的相位，这说明电场强度和磁场强度在传播过程中同时为零，同时达极大值，如图 6-24所示。

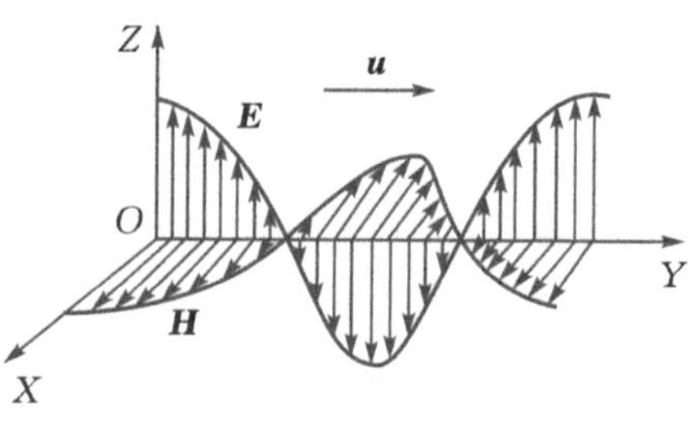

图 6-24 平面简谐波

(3)电磁波的传播速度取决于介质的性质 $u =$

$\frac{1}{\sqrt{\mu\varepsilon}}$。在真空中，将 μ_0，ε_0 的具体数值代入，计算可得电磁波在真空中的传播速度与光在真空中的传播速度相等，即

$$u_0 = \frac{1}{\sqrt{\mu_0\varepsilon_0}} = c = 3\times10^8\ m\cdot s^{-1}$$

这是光本性的反映，光波其实就是一定频率范围内的电磁波。

(4)电场强度 $\boldsymbol{E}$ 和磁场强度 $\boldsymbol{H}$ 的幅值成比例，波线上同一点的瞬时值之间也满足同样的比率，其结论为 $\sqrt{\varepsilon}E = \sqrt{\mu}H$。

6.6.2 电磁波的能量

电磁场是一种客观存在的物质形态，它具有能量。在各向同性介质中，电场和磁场的能量密度分别为 $\omega_e = \frac{1}{2}\varepsilon E^2$，$\omega_m = \frac{1}{2}\mu H^2$，因此电磁场的总能量密度为

$$\omega = \omega_e + \omega_m = \frac{1}{2}\varepsilon E^2 + \frac{1}{2}\mu H^2 = \sqrt{\varepsilon\mu}EH = \varepsilon E^2 = \mu H^2 \tag{6-56}$$

随着电磁波的传播，电磁波携带的电磁能量也以波速 $\boldsymbol{u}$ 沿波传播的方向向外传播。我们把单位时间内通过垂直于传播方向上单位面积的电磁能称为能流密度(*energy flux density*)，能流密度是矢量，又常称其为坡印亭矢量(*poynting vector*)，用 $\boldsymbol{S}$ 表示。如图 6-25所示，设 dA 为垂直于电磁波传播方向的一个面元，在介质不吸收电磁能量的条件下，在 dt 时间内，通过面积元 dA 的电磁能为

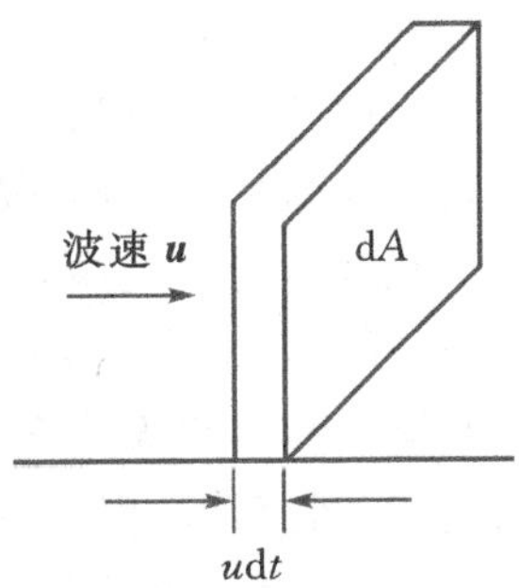

图 6-25 能流密度矢量计算

$$dW = \omega u \cdot dA \cdot dt$$

因此，能流密度矢量的量值为

$$S = \frac{dW}{dAdt} = \omega u = \frac{u}{2}(\varepsilon E^2 + \mu H^2) \tag{6-57}$$

把 $u = \frac{1}{\sqrt{\varepsilon\mu}}$ 和 $\sqrt{\varepsilon}E = \sqrt{\mu}H$ 的关系代入式(6-57)，得 $S = EH$。由于平面电磁波能流的方向与波传播方向相同，故 $\boldsymbol{S}$ 的方向与 $\boldsymbol{E}$ 和 $\boldsymbol{H}$ 的方向三者相互垂直，可用矢量式表示为

$$\boldsymbol{S} = \boldsymbol{E}\times\boldsymbol{H} \tag{6-54}$$

可见，$\boldsymbol{S}$ 表示能流密度的大小和方向，说明了电能、磁能分别属于电场、磁场中，并不为电荷、电流所携带，电磁场的能量也是由电磁场输送的，电流和运动电荷本身并不传送电磁场能量。

6.6.3 电磁波的波谱

人们按照电磁波的波长或频率大小的次序，把各种波长不同的电磁波排列成谱，并用图表示出来，这样图谱称为电磁波谱(electro－magnetic spectrum)，如图 6-26 所示。目前得到广泛应用的电磁波，有波长达 10^4 m 以上的，也有短至 10^{-14} m 以下的；有频率高达 10^{22} Hz 的，也有小到 10^4 Hz 的。电磁波的波长越长，频率越低。所有电磁波仅在波长(或频率)上有所差别，而在本质上完全相同，且波长不同的电磁波在真空中的传播速度与光速相等。

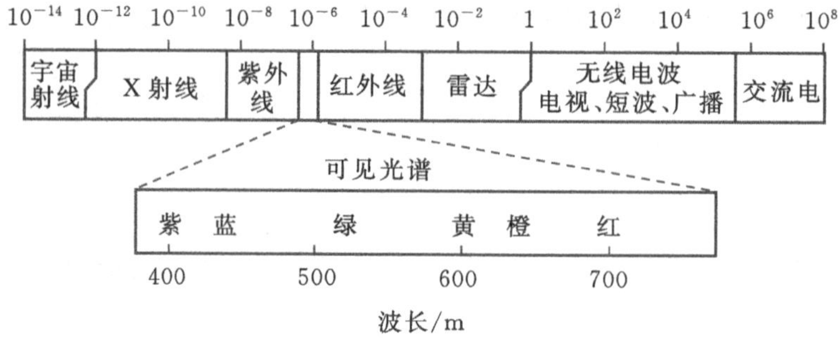

图 6-26 电磁波的波谱

在电磁波谱中，波长最长的是无线电波，无线电波按波长的不同又被分为长波、中波、短波、超短波、微波等波段，不同波长的电磁波有不同的用途。就其传播特性而言，长波、中波由于波长很长，衍射现象显著，所以从电台发射出去的电磁波能够绕过高山、房屋而传播到千家万户；短波的波长较短，衍射现象减弱，主要在地球外的电离层与地面间反射，故能传得很远。超短波、微波由于波长小而几乎只能按直线在空间传播，但因地球表面是球形的，故须设中继站，以改变其传播方向，使之克服地球形状将电信号传到远处。

炽热的物体、气体放电以及其他的光源发射的电磁波，是由分子或原子中的外层电子发生能级跃迁时发射的。波长在 760 nm 到 400 nm 范围内的电磁波，能引起视觉，称为可见光(visible light)，可见光在整个电磁波谱中只占很小的一部分。人眼所看见的不同颜色的光实际上是不同波长的电磁波，白光则是各种颜色的可见光的混合。波长最长的可见光是红光(620～760 nm)，波长最短的可见光是紫光(400～446 nm)。波长从 6×10^5 nm 到 760 nm 的电磁波称为红外线(infrared ray)，不引起视觉，但热效应特别显著；波长 400 nm 到 5 nm 的电磁波称为紫外线(ultraviolet ray)，也不引起视觉，但容易使被照射物体发生化学反应，有很强的杀菌本领。

X 射线可用高速电子流轰击金属靶产生，它是由原子中的内层电子发射的，波长约在 5 nm到 4×10^{-2} nm 范围内。X 射线穿透物质的本领很强，能使照相底片感光，也能使荧光屏发光，是医疗透视和检查金属部件内部损伤的重要根据。由于 X 射线的波长与晶体中原子间距的线度相近，因此在科学研究中常被用来分析晶体结构。

原子核内部状态的变化也能产生电磁辐射，称为 γ 射线。它的波长比 X 射线更短，波长在 4×10^{-2} nm 以下，穿透本领也更强。许多放射性同位素都发射 γ 射线，γ 射线有多方面的应用，研究 γ 射线可以帮助人们了解原子核的内部结构。

阅读材料 5 超导电性

超导是超导电性的简称，它是指金属、合金或其他材料在一定温度 T_c 以下电阻变为零的性质。超导现象是荷兰物理学家昂内斯(H. K. Onnes，1853—1926)首先发现的，由于他的这一发现获得了 1913 年的诺贝尔奖。

1. 超导现象

1911 年昂内斯在测量一个固态汞样品的电阻与温度的关系时发现，当温度下降到 4.2 K

附近时，样品的电阻突然减小到一个无法觉察出的小值(当时约为 $1\times10^{-5}\,\Omega$)，如图 6-27 所示。该曲线表示在低于 4.15 K 的温度下汞的电阻率为零(作为对比，在图 6-27 中用虚线画出了正常金属铂的电阻率随温度变化的关系)。

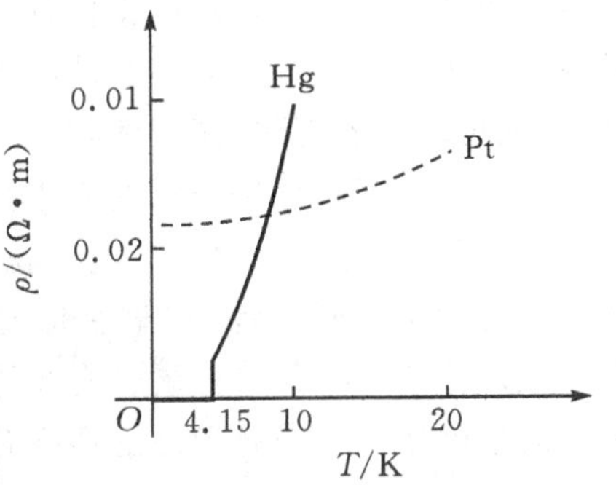

图 6-27　汞和金属铂的电阻率随温度的变化关系

超导现象有许多特性，其中最主要的有 3 个，即零电阻效应、完全抗磁性效应(Meissner 效应)和约瑟夫森效应(Josephson 效应)。

(1)零电阻效应。临界温度 T_c 是物态常量，同一种材料在相同的条件下有严格的确定值。到目前为止，人们发现相当一部分元素在各种条件下出现超导电性。镧、钇、铋、铊四大系列氧化物超导体的临界温度值稳定在 77～120 K，最高可达 125 K，是目前发现的临界温度最高的超导体。

同时，科学家们还发现，强磁场能破坏超导状态。每一种超导材料除了有一定的临界温度 T_c 外，还有一个临界磁场强度 H_c，当外界磁场超过 H_c 时，即使采用低于 T_c 的温度也不可能获得超导态。对一定的超导体，临界磁场不仅与物质的性质有关，而且还是温度的函数。

当超导体中有电流通过时，无阻的超流态要受到电流大小的限制，因为这一电流本身也会产生磁场，当电流值达到某一临界值的时候，超导电性也要被破坏，超导体将恢复到正常态，对大多数超导金属元素，正常态的恢复是突变的，这个能破坏超导电性的最小电流，称为临界电流，用 I_c 表示。

(2)完全抗磁性效应(Meissner 效应)。超导电性被发现之后的很长一段时间，人们一直认为磁场对超导体的作用如同对理想导体的作用。直到 1933 年，德国物理学家迈斯纳(Meissner)和奥奇森菲尔德(Ochsenfeld)观察到，磁场中的锡样品冷却为超导体时，能排斥磁场进入样品内部，保持体内磁感应强度等于零。超导体的这一性质称为完全抗磁性效应或 Meissner 效应。

(3)约瑟夫森效应(Josephson 效应)。1962 年，英国剑桥大学卡文迪许实验室物理研究生，20 岁的约瑟夫森(Josephson)提出，应用电子对通过超导-绝缘层-超导隧道元件，即一对对电子能成伴地从势垒中贯穿过去。作为超导载体能以一定概率贯穿势垒。例如，在两层超导物质间夹有厚度为纳米量级的绝缘层，若通过连线导入电流，该电流则以电阻为零的状态流动，超导体的这一性质称为约瑟夫森效应(Josephson 效应)或双电子隧道效应。

除了前面提到的超导现象的 3 种特性以外，超导还有很多特性，如二级相变效应、单电子隧道效应等。

2. 超导体的应用

超导体的特性，如零电阻性、完全抗磁性、隧道效应等以及在强磁场中能承受很大的超导电流和它在发生超导态和正常态转变时的物理性能的变化，已开始在能源、工业、交通、医疗、航天、国防和科学实验等领域中得到应用，并显示出突出的优点和广阔的前景。超导技术用于电力输送，可以节省大量能源；用于磁疗上的核磁共振成像，可以在不接触人体的条件下，检查人体的种种疾病；用于分离技术，可以将小到病毒大到矿石的颗粒分离出来；用于电子计算机，可以大幅度地缩小体积，提高计算速度，降低成本；用于交通，可以制成磁悬浮列车；用于测量，可以制成超导核磁共振断层摄像仪和超导量子干涉仪。此外，在一些科学研究装置中，从小型磁体到同步加速器等大规模系统的磁体，都可用超导磁体取而代之。这样，既可以提高设备的效率，又可以节省能源，减少体积。

最后提一下超导磁悬浮的应用。设想在列车下部装上超导线圈，当它通有电流而列车启动后，就可以悬浮在铁轨上。这样就大大减小了列车与铁轨之间的摩擦，从而可以提高列车的速度。有的工程师设计，在车速超过 200km/h 的情况下，超导磁悬浮列车比利用轮子的列车更安全。目前，在德、日等国已有超导磁悬浮列车在做实验短途运行，速度已达 500km/h。我国上海也已建成一段超导磁悬浮铁路。

3. 高温超导

从超导现象被发现之后，科学家们一直寻求在较高温度下具有超导电性的材料，然而到 1985 年所能达到的最高超导临界温度也不过 32 K，所用材料是 Nb_3Ge。1986 年 4 月，美国 IBM 公司的缪勒(K. A. Müller，1927—)和柏诺兹(J. G. Bednorz，1950—)博士宣布钡镧铜氧化物在 35 K 时出现超导现象。1987 年，超导材料的研究出现了划时代的进展。先是年初华裔美籍科学家朱经武、吴茂昆宣布制成了转变温度为 98 K 的钇钡铜氧超导材料。其后在 1987 年 2 月 24 日中科院的新闻发布会上宣布，物理所赵忠贤、陈立泉等 13 位科技人员制成了主要成分为钇钡铜氧 4 种元素的钡基氧化物超导材料，其零电阻的温度为 78.5 K。几乎同一时期，日本、苏联等国的科学家也获得了类似的成功。这样，科学家们就获得了液氮温区的超导体，从而把人们认为到 2000 年才能实现的目标大大提前了。这一突破性的成果可能带来许多学科领域的革命，它将对电子工业和仪器设备产生重大影响，并为实现电能超导输送、数字电子学革命、大功率电磁铁和新一代粒子加速器的制造等提供实际的可能。

目前，中国在高温超导材料的研制方面仍处于世界领先地位。具体的成果有：钇钡铜氧材料临界电流密度可达 6000 A/cm^2，同样材料的薄膜临界电流密度可达 11^6 A/cm^2。利用自制超导材料已可测到 2×10^{-12} T 的极弱磁场(这相当于人体内肌肉电流的磁场)，新研制的铋铅锑锶钙铜氧超导体的临界温度已达 132 K 到 164 K，中国科学家在超导理论方面也正做着富有开创性的工作。

思考题

6－1 电动势与电势差有什么区别？电场强度 E 与非静电性场强 E_k 有什么不同？

6－2 感应电动势的大小由什么因素决定？引起回路中感应电动势的是回路中 $\boldsymbol{B}$ 通量变化还是 $\boldsymbol{H}$ 通量变化？说明理由。

6－3 手握磁铁插入闭合金属圆环，一次是缓慢地插入，一次是迅速地插入，在其他条件相同的情况下，试问两次产生的感应电量是否相同？手对磁铁所做的功是否相等？

6－4 根据公式 $E=\int_a^b(v\times B)\cdot dl=\int_a^b vB\sin\theta\cos\varphi dl$ 画出满足下列条件：① $\theta=\frac{\pi}{2},\varphi=\frac{\pi}{2}$；② $\theta=\frac{\pi}{2},\varphi=\frac{\pi}{3}$；(3) $\theta=\frac{\pi}{3},\varphi=0$ 时，导体棒 ab 在磁场中运动的情况，并计算 E 的大小。你能否由以上讨论，得出只有导体作切割磁力线运动时，才产生动生电动势的结论？

6－5 如思考题 6－5 图中所示为一观察电磁感应现象的装置。左边 a 为闭合导体圆环，

右边 b 为有缺口的导体圆环，两环用细杆连接支在 O 点，可绕 O 在水平面内自由转动。用足够强的条形磁铁的任何一极插入圆环。当插入环 a 时，可视察到向后退；插入环 b 时，环不动，试解释所观察到的现象。

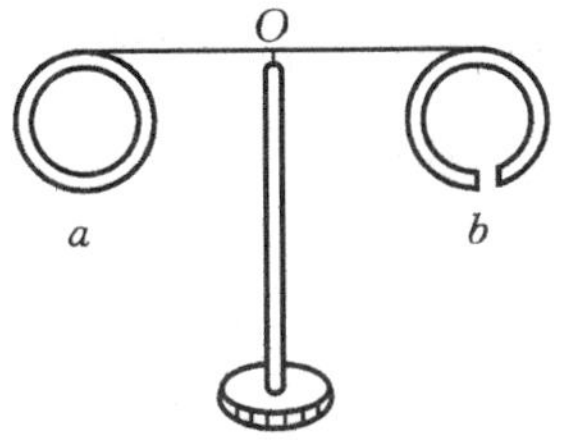

思考题 6－5 图

当用 S 极插入环 a 时，环中的感应电流方向如何？

6－6　试讨论动生电动势与感生电动势的共同点和不同点。

6－7　如果将一条形磁铁插入一橡胶制成的圆环中，在插入过程中环内有无感生电动势？有无感生电流？为什么？

6－8　将尺寸完全相同的铜环和铅环适当放置，使通过两环内的磁通量的变化率相等。问这两个环中的感应电流及感应电场是否相等？

6－9　怎样绕制螺线管，使其自感为零？怎样放置两个相距不远的线圈，使其互感最大？

6－10　3 个线圈中心在一条直线上，相隔的距离很近，如何放置可使它们两两之间的互感系数为零？

6－11　$E_L=-L\dfrac{dI}{dt}$ 与 $E_M=-M\dfrac{dI}{dt}$ 两式的形式相似，试说明它们各自的物理含义。

6－12　如果电路中通有强电流，当你突然打开刀闸断电时，就有一团火花跳过刀闸。试解释这一现象。

6－13　试从下列几方面对传导电流和位移电流进行比较：①起因，②量纲，③与磁场的关系，④能在哪些物质中存在，⑤热效应。

6－14　麦克斯韦方程组中的两个高斯定理与静电场和恒定磁场高斯定理形式相同，其物理意义是否相同？试说明之。

6－15　什么是平面电磁波，以平面电磁波为例简述电磁波的特性。

习　题

6－1　一根无限长平行直导线载有电流 I，一矩形线圈位于导线平面内沿垂直于载流导线方向以恒定速率运动，如习题 6－1 图所示，则(　　)。

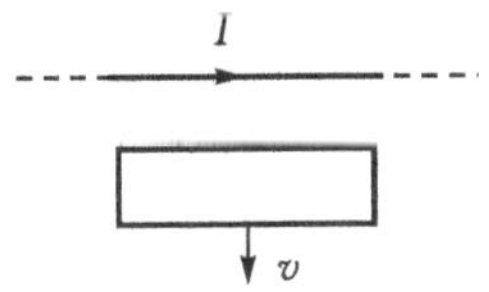

习题 6－1 图

(A) 线圈中无感应电流

(B) 线圈中感应电流为顺时针方向

(C) 线圈中感应电流为逆时针方向

(D) 线圈中感应电流方向无法确定

6－2　将形状完全相同的铜环和木环静止放置在交变磁场中，并假设通过两环面的磁通量随时间的变化率相等，不计自感时则(　　)。

(A) 铜环中有感应电流，木环中无感应电流

(B) 铜环中有感应电流，木环中有感应电流

(C) 铜环中感应电动势大，木环中感应电动势小

(D) 铜环中感应电动势小，木环中感应电动势大

6－3　有两个线圈，线圈 1 对线圈 2 的互感系数为 M_{21}，而线圈 2 对线圈 1 的互感系数为

M_{12}。若它们分别流过 i_1 和 i_2 的变化电流且 $\left|\frac{\mathrm{d}i_1}{\mathrm{d}t}\right| < \left|\frac{\mathrm{d}i_2}{\mathrm{d}t}\right|$，并设由 i_2 变化在线圈 1 中产生的互感电动势为 ε_{12}，由 i_1 变化在线圈 2 中产生的互感电动势为 ε_{21}，下述论断正确的是（　　）。

(A) $M_{12} = M_{21}$，$\varepsilon_{21} = \varepsilon_{12}$　　(B) $M_{12} \neq M_{21}$，$\varepsilon_{21} \neq \varepsilon_{12}$

(C) $M_{12} = M_{21}$，$\varepsilon_{21} < \varepsilon_{12}$　　(D) $M_{12} = M_{21}$，$\varepsilon_{21} > \varepsilon_{12}$

6-4　对位移电流，下述 4 种说法中哪一种说法是正确的（　　）。

(A) 位移电流的实质是变化的电场

(B) 位移电流和传导电流一样是定向运动的电荷

(C) 位移电流服从传导电流遵循的所有定律

(D) 位移电流的磁效应不服从安培环路定理

6-5　下列概念正确的是（　　）。

(A) 感应电场是保守场

(B) 感应电场的电场线是一组闭合曲线

(C) $\Phi_{\mathrm{m}} = LI$，因而线圈的自感系数与回路的电流成反比

(D) $\Phi_{\mathrm{m}} = LI$，回路的磁通量越大，回路的自感系数也一定大

6-6　如习题 6-6 图所示，磁感应强度 $\boldsymbol{B}$ 垂直于线圈平面向里，通过线圈的磁通量按下式关系随时间变化 $\Phi = 6t^2 + 7t + 1$，式中 Φ 的单位为 mWb，时间的单位为 s，问：①当 $t = 2.0$ s 时，回路中的感应电动势的大小是多少？②通过 R 的电流方向是什么？

6-7　一铁心上绕有线圆 111 匝，已知铁心中磁通量与时间的关系为 $\Phi_m = 1.6 \times 10^{-5} \sin 100\pi t$，式中 Φ_{m} 的单位为 Wb，t 的单位为 s。求在 $t = 1.0 \times 10^{-2}$ s 时，线圈中的感应电动势。

6-8　直导线 ab 以速率 v 沿平行于直导线的方向运动，ab 与直导线共面，且与它垂直，如习题 6-8 图所示，设直导线中的电流强度为 I，导线 ab 长为 L，a 端到直导线的距离为 d，求导线 ab 中的动生电动势，并判断哪端电势较高。

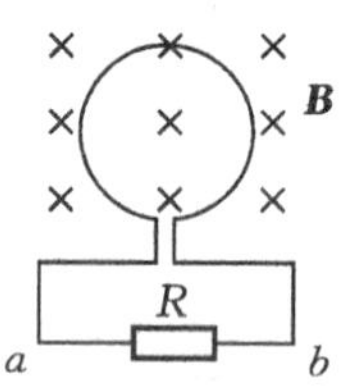

习题 6-6 图

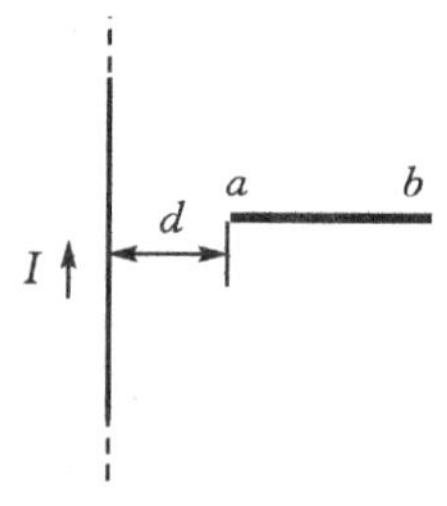

习题 6-8 图

6-9　有一测量磁感强度的线圈，其截面积 $S = 4.0\ \mathrm{cm}^2$，匝数 $N = 160$ 匝，电阻 $R = 50\ \Omega$。线圈与一内阻 $R_i = 30\ \Omega$ 的冲击电流计相连。若开始时，线圈的平面与均匀磁场的磁感应强度 $\boldsymbol{B}$ 相垂直，然后线圈的平面很快地转到与 $\boldsymbol{B}$ 的方向平行，此时从冲击电流计中测得电荷值 $q = 4.0 \times 10^{-5}$ C。问此均匀磁场的磁感应强度 $\boldsymbol{B}$ 的值为多少？

6-10　如习题 6-10 图所示，把一半径为 R 的半圆形导线 OP 置于磁感应强度为 $\boldsymbol{B}$ 的均匀磁场中，当导线以速率 $\boldsymbol{v}$ 水平向右平动时，求导线中感应电动势 ε 的大小，哪一端电势较高？

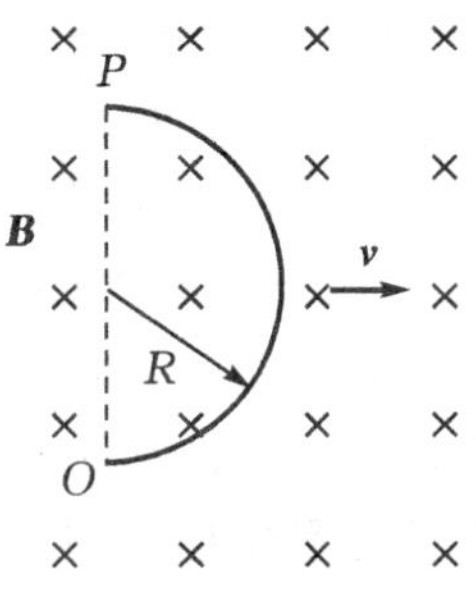

习题 6-10 图

6-11　如习题 6-11 图所示，一边长为 a 的正方形线圈，在磁感应强度为 $\boldsymbol{B}$ 的匀强磁场中绕 OO' 轴每秒转动 n 圈。求：①线圈从图示位置转过 45° 时 ε 的大小。②线圈转动时感应电动势最大值及该时刻的角位置。③线圈电阻为 R，当线圈从图示位置转过 180° 时，通过导线任一截面的电量 q。

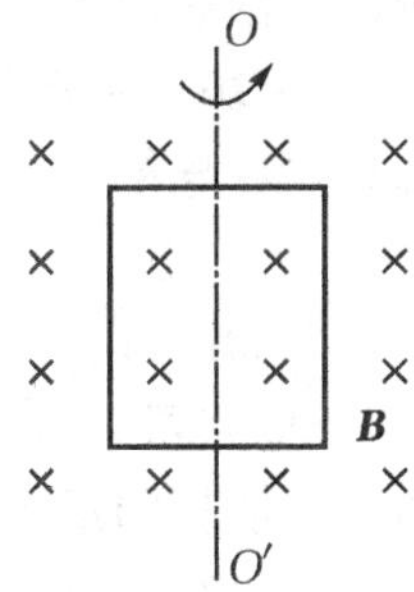

习题 6-11 图

6-12　如习题 6-12 图所示，一长直导线中通以交变电流 $I = I_0\sin(2\pi t)$，旁边有一长为 a、宽为 b 的 N 匝矩形线圈，线圈与导线共面，长度为 a 的边与导线平行，相距为 d。求线圈中的感应电动势。

6-13　半径为 $R = 2.0$ cm 的无限长直载流密绕螺线管，管内磁场可视为均匀磁场，管外磁场可近似看作 0。若通电电流均匀变化，使得磁感应强度 $\boldsymbol{B}$ 随时间的变化率 $\frac{\mathrm{d}\boldsymbol{B}}{\mathrm{d}t}$ 为常量，且为正值，试求：① 管内外由磁场变化激发的感生电场分布。②如 $\frac{\mathrm{d}B}{\mathrm{d}t} = 0.010\ \mathrm{T\cdot s^{-1}}$，求距螺线管中心轴 $r = 5.0$ cm 处感生电场的大小和方向。

6-14　一边长为 a 及 b 的矩形导线框，它的长为 b 的边与已载有电流为 I 的长直导线平行，其中一条边与长直导线相距为 c，$c>a$，如习题 6-14所示。今线框以此边为轴以角速度 ω 均匀旋转，求框中的感应电动势 ε。

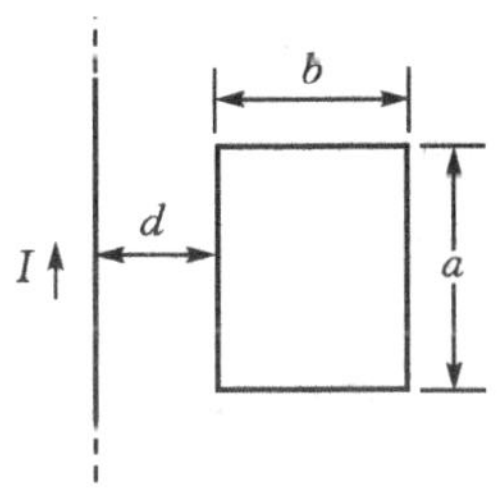

习题 6-12 图

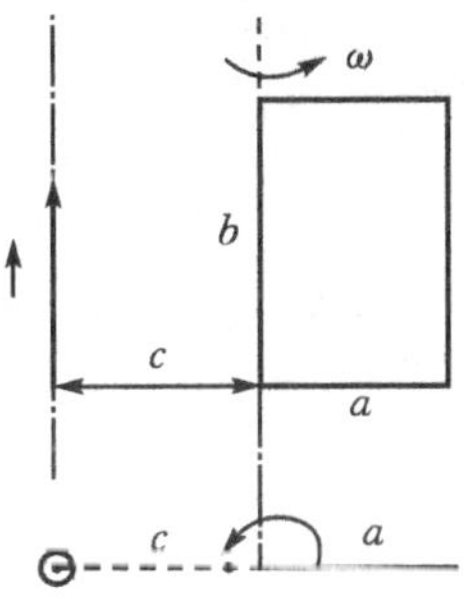

习题 6-14 图

6-15　如习题 6-15 图所示，半径为 a 的细长螺线管中有均匀磁场，一直线弯成等腰梯形闭合回路如图放置。已知梯形上底长为 a，下底长为 $2a$，求各边产生的感应电动势和回路中的总电动势。

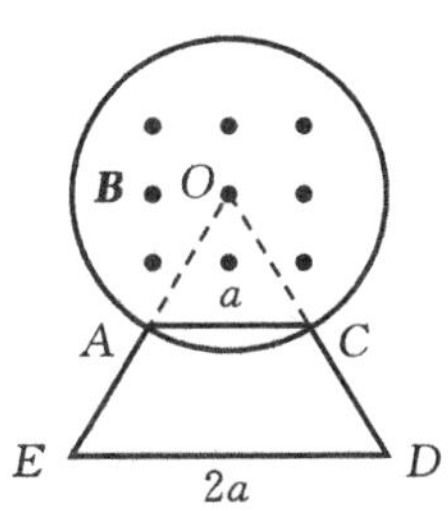

习题 6-15 图

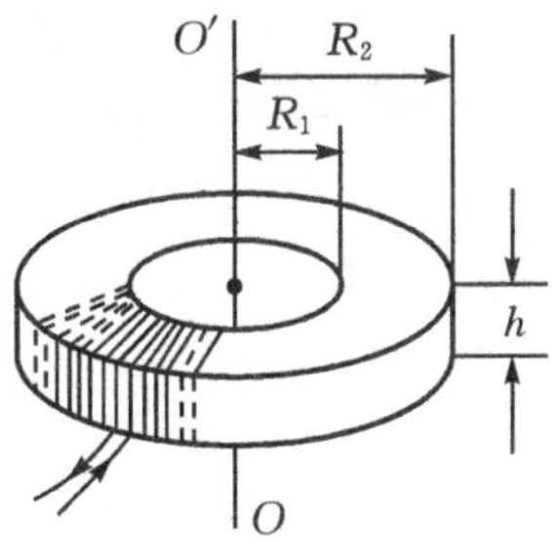

习题 6-16 图

6-16 截面积为长方形的环形均匀密绕螺绕环，其尺寸如习题 6-16 图所示，共有 N 匝（图中仅画出少量几匝），求该螺绕环的自感 L。

6-17 有两根半径均为 a 的平行长直导线，它们中心距离为 d。试求长为 l 的一对导线的自感（导线内部的磁通量可略去不计）。

6-18 一圆形线圈 A 由 50 匝细线绕成，其面积为 4 cm^2，放在另一个匝数等于 111 匝，半径为 20 cm 的圆形线圈 B 的中心，两线圈同轴，设线圈 B 中的电流在线圈 A 所在处激发的磁场可看作均匀的。求两线圈的互感。

6-19 一无限长直导线，截面各处的电流密度相等，总电流为 I。试证：单位长度导线内所储藏的磁能为 $\mu_0 I^2/16\pi$ 。

6-20 一环状铁芯绕有 100 匝线圈，环的平均半径 $R=8.0$ cm，截面积 $S=1.0$ cm^2；铁芯的相对磁导率 $\mu_r = 500$ 。当线圈中通有电流 $I=1.0$ A 时，铁芯内的磁能密度和总磁能各为多少？

6-21 由一个电容 $C = 4.0$ μF 的电容器和一个自感为 $L = 10$ mH 的线圈组成的 LC 电路，当电容器上电荷的最大值 $Q_0 = 6.0\times 10^{-5}$ C 时开始做无阻尼自由振荡，试求：①电场能量和磁场能量的最大值；②当电场能量和磁场能量相等时，电容器上的电荷量。

6-22 一个沿负 z 轴方向传播的平面电磁波，其电场强度沿 X 轴方向，传播速度为 c，在空间某点的电场强度为 $E_x = 300\cos(2\pi\nu t + \frac{\pi}{3})\,\text{V}\cdot\text{m}^{-1}$，试求在同一点的磁场强度表达式，并用图表示电场强度和传播速度之间的相互关系。

第 7 章

正弦交流电路

日常生活和工业生产中使用的大多是交流电。大部分发电机发出的也是交流电，这是由于交流电的产生、输送和使用都比较方便。大小和方向随时间作周期性变化的电压、电流和电动势统称为交流电。交流电路比直流电复杂得多，因为变化的电流会产生变化的磁场，而变化的磁场在电路中又会产生感应电动势。交流电有多种类型，其中最简单而又最基本的一种是随时间做简谐变化的交流电，常称为简谐交流电。本章分析在简谐交流电路中 R、L、C 三种元件的作用，并介绍计算和分析交流电路的基本原理和方法。

7.1 正弦交流电压、电流及电动势

日常所用的交流电源(含信号源)其电压、电流和电动势一般都是随时间按正弦规律变化的，故称之为正弦交流电或正弦交流信号，统称正弦量。正弦量可用三角函数式表示，例如正弦交流电流、电压和电动势的瞬时值可表示为

$$
\begin{aligned}
i &= I_{\mathrm{m}}\sin(\omega t+\varphi_i)\\
u &= U_{\mathrm{m}}\sin(\omega t+\varphi_u)\\
e &= E_{\mathrm{m}}\sin(\omega t+\varphi_e)
\end{aligned}
\tag{7-1}
$$

其中 I_{m}，U_{m} 和 E_{m} 分别为电流、电压和电动势在变化过程中出现的最大值(幅值)，ω 为角频率，ψ 为初相位。正弦交流电波形如图 7－1 所示。

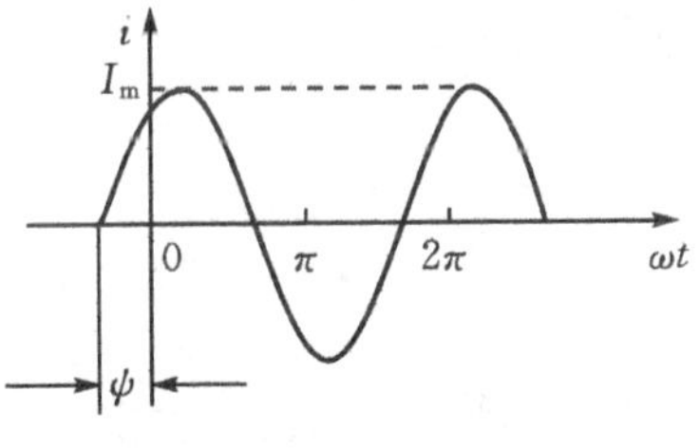

图 7－1　正弦交流电波形图

幅值、角频率、初相位分别表征正弦变化的大小、快慢和初始值，它们是确定一个正弦量的三个要素(参量)。下面分别对它们进行讨论。

1. 周期、角频率

正弦量变化一周所需的时间称为周期，用 T 表示，单位为秒(s)。每秒钟变化的次数称为频率，用 f 表示，单位为赫兹(Hz)。周期和频率的关系为

$$f=\frac{1}{T} \tag{7-2}$$

我国和世界上很多国家电网工业频率(简称工频)为 50 Hz,美国、日本等国家的工频为 60 Hz。高频加热炉频率为 200～300 kHz。无线电通信频率为 30 kHz～3×10^4 MHz。

正弦量变化的快慢还可用角频率 ω 来表示,因为正弦量一周期内经历弧度为 2π,所以其角频率为

$$\omega=\frac{2\pi}{T}=2\pi f \tag{7-3}$$

它的单位为弧度每秒(rad/s)。

2. 有效值

正弦量在任一瞬间的值称为瞬时值,用小写字母表示,如 i,u,e 分别表示电流、电压和电动势的瞬时值。瞬时值中最大的值称为最大值(或幅值),用带下标 m 的大写字母表示,如 I_m,U_m 和 E_m 分别表示电流、电压和电动势的最大值。

在直流电中,比较容易确定电流和电压及电动势的值。对交流电而言,由于其值随时间迅速变化,这一刻电流值与下一刻的电流值是不同的。在实际工作中,使用交流电的目的是使用交流电产生的效应,如电灯、电炉是利用交流电的热效应。人们常常通过交流电流产生的效应来衡量交流电的大小。即计量交流电大小的既不是瞬时值,也不是最大值,而是用交流电的有效值。它是这样定义的:如果某一个周期交流电流 i 通过电阻 R 在一个周期 T 内产生的热量和另一个直流电流 I 通过同样大小的电阻在相等的时间内产生的热量相等,则把这一直流电流 I 的值定义为该交流电流 i 的有效值。据此可得

$$Q=\int_0^T i^2R\mathrm{d}t=I^2RT$$

根据交流电的定义

$$I=\sqrt{\frac{1}{T}\int_0^T i^2\,\mathrm{d}t} \tag{7-4}$$

即交流电的有效值为其瞬时值的均方根值。故有效值又称为方均根值。

将正弦交流电流 $i=I_m\sin(\omega t+\psi)$ 代入式(7-4),简谐交流电流的有效值为

$$I=\sqrt{\frac{1}{T}\int_0^T I_m^2\sin^2(\omega t+\psi)\mathrm{d}t}=\sqrt{\frac{1}{T}I_m^2\int_0^T\frac{1-\cos2(\omega t+\psi)}{2}\mathrm{d}t}=\frac{I_m}{\sqrt{2}}$$

其小于峰值。同理,对于正弦电压和电动势,有

$$I=\frac{1}{\sqrt{2}}I_m=0.707I_m \tag{7-5}$$

$$U=\frac{1}{\sqrt{2}}U_m=0.707U_m \tag{7-6}$$

$$E=\frac{1}{\sqrt{2}}E_m=0.707E_m \tag{7-7}$$

由式(7-5),(7-6),(7-7)可见,正弦量的最大值是有效值的 $\sqrt{2}$ 倍,式中大写字母 I ,U 和 E 分别表示电流、电压和电动势的有效值。

各种交流测量仪表所指示的电压、电流的数值都是指的有效值。平时我们所说的交流电压和电流的大小,例如交流电压 220V 和 380V 也是有效值。

3. 初相位

与简谐振动相类似,在峰值和频率(周期)确定后,交流电的瞬时值由 $(\omega t+\psi)$ 决定。正弦

量在不同时刻 t 由于具有不同的 $(\omega t+\psi)$ 值，正弦量也就变化到不同的数值，所以 $(\omega t+\psi)$ 反映出正弦量变化的进程，称为正弦量的相位角，简称相位。ψ 为 $t=0$ 时刻的相位，称为初相位。显然，初相位与所选时间的起点有关。原则上，计时的起点是可以任选的。但同一个电路中所有的电流、电压和电动势只能有一个共同的计时起点。初相位决定了 $t=0$ 时正弦量的大小和正负。一般选择 $|\psi|\leqslant\pi$ 。相位是交流电路的一个很重要的物理量，交流电路的许多特性都与其有关。相位和相位差的概念是直流电路中没有的，而交流电的复杂性和多样性多表现在这里。

在同一线性正弦交流电路中，电压、电流与电源的频率是相同的，但初相位不一定相同。两个同频率的正弦量的相位之差称为相位差，用 φ 表示，如图 7-2 所示。

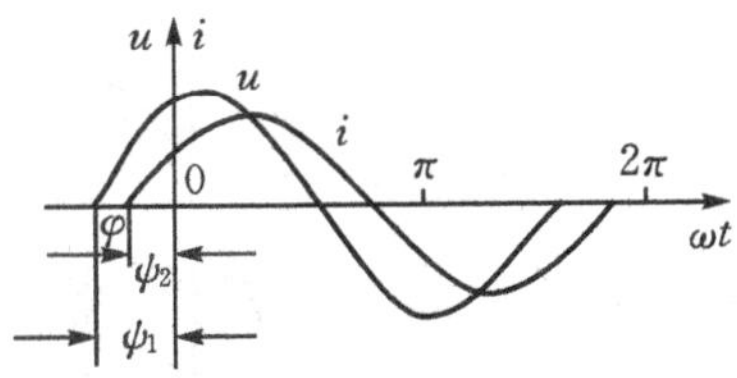

图 7-2　u 和 i 的相位差

$$u=U_{\mathrm{m}}\sin(\omega t+\psi_1)\ ;\ i=I_{\mathrm{m}}\sin(\omega t+\psi_2)$$

它们的相位差：

$$\varphi=(\omega t+\psi_1)-(\omega t+\psi_2)=(\psi_1-\psi_2)$$

可见，同频率正弦量的相位差也就是初相位之差。

当两个同频率的正弦量的计时起点($t=0$)改变时，它们的相位和初相位也随之改变，但两者之间的相位差保持不变。值得注意的是：①两同频率的正弦量之间的相位差为常数，与计时的选择起点无关。②不同频率的正弦量相比较无意义。

由图 7-2 可见，由于 $\psi_1>\psi_2$ ，$\varphi=\psi_1-\psi_2>0$ ，所以，u 较 i 先到达正的最大值(或零值)，这时称在相位上 u 比 i 超前 φ 角，或称 i 比 u 滞后 φ 角；若 $\varphi<0$，则正好相反。若 $\varphi=0$，即 $\psi_1=\psi_2$ ，则称 u 和 i 相位相同，或称 u 与 i 同相，如图 7-3(a)所示。若 $\varphi=\pm\pi$ ，则称 u 与 i 相位相反，或称 u 与 i 反相，如图 7-3(b)所示。

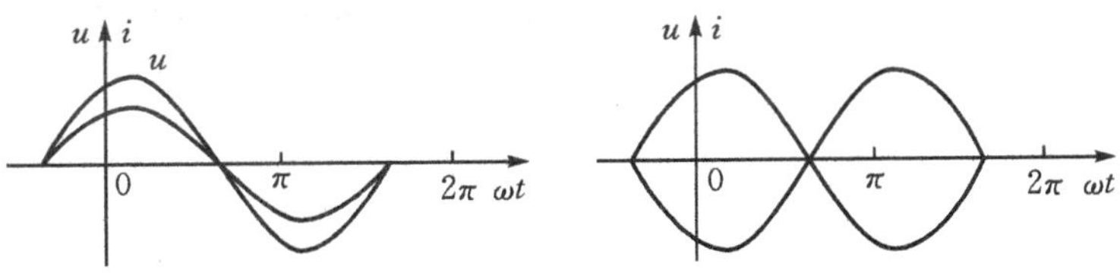

(a)同相　　(b)反相

图 7-3　同频率正弦量的同相与反相

7.2　简谐交流电的振幅矢量表示法

表示简谐交流电的方法很多，任何一种表示法的目的是把交流电的瞬时值表示出来，即把交流电的峰值或有效值、频率或周期及初相位三个参量表示出来。如 7-1 节所述，正弦量有幅值、频率及初相位 3 个要素，可用三角函数式和波形图表示一个正弦量。在交流电路的分析和计算中，常需将频率相同的正弦量进行加减等运算，甚至进行微分和积分运算，若采用三角运算和波形图法都不够方便。因此，正弦交流电常用相量表示，以便将三角运算简化成复数形式的代数运算。

在如图 7-4(a)所示的复平面中，设有一个长度为 r，与实轴正方向夹角(初始角)为 ψ，角速度为 ω，逆时针方向旋转的矢量 $\boldsymbol{A}$，其在任一瞬间在虚轴上的投影为 $r\sin(\omega t+\psi)$，波形如图 7-4(b)所示。正好与正弦交流电的波形图相同。因而，如果用一个旋转矢量来表示正弦量，就是用矢量的长度、旋转角速度和初始角分别代表正弦量的最大值、角频率和初相位，那么同频率正弦量之间的三角运算可以简化为复平面中的矢量运算。

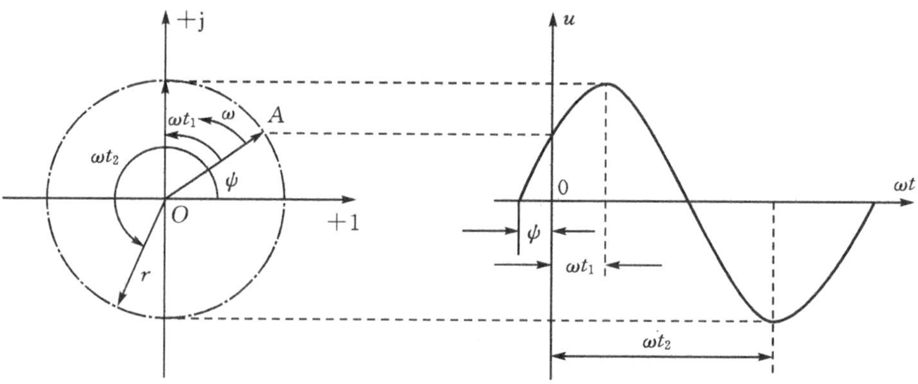

(a)旋转矢量　　(b)波形

图 7-4　复平面的旋转矢量

由于同频率的正弦量用旋转矢量表示时，它们的旋转角速度相等，任一瞬间它们的相对位置不变。为简化运算，可以将它们固定在初始位置，用复平面中处于起始位置的固定矢量来表示一个正弦量，如图 7-5 所示，由于正弦交流电不是矢量，故称该表示正弦量的固定矢量为相量，并用大写字母上面加“·”的方式表示。如果相量长度等于最大值则称为最大值相量，符号为 $\dot{U}_{m}$，$\dot{I}_{m}$，$\dot{E}_{m}$，如图 7-6 所示。该图又称相量图。

由于正弦量的大小通常是用有效值表示的，且 $I=\dfrac{I_{m}}{\sqrt{2}}$。故正弦量也可用复平面中长度等于正弦量的有效值，初始角等于正弦量的初相位的固定矢量来表示，并称之为有效值相量，用 $\dot{U}$，$\dot{I}$，$\dot{E}$ 表示，如图 7-6 所示。

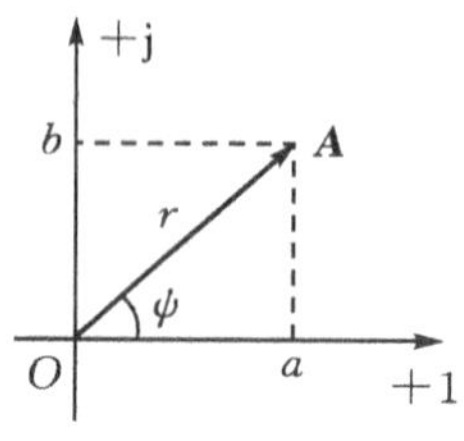

图 7-5　矢量与复数

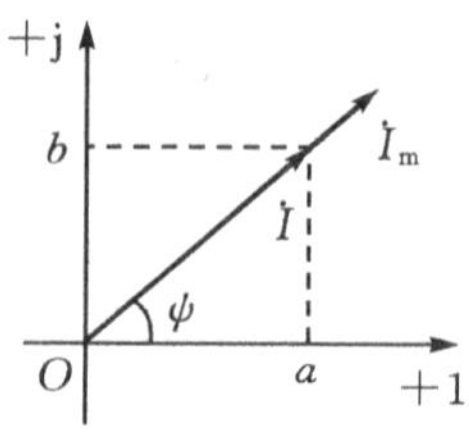

图 7-6　向量图

复平面中的任一矢量都可以用复数来表示，因而相量也可以用复数来表示。如图 7-5 所示复平面上的矢量 $\boldsymbol{A}$，长度为 r，与实轴正方向的夹角为 ψ，在实轴上的投影为 a，在虚轴上的投影为 b。需要说明的是正弦量可以有 4 种表示法，它们之间可以相互转化，但绝对不能直接让它们相等。正弦量可用下面4种表示方法。

(1)代数式：
$$A = a + \mathrm{j}b \tag{7-8}$$
(2)极坐标式：
$$A = r\angle\psi \tag{7-9}$$
(3)指数式：
$$A = r\mathrm{e}^{\mathrm{j}\psi} \tag{7-10}$$
(4)三角函数式：
$$A = r\cos\psi + \mathrm{j}r\sin\psi \tag{7-11}$$
它们之间的关系为
$$r = \sqrt{a^2 + b^2} \qquad \psi = \arctan\frac{b}{a} \tag{7-12}$$
$$a = r\cos\psi \qquad b = r\sin\psi \tag{7-13}$$

利用这些关系可在四种表达式中进行转换。一般来说，复数的加减运算用代数式，其实部与实部相加减，虚部与虚部相加减；乘除运算常用极坐标式，两复数的模相乘除，辐角相加减。

其中 $\mathrm{j} = \sqrt{-1}$ 是虚数的单位，根据式(7-8)其极坐标式为 $\mathrm{j} = 1\angle 90°$；同理 $-\mathrm{j} = 1\angle -90°$。

在复数运算中，当一个复数乘上j时，其模不变，辐角增大90°；而当一个复数除以j(或乘-j)时，其模不变，辐角减少90°。相量的复数表达式即为正弦量的相量表示式。

据此，两个同频率的正弦量为
$$i = 4\sqrt{2}\sin(3.14t + 30°)\ \mathrm{A};\ u = 40\sqrt{2}\sin(3.14t + 45°)\ \mathrm{V}$$
用最大值相量表示为
$$\dot{I}_\mathrm{m} = 4\sqrt{2}\angle 30°\ \mathrm{A};\quad \dot{U}_\mathrm{m} = 40\sqrt{2}\angle 45°\ \mathrm{V}$$
有效值相量表示为
$$\dot{I} = 4\angle 30°\ \mathrm{A};\quad \dot{U} = 40\angle 45°\ \mathrm{V}$$

其相量图如图7-7所示。

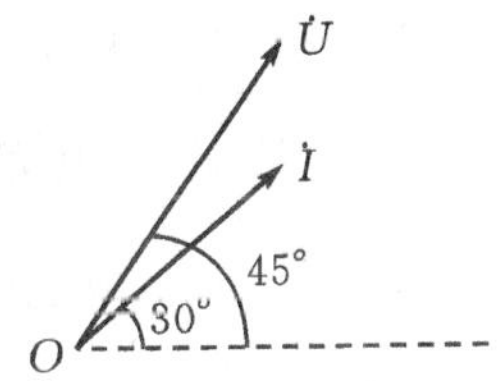

图7-7　i 与 u 的相量图

但必须注意，正弦量可以用相量表示，但正弦量并非矢量。例如 $\dot{U}_\mathrm{m} = U\angle\psi_u \neq U_\mathrm{m}\sin(\omega t + \psi_u)$，读者应注意区分 i，I_m，I，$\dot{I}_\mathrm{m}$，$\dot{I}$(或 u，U_m，U，$\dot{U}_\mathrm{m}$，$\dot{U}$)5种符号的不同含义。需要注意的是：正弦量是时间的函数，而相量仅仅是表示正弦量的复数，两者不能画等号；只有正弦量才能用相量表示。

在线性正弦交流电路中，由于电压、电流全部是同频率的正弦量。可以导出基尔霍夫定律的相量式，也就是 $\sum i = 0$ 和 $\sum u = 0$ 的相量形式可表示为
$$\mathrm{KCL:}\quad \sum\dot{I} = 0 \tag{7-14}$$
它可表述为：在正弦交流电路中，对于任意时刻的任意节点，流入和流出该节点的各支路电流的代数和恒等于零。
$$\mathrm{KVL:}\quad \sum\dot{U} = 0 \tag{7-15}$$
它可表述为：在正弦交流电路中，对于任意时刻的任意回路，各段电压相量的代数和恒等于零。

利用基尔霍夫定律的相量式就可将三角运算简化为复数形式的代数运算。

例7-1　已知 $i_1 = 12\sqrt{2}\sin\omega t\ \mathrm{A}$，$i_2 = 16\sqrt{2}\sin(\omega t + 90°)\ \mathrm{A}$。求 $i = i_1 + i_2$。

解 由 $\dot{I}_1 = 12\angle 0^\circ\ \text{A} \qquad \dot{I}_2 = 16\angle 90^\circ\ \text{A}$

$$\dot{I} = \dot{I}_1 + \dot{I}_2 = 12\angle 0^\circ + 16\angle 90^\circ = 20\angle 53.1^\circ\ \text{A}$$

所以 $$i = i_1 + i_2 = 20\sqrt{2}\sin(\omega t + 53.1^\circ)\ \text{A}$$

也可先画出相量图，如图 7－8 所示。

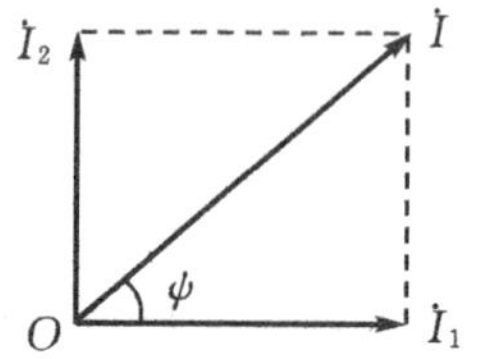

图 7－8 例 7－1 所用的图

根据平行四边形法则，由图 7－8 可得

$$I = \sqrt{I_1^2 + I_2^2} = \sqrt{12^2 + 16^2} = 20\ \text{A}$$

$$\varphi = \arctan\frac{8}{6} = 53.1^\circ$$

$$i = 20\sqrt{2}\sin(\omega t + 53.1^\circ)\ \text{A}$$

7.3 单一参数的交流电路

交流电路所讨论的基本问题和直流电路一样，仍然是同一元件的电流和电压关系，以及电压、电流和功率在电路中的分配。在直流电路中只有电阻一种，而在交流电路中有电阻、电感和电容 3 种元件，本节分别讨论正弦交流电路中电阻、电感和电容的相量模型以及电压、电流及功率的关系。

7.3.1 纯电阻电路

设有一个交流电路如图 7－9(a)所示，作如下的近似处理：通过电阻的电流随时间变化比较缓慢，在同一时刻流过电阻各个不同的截面的电流密度相同；电流产生磁场，变化磁场要产生感应电动势，由于电流随时间变化比较慢，变化磁场比较弱，因而可认为不存在感应电场。同理，在电阻两端分布缓慢变化的电荷，由此产生的电场可看成近似的电场，这种具有静电场性质的缓慢变化电场就是似稳电场。是个无旋电场。设导线的电阻很小，电阻两端的电压由无旋电场 E_s 产生的电压为

$$u_R = u_{+-} = \int_+^- \boldsymbol{E}_s \cdot \mathrm{d}\boldsymbol{l}$$

式中，E_s 是随时间缓慢变化的电荷(类似静电荷)产生的似稳无旋电场，电阻内部欧姆定理的微分形式成立，即

$$\boldsymbol{j} = \gamma(\boldsymbol{E}_s + \boldsymbol{E}_k + \boldsymbol{K}) = \gamma\boldsymbol{E}_s$$

式中，$\boldsymbol{j}$ 为电流密度；$\boldsymbol{E}_k$ 为感生有旋电场；$\boldsymbol{K}$ 为电源内部的非静电起源的电场。

于是

$$u_R = u_{+-} = \int_+^- \boldsymbol{E}_s \cdot \mathrm{d}\boldsymbol{l} = \int_+^- \frac{1}{\gamma}\boldsymbol{j}_s \cdot \mathrm{d}\boldsymbol{l}$$

根据电流密度、电流及导线截面的关系和电阻与电阻率、导线截面及导线长度的关系，可得

$$u_R = iR$$

1. 电压与电流的关系

图 7－9(a)所示的电阻电路中，为了方便起见，以 $\dot{I}$ 为参考相量

$$i = I_m \sin\omega t$$

虽然纯电阻的电流和电压随时间变化，但欧姆定理仍适用于交流电路中的电阻元件，即瞬时电压和瞬时电流之间仍是一简单的比例关系。根据欧姆定理

$$u = Ri = RI_m \sin\omega t = U_m \sin\omega t \tag{7-16}$$

其中 $U_m = I_m R$ 为电压的峰值。可见 u 与 i 不但是同频率的正弦量，而且 u，i 同相，其波形如图 7－9(b)所示。

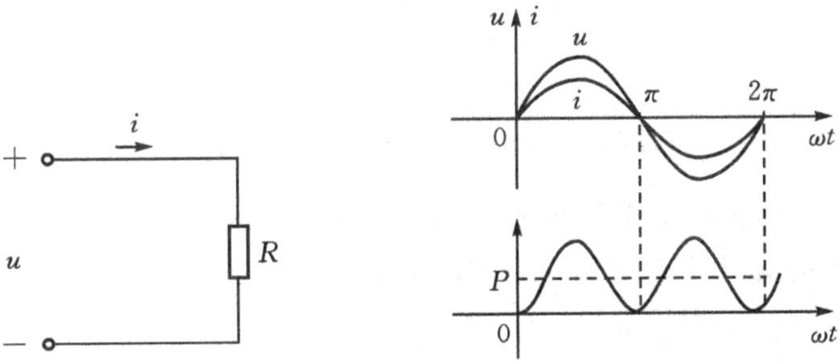

(a)电路　(b)瞬时电压 u、瞬时电流 i 及瞬时功率 p 的波形图

图 7－9　电阻电路及其 u，i，p 波形

由式(7－16)可知电阻的电压与电流之间的关系为：

(1)大小关系　$U_m = RI_m$

$$U = RI \tag{7-17}$$

(2)相位关系　$\psi_u = \psi_i$

(3)相量关系　$\dot{I} = I\angle 0^\circ$

$$\dot{U} = U\angle 0^\circ = RI\angle 0^\circ$$

即

$$\dot{U} = R\dot{I} \tag{7-18}$$

或

$$\dot{I} = G\dot{U}$$

其相量图如图 7－10(a)所示，图 7－10(b)称为电阻的相量模型。

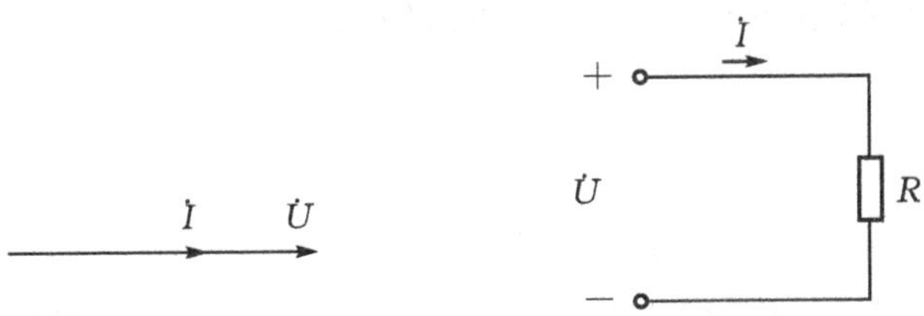

(a)相量图　(b)相量模型

图 7－10　电阻的电压，电流相量图和相量模型

2. 功率

(1)瞬时功率。

$$\begin{aligned} p &= ui = U_m I_m \sin^2 \omega t \\ &= \frac{U_m I_m}{2}(1-\cos 2\omega t) \\ &= UI(1-\cos 2\omega t) \end{aligned} \tag{7-19}$$

其波形曲线如图 7-9(b)所示。可见 p 总为正值,电阻总是吸收能量,将电能转换为热能,所以电阻是耗能元件。

(2)平均功率。电路在一个周期内消耗电能的平均值,即瞬时功率在一个周期内的平均值,称为平均功率,又称有功功率,用大写字母 P 表示,即

$$P = \frac{1}{T}\int_0^T p\mathrm{d}t \tag{7-20}$$

电阻元件的平均功率

$$P = \frac{1}{T}\int_0^T UI(1-\cos 2\omega t)\mathrm{d}t = UI = I^2R = \frac{U^2}{R} \tag{7-21}$$

电阻平均功率等于电流的有效值与电阻两端电压的有效值乘积,也等于电流有效值的平方与电阻的乘积。电阻的瞬时功率波形和平均功率如图 7-9(b)所示。

7.3.2 纯电感电路

1. 电压与电流的关系

如图 7-11(a)所示的电感电路中,设通过电感的电流瞬时值为

$$i = I_m \sin\omega t$$

式中,I_m 为在变化过程中出现的最大幅值;ω 为角频率;ψ 初相位为零。

电感两端的电压瞬时值正比于通过电感的电流随时间的变化率

$$\begin{aligned} u &= L\frac{\mathrm{d}i}{\mathrm{d}t} = L\frac{\mathrm{d}(I_m \sin\omega t)}{\mathrm{d}t} \\ &= \omega L I_m \cos\omega t = \omega L I_m \sin(\omega t + \frac{\pi}{2}) = U_m \sin(\omega t + \frac{\pi}{2}) \end{aligned} \tag{7-22}$$

式中,$U_m = I_m L\omega$ 或 $I_m = \dfrac{U_m}{L\omega}$,$U_m$ 为电感两端电压的峰值。

上述表明其 u 与 i 是同频率的正弦量,且电压 u 比电流 i 超前 90°,其波形如图 7-11(b)所示。

由式(7-22)可得电感电路电压与电流之间的关系如下。

(1)大小关系。

$$U_m = \omega L I_m \tag{7-23}$$

$$\frac{U_m}{I_m} = \frac{U}{I} = \omega L = X_L \tag{7-24}$$

式中,L 的作用犹如一个大小为 ωL 的电阻,故 $X_L = \omega L$ 为电压有效值与电流有效值之比,称为感抗。由

$$X_L = \omega L = 2\pi f L \tag{7-25}$$

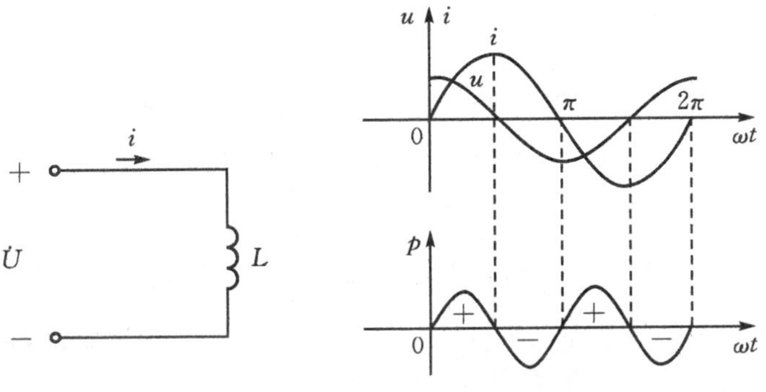

(a)电路　　(b)u,i 及 p 的波形

图 7 - 11　电感电路及其 u，i 与 p 波形

可见电感对交流电流有阻碍作用，频率越高，则感抗越大，其阻碍作用越强。在直流电路中 $f=0$，$X_L=0$，电感可视为短路。引入电感的感抗后，电感两端电压的峰值、通过电感的电流的峰值及电感的感抗三者的关系与直流电路的欧姆定理相仿，即

$$U_{\mathrm{m}}=I_{\mathrm{m}}X_L \text{ 或 } I_{\mathrm{m}}=\frac{U_m}{X_L}$$

感抗 X_L 的倒数又称为感纳 B_L，即

$$B_L=\frac{1}{X_L}=\frac{1}{\omega L} \tag{7-26}$$

(2)相位关系。

$$\psi_u=\psi_i+90^\circ \tag{7-27}$$

(3)相量关系。

由　$\dot{I}=I\angle 0^\circ$

得　$\dot{U}=U\angle 90^\circ=\omega LI\angle(0^\circ+90^\circ)=\omega LI\angle 0^\circ\cdot 1\angle 90^\circ=\mathrm{j}\omega L\dot{I}$　(7 - 28)

即　$\dfrac{\dot{U}}{\dot{I}}=\mathrm{j}\omega L=\mathrm{j}X_L$　(7 - 29)

或　$\dfrac{\dot{I}}{\dot{U}}=\dfrac{1}{\mathrm{j}\omega L}=-\mathrm{j}B_L$　(7 - 30)

电感的电压与电流的相量图如图 7 - 12(a)所示，如图 7 - 12(b)所示为电感的相量模型。

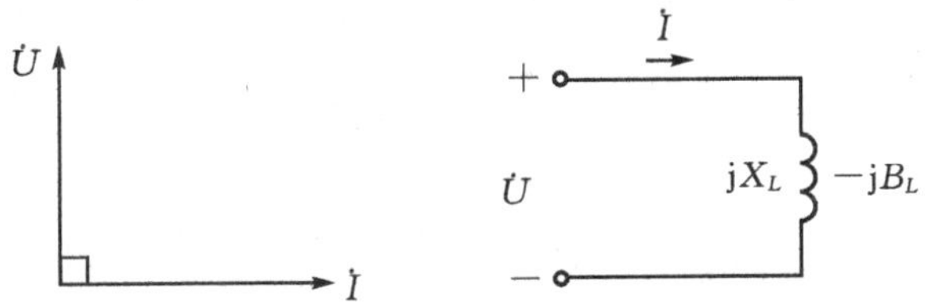

(a)相量图　　(b)相量模型

图 7 - 12　电感的电压，电流相量图和相量模型

2. 功率

(1)瞬时功率。

$$\begin{aligned} p &= ui = U_m \sin(\omega t + 90°) \cdot I_m \sin\omega t \\ &= U_m I_m \sin\omega t \cos\omega t = \frac{1}{2} U_m I_m \sin 2\omega t \\ &= UI \sin 2\omega t \end{aligned} \tag{7-31}$$

其波形曲线如图 7-11(b)所示。当 $|i|$ 增大时,$p>0$,电感从电源吸收能量,磁场能量($w_L = \frac{1}{2}Li^2$)增加,电能转变为磁场能量;当 $|i|$ 减小时,$p<0$,电感释放能量,磁场能量减小,磁场能量转变为电能归还电源。

(2)平均功率。

$$P = \frac{1}{T}\int_0^T UI \sin 2\omega t dt = 0 \tag{7-32}$$

可见电感元件吞吐能量的实质是电源与磁场交换能量。电感中电流增长的过程是建立磁场的过程,在这过程中电源克服自感电动势做功,功转换为磁场的能量。电感中电流减小的过程是磁场消失的过程,在这过程中自感电动势做功,以消耗磁场能量为代价。总之,纯电感不消耗能量,只与电源交换能量,是储能元件。

(3)无功功率。为了衡量电感元件与电源交换能量的规模大小,将瞬时功率的最大值定义为无功功率 Q,即

$$Q = UI = I^2 X_L = \frac{U^2}{X_L} \tag{7-33}$$

为了与有功功率区别,其单位用 V·A 表示。

电感的作用主要有两个表现:电流与电压之间造成 90°的相位差;电感对电流和电压的作用是“阻交流,通直流;通交流,通直流”。

例 7-2 图 7-11(a)电路中,已知 $u = 400\sqrt{2}\sin(\omega t + 50°)$ V,$L = 0.318$ H。求:(1) $f = 50$ Hz 时,电流 i 和无功功率 Q;(2) $f = 500$ Hz 时,电流 i 又是多少?

解 (1) $f = 50$ Hz 时:

$$X_L = \omega L = 2\pi f L = 2 \times 3.14 \times 50 \times 0.318 = 100\ \Omega$$

$$\dot{I} = \frac{\dot{U}}{\mathrm{j}X_L} = \frac{400\angle 50°}{\mathrm{j}100} = 4\angle -40°\ \mathrm{A}$$

$$i = 4\sqrt{2}\sin(314t - 40°)\ \mathrm{A}$$

$$Q = UI = 200 \times 4 = 800\ \mathrm{V \cdot A}$$

(2) $f = 500$ Hz 时:

$$X_L = 2\pi f L = 1000\ \Omega$$

$$\dot{I} = \frac{\dot{U}}{\mathrm{j}X_L} = \frac{400\angle 50°}{\mathrm{j}1000} = 0.4\angle -40°\ \mathrm{A}$$

$$i = 0.4\sqrt{2}\sin(3140t - 40°)\ \mathrm{A}$$

7.3.3　纯电容电路

1. 电压与电流的关系

如图 7-13(a)所示的电容电路中，设通过电容两端的电压瞬时值为

$$u = U_{m}\sin\omega t$$

通过电容的电流瞬时值正比于电容两端的电压瞬时值随时间的变化率。

$$\begin{aligned} i &= C\frac{du}{dt} = C\frac{d(U_{m}\sin\omega t)}{dt} \\ &= \omega CU_{m}\cos\omega t = \omega CU_{m}\sin(\omega t + 90^{\circ}) \\ &= I_{m}\sin(\omega t + 90^{\circ}) \end{aligned} \tag{7-34}$$

可见其 u 与 i 是同频率的正弦量，且 i 比 u 超前 90°，波形如图 7-13(b)所示。

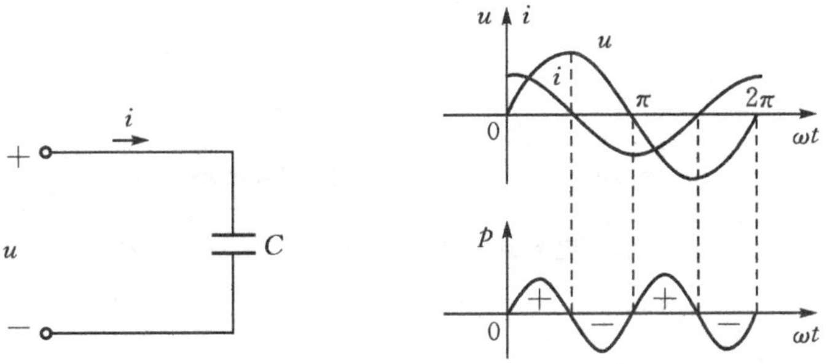

(a)电路　　(b)u,i 及 p 的波形图

图 7-13　电容电路及其 u,i 与 p 的波形

由式(7-34)可得电容电压与电流之间关系如下。

(1)大小关系

$$I_{m} = \omega CU_{m} \tag{7-35}$$

$$\frac{I_{m}}{U_{m}} = \frac{I}{U} = \omega C = B_{C} \tag{7-36}$$

或

$$\frac{U}{I} = \frac{1}{\omega C} = X_{C} \tag{7-37}$$

式(7-37)中 X_C 为电压与电流有效值之比称为容抗。由

$$X_{C} = \frac{1}{\omega C} = \frac{1}{2\pi fC} \tag{7-38}$$

可见电容对交流电流有阻碍作用，频率越低，则容抗越大，其阻碍作用越强。在直流电路中 $f = 0$，$X_{C} = \infty$，电容可视为开路。

容抗 X_C 的倒数 B_C 称为容纳，即

$$B_{C} = \frac{1}{X_{C}} = \omega C \tag{7-39}$$

(2)相位关系

$$\psi_{i} = \psi_{u} + 90^{\circ}$$

(3)相量关系

由 $$\dot{U} = U\angle 0^\circ$$

故 $$\dot{I} = I\angle 90^\circ = \omega CU\angle(0^\circ + 90^\circ) = \omega CU\angle 0^\circ \cdot 1\angle 90^\circ = \mathrm{j}\omega C\dot{U} \quad (7-40)$$

即 $$\frac{\dot{I}}{\dot{U}} = \mathrm{j}\omega C = \mathrm{j}B_C \quad (7-41)$$

或 $$\frac{\dot{U}}{\dot{I}} = \frac{1}{\mathrm{j}\omega C} = -\mathrm{j}X_C \quad (7-42)$$

电容的电压与电流相量图如图 7-14(a)所示,如图 7-14(b)所示为电容的相量模型。

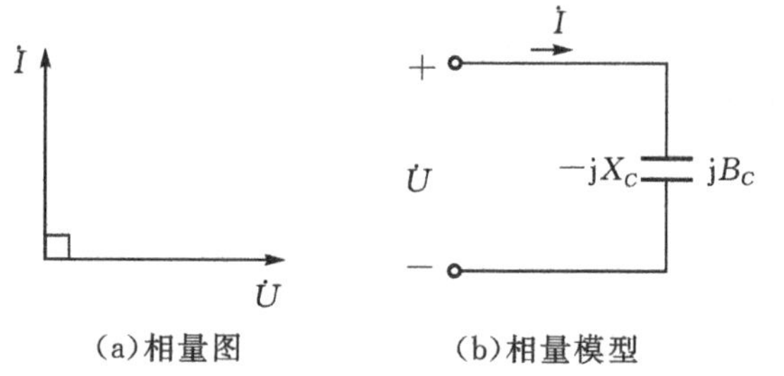

图 7-14 电容的电压、电流相量图和相量模型

2. 功率

(1)瞬时功率

$$\begin{aligned} p = ui &= U_m\sin\omega t \cdot I_m\sin(\omega t + 90^\circ) \\ &= U_m I_m \sin\omega t\cos\omega t \\ &= \frac{1}{2}U_m I_m \sin 2\omega t \\ &= UI\sin 2\omega t \end{aligned} \quad (7-43)$$

其波形曲线如图 7-13(b)所示,当 $|u|$ 增大时, $p > 0$,电容从电源吸收能量,电场能量($w_C = \frac{1}{2}Cu^2$)增加,电能转变为电场能量;当$|u|$减小时, $p < 0$,电容释放能量,电场能量减小,电场能量转变为电能归还电源。

(2)平均功率

$$P = \frac{1}{T}\int_0^T UI\sin 2\omega t\,\mathrm{d}t = 0$$

可见电容元件不消耗能量,只与电源交换能量,是储能元件。

(3)无功功率。为了同电感元件电路的无功功率相比较,也设 $i = I_m\sin\omega t$,则

$$u = U_m\sin(\omega t - 90^\circ)$$

于是 $$p = ui = -UI\sin 2\omega t$$

由此可得电容的无功功率

$$Q = -UI = -I^2X_C = -\frac{U^2}{X_C} = -U^2B_C \quad (7-44)$$

即电容的无功功率取负值,以示区别。

例 7-3 如图 7-13(a)所示的电路中,已知 $u = 200\sqrt{2}\sin(314t + 30^\circ)$ V, $C = 31.8\ \mu$F。

求电流 i，无功功率 Q 和电容的最大储能 W_{Cm}

解 $B_C = \omega C = 314 \times 31.8 \times 10^{-6} = 1 \times 10^{-2}\ \mathrm{S}$

$$\dot{I} = \mathrm{j}B_C\dot{U} = 1 \times 10^{-2}\angle 90^\circ \times 200\angle 30^\circ = 2\angle 120^\circ\ \mathrm{A}$$

$$i = 2\sqrt{2}\sin(314t + 120^\circ)\ \mathrm{A}$$

$$Q = -UI = -200 \times 2 = -400\ \mathrm{V \cdot A}$$

$$W_{Cm} = \frac{1}{2}CU_m^2 = \frac{1}{2} \times 31.8 \times 10^{-6} \times (200\sqrt{2})^2 = 1.27\ \mathrm{J}$$

电容和电感是两个互为对偶的元件，利用对偶原理，将 7.3.2 节电感电路系列关系式中的 i 换成 u，u 换成 i，L 换成 C，X_L 换成 B_C，B_L 换成 X_C，则可得到 7.3.3 节纯电容电路的系列关系式，它们是互为对偶的关系式。电阻、电容和电感的交流电路主要结论见表 7-1。

表 7-1 单一参数交流电路主要结论列表

项目＼参数		电阻	电感	电容
阻抗与电抗		R	$X_L=2\pi fL$	$X_C=\frac{1}{2\pi fC}$
u 与 i 的关系	基本关系	$u=iR$	$u=L\frac{\mathrm{d}i}{\mathrm{d}t}$	$i=C\frac{\mathrm{d}u}{\mathrm{d}t}$
	相位关系	u 与 i 同相位	u 超前 i 90°	u 滞后 i 90°
	有效值	$U=IR$	$U-IX_L$	$U=IX_C$
	相量式	$\dot{U}=\dot{I}R$	$\dot{U}=\mathrm{j}X_L\dot{I}$	$\dot{U}=-\mathrm{j}X_C\dot{I}$

7.4 R, L, C 串联的正弦交流电路

7.4.1 RLC 串联电路的方程及其解

电阻、电感和电容元件串联的交流电路如图 7-15(a)所示，如图 7-15(b)所示是它的相量模型。设 $i = I_m\sin\omega t$，即以 $\dot{I}$ 为参考相量。

当电源的频率较低，满足似稳条件，根据欧姆定理的微分形式

$$\boldsymbol{j} = \gamma(\boldsymbol{E}_s + \boldsymbol{E}_k + \boldsymbol{K})$$

式中，j 为电流密度；E_s 是随时间缓慢变化的电荷(类似静电荷)产生的似稳无旋电场；E_k 为感生有旋电场；K 为电源内部的非静电起源的电场。设导线的电阻很小，在交流电路如图 7-15(a)两端，由无旋电场 E_s 产生的电压，即电路两端的电压为

$$u_{ab} = \int_a^b \boldsymbol{E}_s \cdot d\boldsymbol{l} = \int_a^c \boldsymbol{E}_s \cdot \mathrm{d}\boldsymbol{l} + \int_c^d \boldsymbol{E}_s \cdot \mathrm{d}\boldsymbol{l} + \int_d^b \boldsymbol{E}_s \cdot \mathrm{d}\boldsymbol{l}$$

$$= iR + L\frac{\mathrm{d}i}{\mathrm{d}t} + \frac{q}{C} \tag{7-45}$$

或

$$u_{ab} = u_R + u_L + u_C$$

即 RLC 串联电路两端电压的瞬时值等于电阻两端电压的瞬时值、电感两端电压的瞬时值和电

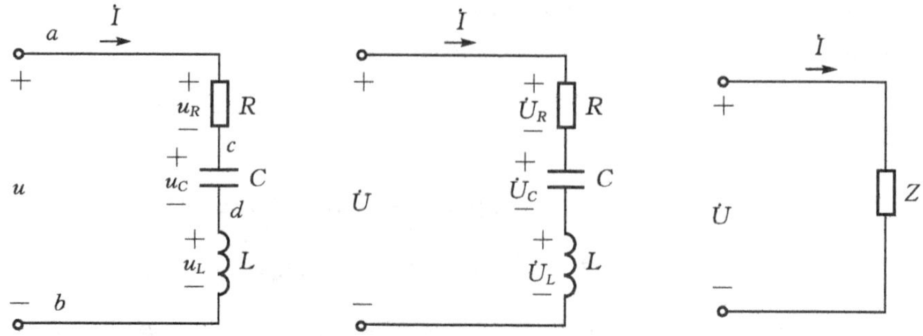

(a)电路 (b)相量模型 (c)等效电路

图 7-15 RLC 串联电路

容两端电压的瞬时值之和。

设电路两端接交流电源的电动势为

$$e = E_{\mathrm{m}}\cos\omega t = u_{ab}$$

忽略交流电源的内阻，则电路方程简化为

$$iR + L\frac{\mathrm{d}i}{\mathrm{d}t} + \frac{q}{C} = E_{\mathrm{m}}\cos\omega t \tag{7-46}$$

两边对 t 求导，得

$$L\frac{\mathrm{d}^2 i}{\mathrm{d}t^2} + R\frac{\mathrm{d}i}{\mathrm{d}t} + \frac{i}{C} = -E_{\mathrm{m}}\omega\sin\omega t$$

此二阶非齐次的微分方程根据微分方程的理论，其稳定解为

$$i = I_{\mathrm{m}}\omega\cos(\omega t - \varphi) \tag{7-47}$$

式中，I_{m} 为电流峰值；φ 为电流和电压或电动势的相位差，当 $\varphi > 0$ 时，表明电流落后于电压。I_{m} 和 φ 由以下的两式决定

$$I_{\mathrm{m}} = \frac{E_{\mathrm{m}}}{\sqrt{R^2 + \left(L\omega - \frac{1}{C\omega}\right)^2}} \tag{7-48}$$

$$\tan\theta = \frac{L\omega - \frac{1}{C\omega}}{R} \tag{7-49}$$

则 RLC 电路两端的电压为

$$u_{ab} = U_{\mathrm{m}}\cos\omega t \tag{7-50}$$

式中

$$U_{\mathrm{m}} = I_{\mathrm{m}}\sqrt{R^2 + \left(L\omega - \frac{1}{C\omega}\right)^2} \tag{7-51}$$

从电流与电压峰值或有效值之间的关系来看，RLC 串联电路等效于一大小为

$$Z = \sqrt{R^2 + (L\omega - \frac{1}{C\omega})^2} \tag{7-52}$$

的电阻，称 Z 为阻抗。再引入此阻抗、电流的最大值或有效值、电压的最大值或有效值或有效值和阻抗三者关系，与直流电路的欧姆定理相似。阻抗是由电阻、电感的感抗和电容的容抗组

合而成的。$L\omega-\frac{1}{C\omega}$ 称为电抗，常用 X 表示，即

$$X=X_L-X_C=L\omega-\frac{1}{C\omega} \tag{7-53}$$

引入电抗，电抗为

$$Z=\sqrt{R^2+X^2} \tag{7-54}$$

$$\tan\varphi=\frac{X}{R} \tag{7-55}$$

由此得电抗与 L 和 C 有关，还与电源频率有关。

RLC 串联电路可分为三种类型：

$X>0$（即 $X_L>X_C$）时，$\varphi>0$，u 超前 i，电路呈电感性。

$X<0$（即 $X_L<X_C$）时，$\varphi<0$，u 滞后 i，电路呈电容性。

$X=0$（即 $X_L=X_C$）时，$\varphi=0$，u 与 i 同相，电路呈电阻性。

R、L、C 三种元件在串联电路的作用表现为两方面：造成电流与电压移动的相位差，该相位差不仅与 L 和 C 有关，还与电源频率有关；在电流与电压的有效值的关系上，等效于一大小为 Z 的阻抗，此阻抗的大小与 R、L 和 C 有关，也与电源频率有关。

7.4.2 RLC 串联电路的矢量计算法

1. 电流与电压的关系

根据基尔霍夫电压定理有

$$u=u_R+u_L+u_C$$

用相量表示，则

$$\begin{aligned}\dot{U}&=\dot{U}_R+\dot{U}_L+\dot{U}_C=R\dot{I}+\mathrm{j}X_L-\mathrm{j}X_C\\&=\dot{I}[R+\mathrm{j}(X_L-X_C)]=\dot{I}(R+\mathrm{j}X)\\&=\dot{I}Z\end{aligned} \tag{7-56}$$

式中，$X=X_L-X_C$ 称为电抗，Z 则称为电路的等效阻抗，如图 7－15(c)所示。

$$Z=|Z|\angle\varphi=R+\mathrm{j}X=R+\mathrm{j}(X_L-X_C) \tag{7-57}$$

可知

阻抗模 $$|Z|=\sqrt{R^2+X^2}=\sqrt{R^2+(X_L-X_C)^2} \tag{7-58}$$

阻抗角 $$\varphi=\arctan\frac{X}{R}=\arctan\frac{X_L-X_C}{R} \tag{7-59}$$

由式(7－58)和式(7－59)可知，R，X 和 $|Z|$ 组成一直角三角形，称为阻抗三角形，如图 7－16 所示。

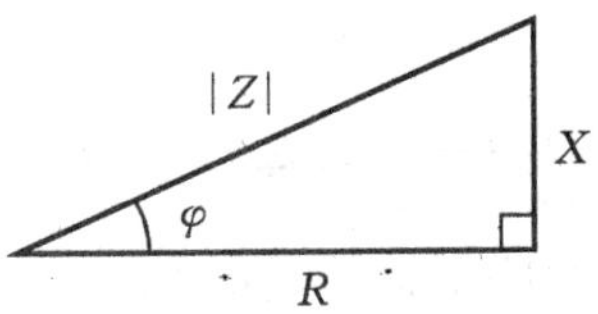

图 7－16 阻抗三角形

电压与电流的相量关系式

$$\dot{U}=\dot{I}Z$$

也称为相量形式的欧姆定律。

由于
$$Z=\frac{\dot{U}}{\dot{I}}$$

即
$$|Z|\angle\varphi=\frac{U\angle\psi_u}{I\angle\psi_i}=\frac{U}{I}\angle(\psi_u-\psi_i)$$

可得电压和电流之间的关系为

(1)大小关系
$$|Z|=\frac{U}{I} \tag{7-60}$$

(2)相位关系
$$\varphi=\psi_u-\psi_i \tag{7-61}$$

由式(7-58)可知阻抗角 φ 就是电压与电流间的相位差，其大小由电路参数决定。根据式(7-59)。RLC 串联电路可分为三种类型。

1)当 $X=X_L-X_C>0$，即感抗大于容抗，表示电压超前电流，这种电路称为电感性的。

2)当 $X=X_L-X_C<0$，即感抗小于容抗，表示电流超前电压，这种电路称为电容性的。

3)当 $X=X_L-X_C=0$，即感抗等于容抗，表示电压和电流同相，这种电路称为纯电阻。

以电流为参考相量，根据纯电阻、电感和电容的电压与电流的相量关系及总电压相量等于各部分电压相量之和，可画出电路中的电流和各部分电压的相量图，如图 7-17 所示，图中各电压组成一个直角三角形，利用相量图也可得到电压与电流的关系。

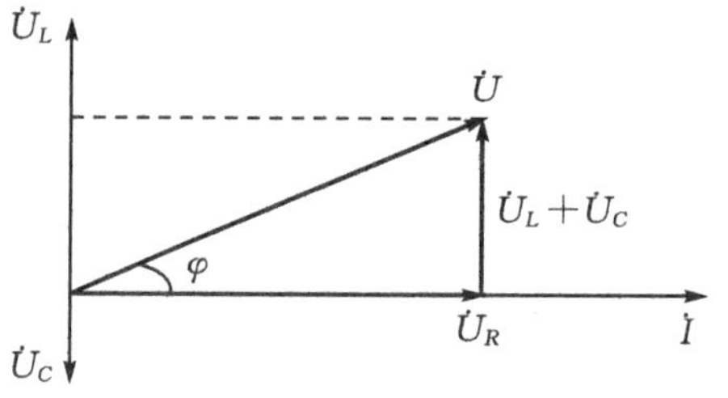

图 7-17 RLC 串联电路的相量图

$$U=\sqrt{U_R{}^2+(U_L-U_C)^2}=I\sqrt{R^2+(X_L-X_C)^2}=I|Z| \tag{7-62}$$

$$\varphi=\arctan\frac{U_L-U_C}{U}=\arctan\frac{X_L-X_C}{R} \tag{7-63}$$

2. 电路的功率

(1)瞬时功率。

$$\begin{aligned}p=ui&=U_m\sin(\omega t+\varphi)I_m\sin\omega t\\&=U_mI_m\frac{1}{2}[\cos\varphi-\cos(2\omega t+\varphi)]\\&=UI[\cos\varphi-\cos(2\omega t+\varphi)]\end{aligned}$$

(2)有功功率。

$$P=\frac{1}{T}\int_0^T p\mathrm{d}t=\frac{1}{T}\int_0^T UI[\cos\varphi-\cos(2\omega t+\varphi)]\mathrm{d}t=UI\cos\varphi \tag{7-64}$$

式(7-64)表明交流电路中，有功功率的大小不仅取决于电压和电流的有效值，而且和电压、电流间的相位差 φ（阻抗角）有关，即与电路的参数有关，式中 $\cos\varphi$ 称为电路的功率因数。

由相量图中的电压三角形可知

$$U\cos\varphi=U_R=IR$$

故

$$P=UI\cos\varphi=U_RI=I^2R=\frac{U_R{}^2}{R} \tag{7-65}$$

这说明交流电路中只有电阻元件消耗功率，电路中电阻元件消耗的功率就等于电路的有功功率。

(3)无功功率。电路中电感和电容元件要与电源交换能量，相应的无功功率为

$$Q=U_LI-U_CI=I(U_L-U_C)=UI\sin\varphi \tag{7-66}$$

(4)视在功率。交流电路中，电压有效值 U 与电流有效值 I 的乘积称为电路的视在功率，用 S 表示，即

$$S=UI \tag{7-67}$$

视在功率的单位为伏安(V·A)或千伏安(kV·A)。

根据前面的分析，由于

$$P=UI\cos\varphi$$
$$Q=UI\sin\varphi$$
$$S=UI$$

可知有功功率 P、无功功率 Q 和视在功率 S 之间也组成一个直角三角形，称为功率三角形，如图 7-18 所示，三者之间的关系为

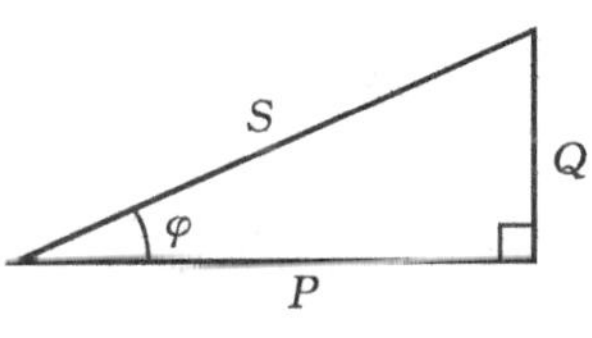

图 7-18　功率三角形

$$S=\sqrt{P^2+Q^2} \tag{7-68}$$
$$P=S\cos\varphi \tag{7-69}$$
$$Q=S\sin\varphi$$

功率三角形与电压三角形和阻抗三角形都是相似三角形。

交流发电机和变压器等供电设备都是按照一定的输出额定电压 U_N 和额定电流 I_N 设计制造的，两者的乘积称为设备的额定视在功率 S_N，即

$$S_N=U_NI_N \tag{7-70}$$

使用时若实际视在功率超过额定视在功率，设备可能损坏，故其额定功率又称额定容量，简称容量。

例 7-4　如图 7-15(a)所示的 RLC 串联电路中，已知 $u=110\sqrt{2}\sin(314t+30°)$ V，$R=$

30 Ω，$L=127$ mH，$C=40$ μF。求：①感抗 X_L，容抗 X_C；②电路中的电流 i 及各元件电压 U_R，U_L 和 U_C；③电路的有功功率 P，无功功率 Q 和视在功率 S。

解　该电路的相量模型如图 3-15(b)所示。

(1)$X_L=\omega L=314\times127\times10^{-3}=40\ \Omega$

$$X_C=\frac{1}{\omega C}=\frac{1}{314\times40\times10^{-6}}=80\ \Omega$$

$$|Z|=\sqrt{R^2+(X_L-X_C)}=\sqrt{30^2+(40-80)^2}=50\ \Omega$$

(2)方法 1：$I=\dfrac{U}{Z}=\dfrac{110}{50}=2.2\ \text{A}$

$$\Delta\varphi=30°-\arctan\frac{X_L-X_C}{R}=\angle 83°$$

故　$i=2.2\sqrt{2}\sin(314t+83°)\ \text{A}$

$$U_R=RI=30\times2.2=66\ \text{V}$$

$$u_R=66\sqrt{2}\sin(314t+83°)\ \text{V}$$

$$U_L=X_LI=40\times2.2=88\ \text{V}$$

$$u_L=88\sqrt{2}\sin(314t+83°+90°)=88\sqrt{2}\sin(314t+173°)\ \text{V}$$

$$U_C=X_CI=80\times2.2=176\ \text{V}$$

$$u_C=176\sqrt{2}\sin(314t+83°-90°)=176\sqrt{2}\sin(314t-7°)\ \text{V}$$

方法 2：电路的等效复阻抗

$Z=R+\text{j}(X_L-X_C)=30+\text{j}(40-80)=30-\text{j}40=50\angle-53°\ \Omega$(电容性)

$$\dot{I}=\frac{\dot{U}}{Z}=\frac{110\angle30°}{50\angle-53°}=2.2\angle83°\ \text{A}$$

$$i=2.2\sqrt{2}\sin(314t+83°)\ \text{A}$$

$$\dot{U}_R=R\dot{I}=30\times2.2\angle83°=66\angle83°\ \text{V}$$

$$u_R=66\sqrt{2}\sin(314t+83°)\ \text{V}$$

$$\dot{U}_L=\text{j}x_L\dot{I}=40\angle90°\times2.2\angle83°=88\angle173°\ \text{V}$$

$$u_L=88\sqrt{2}\sin(314t+173°)\ \text{V}$$

$$\dot{U}_C=-\text{j}x_C\dot{I}=80\angle-90°\times2.2\angle83°=176\angle-7°\ \text{V}$$

$$u_C=176\sqrt{2}\sin(314t-7°)\ \text{V}$$

(3) $P=UI\cos\varphi=220\times2.2\times\cos(-53°)=145.25\ \text{W}$

$Q=UI\sin\varphi=220\times2.2\times\sin(-53°)=-193.5\ \text{V}\cdot\text{A}$

$S=UI=110\times2.2=242\ \text{V}\cdot\text{A}$

RLC 串联电路包含了三种性质不同的参数，是具有一定意义的典型电路。当电路中只有其中两种参数串联，分析时可视为 RLC 串联电路在 R，X_L，X_C 中某个等于零的特例。

7.5　R，L，C 并联的正弦交流电路

考虑一并联电路，三条支路上分别接上电阻、电感和电容元件，其并联方式如图 7-19(a)

所示，图 7 - 19(b)是它的相量模型，设在电路两端外加电压 $u = U_m \sin\omega t$ ，即以 $\dot{U}$ 为参考相量，三条支路上电流为 $\dot{I}_R$ ，$\dot{I}_C$ 和 $\dot{I}_L$ 。

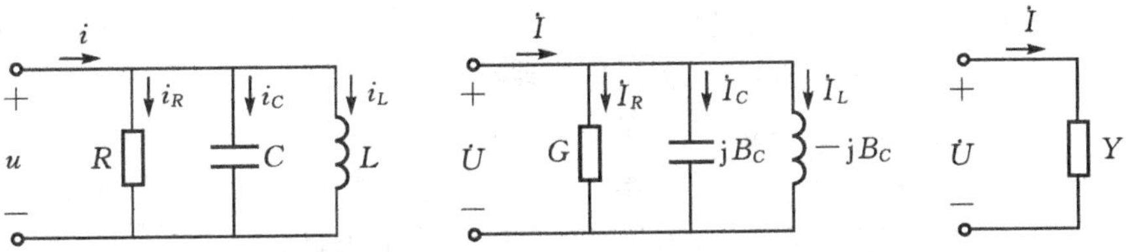

(a)电路　(b)相量模型　(c)等效电路

图 7 - 19　*RLC* 并联电路

1. 电压与电流的关系

根据基尔霍夫电流定理(KCL)

$$i = i_R + i_C + i_L$$

用相量表示，则

$$\dot{I} = \dot{I}_R + \dot{I}_C + \dot{I}_L = \frac{\dot{U}}{R} + \frac{\dot{U}}{-\mathrm{j}X_C} + \frac{\dot{U}}{\mathrm{j}X_L} = G\dot{U} + \mathrm{j}B_C\dot{U} - \mathrm{j}B_L U$$

$$= \dot{U}[G + \mathrm{j}(B_C - B_L)] = \dot{U}(G + \mathrm{j}B) = \dot{U}Y \tag{7-71}$$

式中，$B = B_C - B_L$ 称为电纳。Y 则称为电路的等效导纳，如图 7 - 19(c)所示。由

$$Y = |Y| \angle\theta = G + \mathrm{j}B = G + \mathrm{j}(B_C - B_L) \tag{7-72}$$

可知导纳模

$$|Y| = \sqrt{G^2 + B^2} = \sqrt{G^2 + (B_C - B_L)^2} \tag{7-73}$$

导纳角

$$\theta = \arctan\frac{B}{G} = \arctan\frac{B_C - B_L}{G} \tag{7-74}$$

由式(7 - 73)和式(7 - 74)，可知 G, B 和 $|Y|$ 可组成一直角三角形，称为导纳三角形。如图 7 - 20 所示。

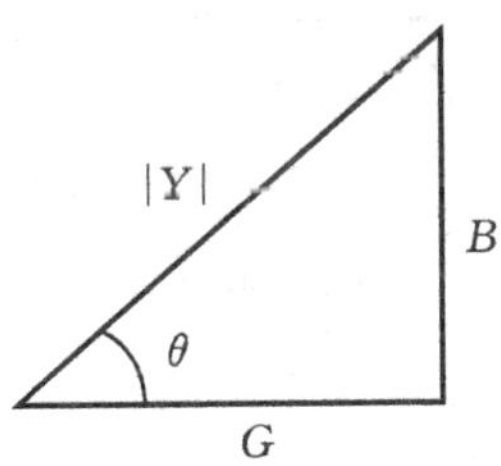

图 7 - 20　导纳三角形

由电压与电流间的相量关系式 $\dot{I} = \dot{U}Y$ 或 $Y = \dfrac{\dot{I}}{\dot{U}}$

即

$$|Y|\angle\theta = \frac{I\angle\psi_i}{U\angle\psi_u} = \frac{I}{U}\angle(\psi_i - \psi_u)$$

可得电压和电流之间的关系为

（1）大小关系
$$|Y|=\frac{I}{U} \tag{7-75}$$

（2）相位关系
$$\theta=\psi_i-\psi_u \tag{7-76}$$

由式(7－76)可知导纳角 θ 也就是电流与电压间的相位差，其大小由电路参数决定。即相位差 θ 不仅与 L 和 C 有关，还与电源频率有关。根据式(7－74)，当

$B>0$（即 $B_C>B_L$）时，$\theta>0$，i 超前 u，电路呈电容性。

$B<0$（即 $B_C<B_L$）时，$\theta<0$，i 滞后 u，电路呈电感性。

$B=0$（即 $B_C=B_L$）时，$\theta=0$，i 与 u 同相，电路呈电阻性。

又因
$$Y=\frac{\dot{I}}{\dot{U}}=\frac{1}{Z} \tag{7-77}$$

（即 RLC 并联电路既可等效为一导纳 Y 也可等效为一阻抗 Z，导纳和阻抗是互为倒数的关系。）

即有
$$|Y|=\frac{1}{|Z|} \tag{7-78}$$
$$\theta=-\varphi$$

以电压为参考相量，根据纯电阻、电容和电感的电流与电压的相量关系，以及总电流相量等于各支路电流相量之和，可画出电路中电压和各电流的相量图，如图 7－21 所示。各电流组成一电流三角形。

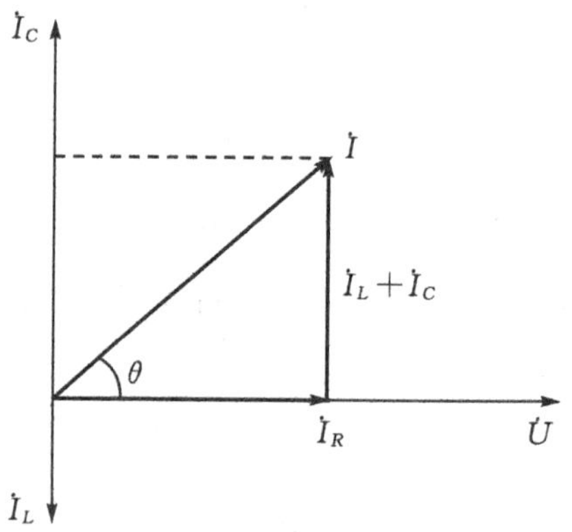

图 7－21 RLC 并联电路相量图

利用相量图也可得电压与电流关系：

$$\begin{aligned}I&=\sqrt{I_R{}^2+(I_C-I_L)^2}\\&=U\sqrt{G^2+(B_C-B_L)^2}\\&=U|Y|\end{aligned} \tag{7-79}$$

$$\theta=\arctan\frac{I_C-I_L}{I_R}=\arctan\frac{B_C-B_L}{G} \tag{7-80}$$

2. 功率

用与 RLC 串联电路同样的方法可推得以下公式

（1）瞬时功率

$$p = ui = UI[\cos\theta - \cos(2\omega t + \theta)]$$

(2)有功功率

$$P = \frac{1}{T}\int_0^T p\mathrm{d}t = UI\cos\theta = UI\cos\varphi = UI_R = U^2G = I_R{}^2R \tag{7-81}$$

(3)无功功率。当电容的无功功率定义为负值时

$$\begin{aligned} Q &= -UI_C + UI_L = -U(I_C - I_L) = -U^2(B_C - B_L) \\ &= -UI\sin\theta = UI\sin(-\theta) \\ &= UI\sin\varphi \end{aligned} \tag{7-82}$$

(4)视在功率。

$$S = \sqrt{P^2 + Q^2} \tag{7-83}$$

P，Q 和 S 组成的功率三角形与导纳三角形及电流三角形亦为相似三角形。

RLC 三个参数并联电路也是一定意义上的典型电路，若只有其中两个参数并联的电路，分析时，可视为 RLC 并联电路在 G，B_C，B_L 中某个等于零的特例。

RLC 并联电路与 RLC 串联电路，又是互为对偶的电路。在熟悉了 RLC 串联电路之后，利用对偶原理，就很容易掌握 RLC 并联电路。

例 7-5　如图 7-19(a)所示的 RLC 并联电路中，已知 $u = 100\sqrt{2}\sin 1000t$ V，$R = 12.5\ \Omega$，$L = 25$ mH，$C = 100\ \mu$F。试求电路中的电流 i_R，i_C，i_L 和 i。

解　该电路的相量模型如图 7-19(b)所示。

容纳　$B_C = \omega C = 1000 \times 100 \times 10^{-6} = 0.1$ S

感纳　$B_L = \dfrac{1}{\omega L} = \dfrac{1}{1000 \times 25 \times 10^{-3}} = 0.04$ S

由于　$\dot{U} = 100\angle 0^\circ$ V

故　$\dot{I}_R = G\dot{U} = \dfrac{1}{12.5} \times 100\angle 0^\circ = 8\angle 0^\circ$ A

$$i_R = 8\sqrt{2}\sin 1000t \text{ A}$$

$$\dot{I}_C = \mathrm{j}B_C\dot{U} = 0.1\angle 90^\circ \times 100\angle 0^\circ = 10\angle 90^\circ \text{ A}$$

$$i_C = 10\sqrt{2}\sin(1000t + 90^\circ) \text{ A}$$

$$\dot{I}_L = -\mathrm{j}B_L\dot{U} = 0.04\angle -90^\circ \times 100\angle 0^\circ = 4\angle -90^\circ \text{ A}$$

$$i_L = 4\sqrt{2}\sin(1000t - 90^\circ) \text{ A}$$

$$\begin{aligned} \dot{I} &= \dot{I}_R + \dot{I}_C + \dot{I}_L = 8\angle 0^\circ + 10\angle 90^\circ + 4\angle -90^\circ \\ &= 8 + j10 - j4 = 8 + j6 = 10\angle 53.1^\circ \text{ A} \end{aligned}$$

$$i = 10\sqrt{2}\sin(1000t + 53.1^\circ) \text{ A}$$

也可由求等效导纳再求总电流。

$$\begin{aligned} Y &= G + \mathrm{j}(B_C - B_L) = \frac{1}{12.5} + \mathrm{j}(0.1 - 0.04) \\ &= 0.08 + \mathrm{j}0.06 = 0.1\angle 53.1^\circ \text{ S} \end{aligned}$$

$$\dot{I} = \dot{U}Y = 100\angle 0^\circ \times 0.1\angle 53.1^\circ = 10\angle 53.1^\circ \text{ A}$$

7.6 阻抗的串联和并联

7.6.1 阻抗的串联

由于引入阻抗和导纳以及相量的概念，一个处于正弦稳态的二端网络，其外特性可不必写成微分方程，而直接写成以电压、电流和阻抗为参数的方程组。

阻抗的串联电路如图 7-22(a)所示。

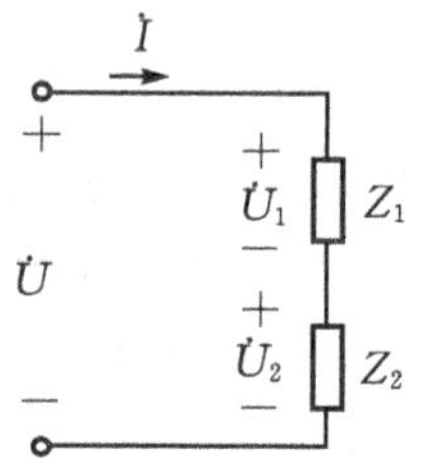

(a)阻抗串联

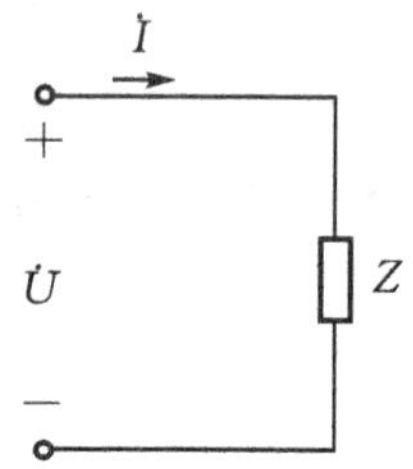

(b)等效电路

图 7-22 阻抗串联及其等效电路

阻抗的串联电路具有下列特点。

(1)各阻抗流过相同的电流

$$\dot{I} = \dot{I}_1 = \dot{I}_2 \tag{7-84}$$

(2)总电压等于各分电压之和

$$\dot{U} = \dot{U}_1 + \dot{U}_2 = \dot{I}(Z_1 + Z_2) = \dot{I}Z \tag{7-85}$$

Z 为电路的等效阻抗，如图 7-22(b)所示。

(3)等效阻抗。等效阻抗等于各串联阻抗之和

$$Z = Z_1 + Z_2 \tag{7-86}$$

一般几个阻抗串联时，有

$$Z = \sum Z_K = \sum R_K + \mathrm{j}\sum X_K = |Z| \angle\varphi \tag{7-87}$$

式中，$\sum X_K$ 中感抗 X_L 取正号，容抗 X_C 取负号。

阻抗模

$$|Z| = \sqrt{\left(\sum R_K\right)^2 + \left(\sum X_K\right)^2} \tag{7-88}$$

阻抗角

$$\varphi = \arctan\frac{\sum X_K}{\sum R_K} \tag{7-89}$$

(4)每个阻抗两端的电压(分压公式)

$$\dot{U}_1 = \frac{Z_1}{Z_1 + Z_2}\dot{U}, \quad \dot{U}_2 = \frac{Z_2}{Z_1 + Z_2}\dot{U} \tag{7-90}$$

注意：一般 $U \neq U_1 + U_2$ ，$|Z| \neq |Z_1| + |Z_2|$ 。

7.6.2　阻抗的并联

除了阻抗的串联，电路阻抗的并联电路也常见，电路如图 7-23(a)所示。

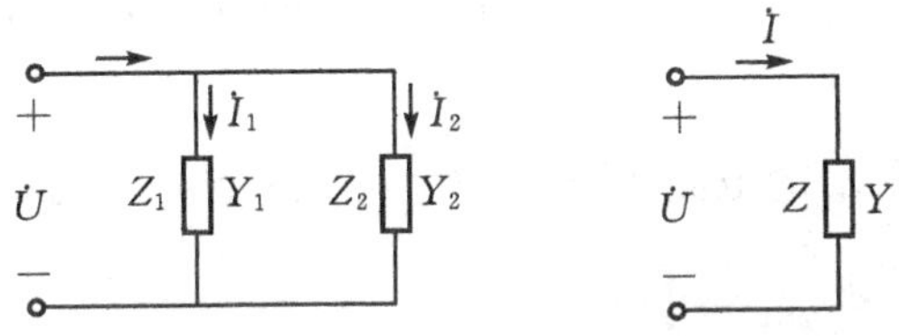

(a)阻抗(导纳)并联　(b)等效电路

图 7-23　阻抗(导纳)并联及其等效电路

阻抗的并联电路采用导纳并联分析比较方便，设

$$Y_1 = \frac{1}{Z_1}, \qquad Y_2 = \frac{1}{Z_2}$$

由于阻抗的串联电路与导纳的并联电路也是互为对偶的电路，根据对偶规则，容易推知该电路具有以下特点：

(1)各导纳两端的电压是同一电压

$$\dot{U} = \dot{U}_1 = \dot{U}_2 \tag{7-91}$$

(2)总电流

$$\dot{I} = \dot{I}_1 + \dot{I}_2 = \dot{U}\left(\frac{1}{Z_1} + \frac{1}{Z_2}\right) = \dot{U}(Y_1 + Y_2) = \dot{U}Y \tag{7-92}$$

Y 为电路的等效导纳，如图 7-23(b)所示。

(3)等效导纳

$$Y = Y_1 + Y_2 \tag{7-93}$$

即等效导纳等于并联导纳之和，一般几个导纳并联，采用

$$Y = \sum Y_K = \sum G_K + \mathrm{j}\sum B_K = |Y| \angle\theta \tag{7-94}$$

式中，$\sum B_K$ 中容纳 B_C 取正号，感纳 B_L 取负号。

$$|Y| = \sqrt{\left(\sum G_K\right)^2 + \left(\sum B_K\right)^2} \tag{7-95}$$

$$\theta = \arctan\frac{\sum B_K}{\sum G_K} \tag{7-96}$$

(4)每个导纳中的电流(分流公式)

$$\dot{I}_1 = \dot{U}\frac{1}{Z_1} = \dot{U}Y_1 = \frac{Y_1}{Y_1 + Y_2}\dot{I} \tag{7-97}$$

$$\dot{I}_2 = \dot{U}\frac{1}{Z_2} = \dot{U}Y_2 = \frac{Y_2}{Y_1 + Y_2}\dot{I} \tag{7-98}$$

值得注意：一般 $I \neq I_1 + I_2$ ，$|Y| \neq |Y_1| + |Y_2|$ 。

运用相量法分析正弦交流电路时，直流电路中的结论、定理和分析方法同样适用于正弦交

流电路。一般正弦交流电路的解题步骤如下。

(1)根据原电路图画出相量模型图(电路结构不变)。

$R \to R, L \to \mathrm{j}\omega L, C \to -\mathrm{j}\dfrac{1}{\omega C}, i \to \dot{I}_1, u \to \dot{U}, e \to \dot{E}$

(2)根据相量模型列出相量方程式(利用闭合电路的欧姆定律),并求解。

(3)将结果变换成要求的形式。

例 7-6 如图 7-24 所示的电路中,已知 $R_1 = 3\ \Omega, X_L = 4\ \Omega, R_2 = 8\ \Omega, X_C = 6\ \Omega, \dot{U} = 220\angle 0°\ \mathrm{V}$,试求电路中的电流 $\dot{I}_1, \dot{I}_2$ 和 $\dot{I}$ 。

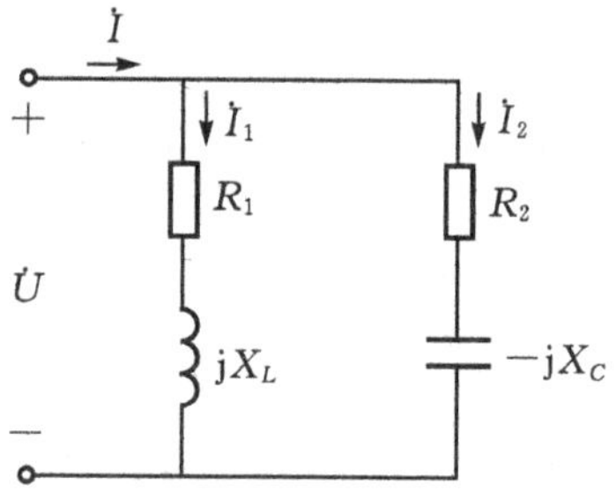

图 7-24

解

$$Z_1 = R_1 + \mathrm{j}X_L = 3 + \mathrm{j}4 = 5\angle 53°\ \Omega$$

$$Z_2 = R_2 - \mathrm{j}X_C = 8 - \mathrm{j}6 = 10\angle -37°\ \Omega$$

$$Y_1 = \frac{1}{Z_1} = \frac{1}{5\angle 53°} = 0.2\angle -53°\ \mathrm{S}$$

$$Y_2 = \frac{1}{Z_2} = \frac{1}{10\angle -37°} = 0.1\angle 37°\ \mathrm{S}$$

$$Y = Y_1 + Y_2 = 0.2\angle -53° + 0.1\angle 37° = 0.324\angle -26.5°\ \mathrm{S}$$

$$\dot{I}_1 = \dot{U}Y_1 = 220\angle 0° \times 0.2\angle -53° = 44\angle -53°\ \mathrm{A}$$

$$\dot{I}_2 = \dot{U}Y_2 = 220\angle 0° \times 0.1\angle 37° = 22\angle 37°\ \mathrm{A}$$

$$\dot{I} = \dot{U}Y = 220\angle 0° \times 0.324\angle -26.5° = 49.2\angle -26.5°\ \mathrm{A}$$

例 7-7 如图 7-25(a)所示电路中,已知 $L_1 = \dfrac{1}{3}\ \mathrm{H}, L_2 = \dfrac{5}{6}\ \mathrm{H}, C = \dfrac{1}{3}\ \mathrm{F}, R = 2\ \Omega$, $i = \sin(3t + 45°)\ \mathrm{A}$,求:电路的等效阻抗 Z 和电压 u 。

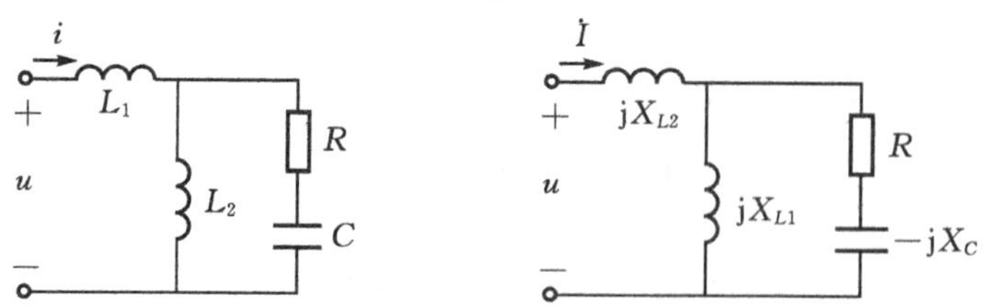

(a)电路 (b)相量模型

图 7-25

解　电路的相量模型如图 7-25(b)所示。

$$Z_1 = jX_{L1} = j\omega L_1 = j3 \times \frac{1}{3} = j\ \Omega$$

$$Z_2 = jX_{L2} = j\omega L_2 = j3 \times \frac{5}{6} = j\frac{5}{2}\ \Omega$$

$$Z_3 = R - jX_C = 2 - j\frac{1}{3 \times \frac{1}{3}} = 2 - j\ \Omega$$

$$\dot{I} = \frac{1}{\sqrt{2}}\angle 45^\circ\ \text{A}$$

两并联电路的等效导纳为

$$Y_{23} = Y_2 + Y_3 = \frac{1}{j\frac{5}{2}} + \frac{1}{2-j} = \frac{1}{5}(2-j)\ \text{S}$$

$$Z_{23} = \frac{1}{Y_{23}} = \frac{1}{\frac{1}{5}(2-j)} = (2+j)\ \Omega$$

电路的等效阻抗

$$Z = Z_1 + Z_{23} = j + (2+j) = 2 + 2j = 2\sqrt{2}\angle 45^\circ\ \Omega$$

$$\dot{U} = \dot{I}Z = \frac{1}{\sqrt{2}}\angle 45^\circ \times 2\sqrt{2}\angle 45^\circ = 2\angle 90^\circ\ \text{V}$$

$$u = 2\sqrt{2}\sin(3t + 90^\circ)\ \text{V}$$

7.7　交流电路中的谐振

前面的分析可知，在正弦交流电路中，一个含 RLC 的无源二端网络，通过阻抗的串、并联等效变换，可用一个等效阻抗或等效导纳来表示，如图 3-26 所示。

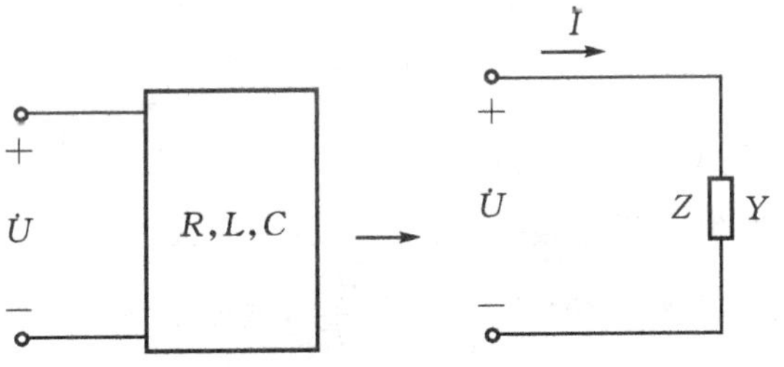

图 7-26　含 RLC 的无源二端网络及其等效电路

图中 $Z = |Z|\angle\varphi = R + jX$；$Y = |Y|\angle\theta = G + jB$

等效阻抗 Z 或导纳 Y 都是 ω（或 f）的函数，且与电路参数有关，在一定条件下，其虚部 $X = 0$（或 $B = 0$）时，$\varphi = 0$（或 $\theta = 0$），电路呈电阻性。此时，电压与电流同相，这种现象称为谐振。谐振是电路的一种特殊的工作状态，在电工和电子技术中得到广泛应用，谐振也可能产生过电压或过电流而造成设备或元件的损坏，又要注意防止。按电路连接的方式不同，谐振分为串联谐振和并联谐振。谐振发生在串联电路中称为串联谐振，发生在并联电路中则称为并联谐振。

7.7.1 串联谐振

在 RLC 串联的电路中（见图 7-15），由式（7-57）有

$$Z = |Z| \angle\varphi = R + \mathrm{j}X = R + \mathrm{j}(X_L - X_C)$$

当其虚部为零，即

$$X_L = X_C \tag{7-99}$$

此时 $\varphi = 0$，u 与 i 同相，电路发生串联谐振，式（7-99）是发生串联谐振的条件，即

$$\omega L = \frac{1}{\omega C}$$

或

$$2\pi f L = \frac{1}{2\pi f C}$$

可见，无论改变电路参数 L 或 C，还是改变频率 f（或角频率 ω）都可满足上述谐振条件，使电路发生谐振。谐振角频率和谐振频率分别用 ω_0 和 f_0 表示，则得

$$\omega_0 = \frac{1}{\sqrt{LC}} \tag{7-100}$$

$$f_0 = \frac{1}{2\pi\sqrt{LC}} \tag{7-101}$$

谐振时的相量图如图 7-27 所示。

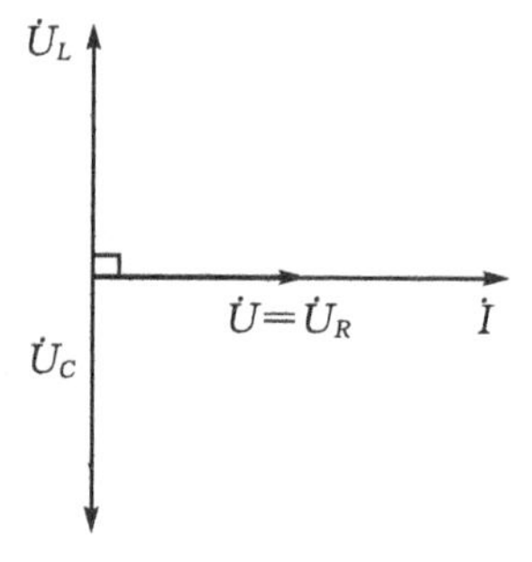

图 7-27 串联谐振相量图

电路在产生串联谐振时具有以下特点：

（1）电路阻抗模。当发生串联谐振时 $|Z| = \sqrt{R^2 + (X_L - X_C)^2} = R$，此时 Z 值最小。因此在电压 U 不变时，电流 I 最大，此时 $I = I_0 = \frac{U}{R}$，电流 I_0 称为串联谐振电流。

（2）阻抗角 $\varphi = 0$，电路呈电阻性。故有

$$P = UI\sin\varphi = UI = S$$

$$Q = UI\sin\varphi = 0$$

电源供给的能量全被电阻消耗，电源与电路不交换能量，L 和 C 间互换能量，互相补偿。

（3）由相量图可知

$$U_R = U$$

$$U_L = U_C = I_0 X_L = I_0 X_C = \frac{U}{R} X_L = \frac{U}{R} X_C$$

当串联谐振电路的感抗和容抗远大于电阻时，即 $X_L = X_C \gg R$，则

$$U_L = U_C \gg U$$

由此可以看出，当发生串联谐振时，电感和电容上的电压，可能远高于电源电压，故串联谐振又称电压谐振。由于过高的电压可能击穿线圈和电容器的绝缘，因此，在电力工程中要尽量避免发生电压谐振或接近谐振的情况。但在无线电、通信技术中，常利用串联谐振在电容或电感元件两端产生高于信号源几十倍或几百倍的电压，选择所需要的信号。例如图 7－28(a)所示的收音机调谐电路调谐在某频率或某频带，而把非调谐频率的信号滤去，这称为调谐电路的选择性，其等效电路如图 7－28(b)所示，其中 R 为调谐线圈的电阻。

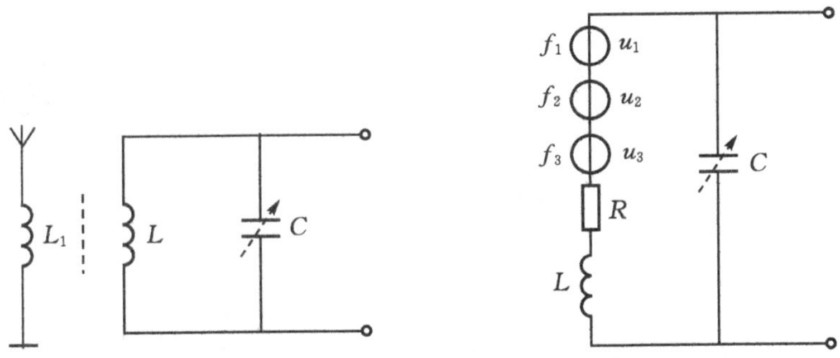

(a)调谐电路　(b)等效电路

图 7－28　收音机调谐电路及其等效果电路

天线线圈 L_1 接收到的各种不同频率的信号，在调谐线圈中感应出不同频率的信号源电压 u_1, u_2, u_3 ……，调节可变电容器 C，对所需信号频率发生串联谐振。此时 LC 调谐电路中该频率的电流最大，电容两端的电压也最大，经放大器进一步放大后，从而起到选择收听该频率电台广播的目的。

在无线电技术中，谐振电路选择性的好坏用品质因数 Q 来衡量，它的定义为

$$Q = \frac{U_L}{U} = \frac{U_C}{U} = \frac{X_L}{R} = \frac{X_C}{R} = \frac{\omega_0 L}{R} = \frac{1}{\omega_0 RC}$$

品质因数 Q 值越大，选择性越好。

7.7.2　并联谐振

在 RLC 并联电路中(见图 7－19)，由式(7－72)

$$Y = |Y|\angle\theta = G + \mathrm{j}B = G + \mathrm{j}(B_C - B_L)$$

当其虚部为零，即

$$B_C = B_L \tag{7-102}$$

此时，$\theta = 0$，u 与 i 同相，电路发生并联谐振。式(7－102)是发生并联谐振的条件，即

$$\omega C = \frac{1}{\omega L}$$

或

$$2\pi f C = \frac{1}{2\pi f L}$$

谐振频率

$$f_0 = \frac{1}{2\pi\sqrt{LC}}$$

谐振时的相量图如图 7-29 所示,可见该电路的谐振条件和谐振频率公式与 *RLC* 串联电路相同。前面已经提到,*RLC* 串联电路与 *RLC* 并联电路是互为对偶的电路,故在两个电路中发生的串联谐振和并联谐振也是互为对偶的两种电路工作状态。

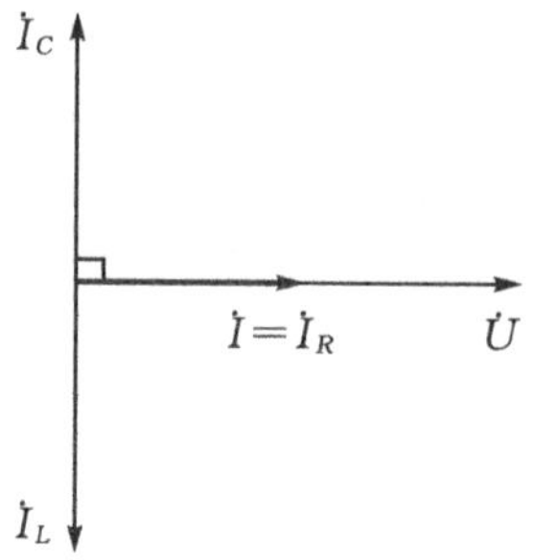

图 7-29 并联调谐相量图

根据对偶原理可知并联谐振有如下特点。

(1)电路的导纳模。在发生并联谐振时

$$|Y| = \sqrt{G^2 + (B_C - B_L)^2} = G$$

其值最小(即阻抗模最大)。在电流 I 不变时,电压 U 最大,此时

$$U = U_0 = \frac{I}{G}$$

(2)导纳角 $\theta=0$,电路呈电阻性,故有

$$P = UI\cos\theta = UI = S$$

$$Q = UI\sin\theta = 0$$

(3)由相量图可知 $I_R = I$

$$I_C = I_L = U_0 B_C = U_0 B_L = \frac{I}{G}B_C = \frac{I}{G}B_L$$

当 $B_C = B_L > G$ 时,有

$$I_C = I_L > I$$

这就是说,并联谐振时电容和电感支路电流可能大于总电流,故并联谐振又称电流谐振。并联谐振在电子技术中也有广泛的应用。

7.7.3 电磁振荡

由一个电容器 C 和一个自感线圈 L 串联而成的电路,称为 *LC* 电路。*LC* 电路中,电荷和电流、电场和磁场随时间作周期性变化的现象称为电磁振荡,电磁振荡与机械振动有类似的变化规律。产生电磁振荡的电路称为振荡电路。

1. *LC* 电路的振荡

LC 振荡电路如图 7-30 所示,先使电源给电容器充电,然后用转换电键 K 接通 *LC* 回路,在振荡电路接通的瞬间(设为计时起点 $t=0$),电容器两极板的电荷最多,板间的电场亦为最强,电场的能量全部储存在电容器中,如图 7-31(a)所示。

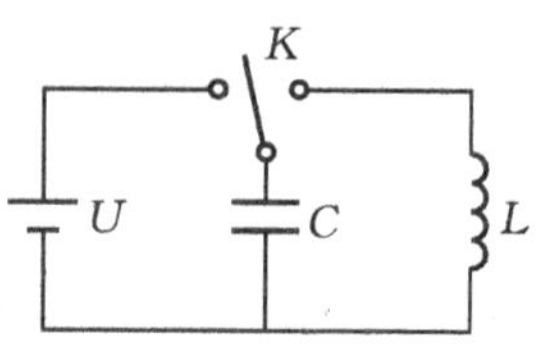

图 7-30 *LC* 振荡电器

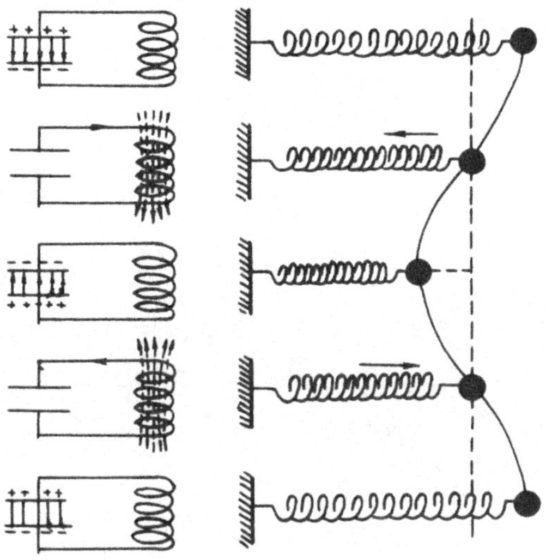

(a)　(b)

图 7－31

当电容器放电时，由于自感存在，电路中的电流将逐渐增大到最大值，电容器的两极板上的电荷也相应地逐渐减小到零。在此过程中，电流在自感线圈中激发磁场，电容器放电过程也是电能逐渐转变为磁能的过程，到放电结束的瞬间，如图 7－31(b)所示，电容器两极板间的电场能量全部转换成自感线圈中磁场的能量。

电容器放电完毕时，电路中电流达到最大值。这时，就开始对电容器反向充电。由于线圈的自感作用，随着电流的逐渐减弱到零，电容器两极板上的电荷又相应地逐渐增加到最大值。同时，磁场能量又全部转换成电场能量。

然后又通过线圈放电，电路中的电流逐渐增大，不过这时电流的方向与图 7－31 中的相反，电场能量再转换成磁场能量。然后，电容器又被充电，恢复到原状态，完成了一个完全的振荡过程。

由上述可知，在 LC 电路中，电容器不断放、充电过程，电荷和电流都随时间作周期性变化，相应地电场能量和磁场能量也都随时间作周期性变化，而且不断地相互转换着。如果电路中没有任何能量损耗(如电阻的焦耳热、电磁辐射等)，那么这种变化将在电路中一直持续下去，这种电磁振荡称为无阻尼自由振荡。图 7－31(b)中对应地画出了弹簧振子的振动过程，从上面分析，并结合图 7－31 可知，电磁振荡中的电荷及电流对应机械振动中的位移和速度；自感对应于惯性；磁场能量对应于动能；电场能量对应于势能。

下面，我们将对 LC 振荡电路中电荷和电流随时间变化的规律作定量分析。

设在某一时刻，电容器放电，极板上电荷逐渐减少，故电路中电流 $i=-\dfrac{dq}{dt}$，取图 7－31 中 LC 振荡电路中的顺时针方向为电流的正方向，电容器两极板之间的电势差应和线圈两端的电势差相等，即

$$L=\frac{di}{dt}=\frac{q}{C} \tag{7-103}$$

把 $i=-\dfrac{\mathrm{d}q}{\mathrm{d}t}$ 代入式(7-103),得

$$\frac{\mathrm{d}^2q}{\mathrm{d}t^2}+\frac{1}{LC}q=0 \tag{7-104}$$

令 $\omega^2=\dfrac{1}{LC}$,得

$$\frac{\mathrm{d}^2q}{\mathrm{d}t^2}+\omega^2q=0 \tag{7-105}$$

这是一个微分方程。因此可知,电容器上的电量也按简谐振动的规律变化,即随时间按余弦规律变化

$$q=q_0\cos(\omega t+\varphi) \tag{7-106}$$

其周期为

$$T=\frac{2\pi}{\omega}=2\pi\sqrt{LC} \tag{7-107}$$

电流的表达式

$$\begin{aligned} i&=-\frac{\mathrm{d}q}{\mathrm{d}t}=\omega q_0\sin(\omega t+\varphi)\\ &=I_0\sin(\omega t+\varphi) \end{aligned} \tag{7-108}$$

即电流随时间按正弦规律变化。这种电流就叫振荡电流。其中 $I_0=\omega q_0$ 为线圈中电流 i 的最大值(即电流振幅)。

现在我们讨论振荡电路中的电磁能。当电容器的电容为 C,带电量为 q 时,电容器储能——电场能量为

$$W_{\mathrm{e}}=\frac{1}{2}\frac{q^2}{C}=\frac{q_0^2}{2C}\cos^2(\omega t+\varphi) \tag{7-109}$$

与此同时,自感系数为 L 的线圈中通过电流为 i,在线圈中激发磁场储存的磁场能量为

$$W_{\mathrm{m}}=\frac{1}{2}Li^2=\frac{1}{2}L\omega^2q_0^2\sin^2(\omega t+\varphi)$$

因为 $\omega=\dfrac{1}{\sqrt{LC}}$,于是

$$W_{\mathrm{m}}=\frac{q_0^2}{2C}\sin^2(\omega t+\varphi)$$

而电路中每一瞬间的总能量

$$W=W_{\mathrm{e}}+W_{\mathrm{m}}=\frac{q_0^2}{2C}=\frac{1}{2}LI_0^2 \tag{7-110}$$

式(7-110)表明,在无阻尼自由振荡过程中,电场和磁场相互转化,相应地电场能量与磁场能量相互转换,但电磁总能量为恒量。

2. 阻尼振荡

在 LC 电路中,假设电阻为零且无电磁辐射,才能实现无阻尼自由振荡。事实上,任何电路都有电阻,因此,实际振荡电路为 LCR 电路(若不考虑电磁辐射),如图 7-32 所示。

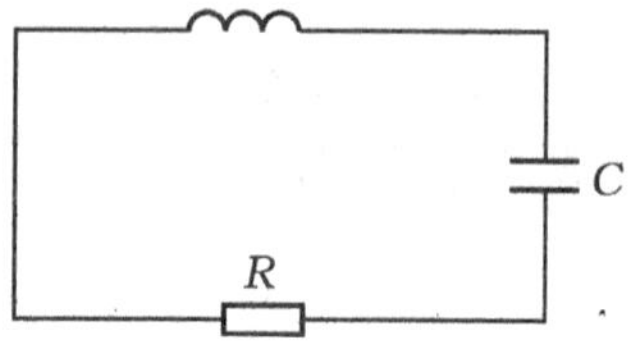

图 7-32

和机械阻尼振动进行类比,得

$$L\frac{d^2q}{dt^2}+R\frac{dq}{dt}+\frac{q}{C}=0 \tag{7-111}$$

当阻尼不大的情况下，即 $R<2\sqrt{\frac{L}{C}}$ 时，其解为

$$q=q_0e^{-Rt/(2L)}\cos(\omega' t+\varphi') \tag{7-112}$$

$$\omega'=\sqrt{\frac{1}{LC}-\left(\frac{R}{2L}\right)^2} \tag{7-113}$$

在 LCR 电路中，能量不仅以电场能和磁场能的形式相互转换，而且还因电阻 R 要转变为焦耳热，还有部分能量将以电磁波的形式辐射出去。如果电路中不用电源来补充能量，那么，在振荡过程中，电荷和电流的振幅将随时间而逐渐减小，即作减幅振荡，直至振荡最后停止。

3. 受迫振荡、电共振

如果在 LCR 电路中加入一个电动势随时间作周期性变化的电源，如图7-33所示，由于电源可以不断供给能量，即可使振荡电路中电流振幅保持不变，这种在外加周期性电动势持续作用下产生的振荡，称为受迫振荡。设电源的电动势 $E=E_0\cos\omega t$，则受迫振荡的微分方程可写成

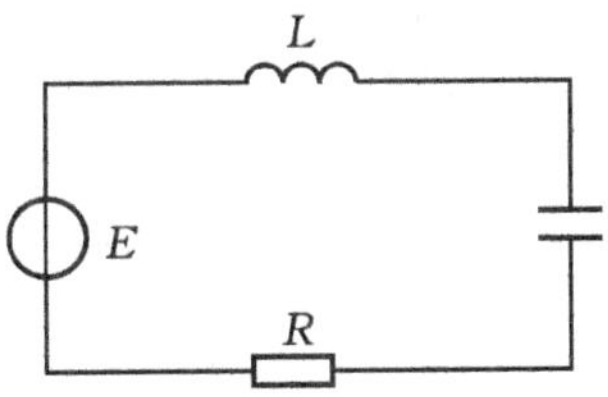

图7-33

$$L\frac{d^2q}{dt^2}+R\frac{dq}{dt}+\frac{q}{C}=E_0\cos\omega t \tag{7-114}$$

在稳定状态下其解为

$$q=q_0\cos(\omega t+\varphi) \tag{7-115}$$

我们感兴趣的是电流的振荡

$$\begin{aligned} i=\frac{dq}{dt}&=-\omega q_0\sin(\omega t+\varphi)\\ &=\omega q_0\cos\left(\omega t+\varphi+\frac{\pi}{2}\right)=I_0\cos(\omega t+\varphi')\end{aligned}$$

式中

$$I_0=\frac{E_0}{\sqrt{R^2+\left(\omega L-\frac{1}{\omega C}\right)^2}} \tag{7-116}$$

$$\tan\varphi'=\frac{\frac{1}{\omega C}-\omega L}{R} \tag{7-117}$$

可以看出，振荡电流 i 的角频率等于电源电动势的角频率，但两者相位不同。

由式(7-116)中不难看出，当电路满足条件 $\omega L=\frac{1}{\omega C}$ 时，电流将有最大振幅，即当 $\omega=\sqrt{\frac{1}{LC}}$ 时，外加电动势的频率和无阻尼自由振荡的频率相等时，电流的振幅为最大，其值为 $\frac{E_0}{R}$，这时，电流与外加电动势之间的相位差 $\varphi'=0$。这种在周期性电动势作用下，电流振幅达到最大值的现象为电共振。

7.8 功率因数的提高

电路的功率因数是发电、输电和配电中的一个重要参数。从发电、配电和输电的经济效益来看，充分利用发电设备和减小输电线上的损耗是两个重要的问题，而这两个问题都与功率因数有关。

通过前面的分析，已知交流电路的有功功率的大小不仅取决于电压和电流的有效值，而且和电压、电流间的相位差 φ 有关，即

$$P = UI\cos\varphi$$

式中，$\cos\varphi$ 为电路的功率因数，它与电路的参数有关。纯电阻电路的 $\cos\varphi = 1$，纯电感和纯电容的电路的 $\cos\varphi = 0$。一般电路中，$0 < \cos\varphi < 1$。常用电路的功率因数见表 7-2。

表 7-2 常用电路的功率因数

纯电阻电路	$\cos\varphi=1(\varphi=0)$
纯电感电路或 纯电容电路	$\cos\varphi=0(\varphi=\pm 90°)$
RLC 串联电路	$0<\cos\varphi<1$ $(-90°<\varphi<+90°)$
电动机 空载 电动机 满载	$\cos\varphi=0.2\sim0.3$ $\cos\varphi=0.7\sim0.9$
日光灯 （*RL* 串联电路）	$\cos\varphi=0.5\sim0.6$

目前，在各种用电设备中，除白炽灯、电阻炉等少数电阻性负载外，大多属于电感性负载，例如，工农业生产中广泛使用的三相异步电动机和日常生活中大量使用的日光灯、电风扇等都属于电感性负载，而且它们的功率因数往往比较低。功率因数低，会引起下列两个问题。

(1)降低了供电设备的利用率。供电设备的额定容量 $S_N = U_N I_N$ 是一定的，其输出的有功功率为

$$P = U_N I_N \cos\varphi = S_N \cos\varphi$$

当 $\cos\varphi = 1$ 时，$P = S_N$，供电设备的利用率最高；一般 $\cos\varphi < 1$，$P < S_N$；$\cos\varphi$ 越低，则输出的有功功率 P 越小，而无功功率 Q 越大，输电线上的损耗越大，电源与负载交换能量的规模越大，供电设备所提供的能量就越不能充分利用。

(2)增加了供电设备和线路的功率损耗。负载从电源取用的电流为

$$I = \frac{P}{U\cos\varphi}$$

在 P 和 U 一定的情况下，$\cos\varphi$ 越低，I 就越大，供电设备和输电线路的功率损耗就越大。因此，提高电路的功率因数就可以提高供电设备的利用率和减少供电设备与输电线路的功率损耗，具有非常重要的经济意义。

提高电路的功率因数的方法是在电感性负载两端并联电容器，如图 7-34(a)所示。以电

压为参考相量，可画出其相量图如 7－34(b)所示。

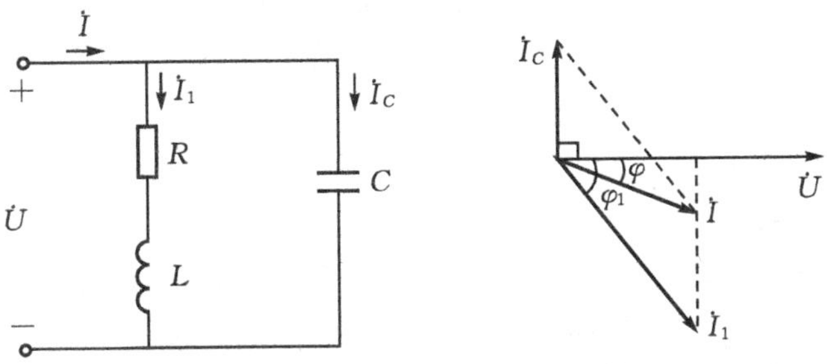

(a)电路　(b)相量图

图 7－34　提高功率因数的方法

由图 7－34 可知，并联电容前，电路的电流为电感性负载的电流 $\dot{I}_1$，电路的功率因数为电感性负载的功率因数 $\cos\varphi_1$；并联电容后，电路的总电流 $\dot{I}=\dot{I}_1+\dot{I}_C$。电路的功率因数变为 $\cos\varphi$。可见，并联电容器后，流过感性负载的电流及其功率因数没有变，而整个电路的功率因数 $\cos\varphi>\cos\varphi_1$，比并联电容前提高了；电路的总电流 $I<I_1$，比并联电容前减少了。这是由于并联电容器后电感性负载所需的无功功率大部分可由电容的无功功率补偿，减小了电源与负载之间的能量交换。但要注意，并联电容后，电路的有功功率并未改变。根据相量图可得

$$I_C=I_1\sin\varphi_1-I\sin\varphi=\frac{P}{U\cos\varphi_1}\sin\varphi_1-\frac{P}{U\cos\varphi}\sin\varphi$$

$$=\frac{P}{U}(\tan\varphi_1-\tan\varphi)$$

又因

$$I_C=UB_C=U\omega C$$

所以

$$C=\frac{P}{\omega U^2}(\tan\varphi_1-\tan\varphi) \qquad (7-118)$$

根据此公式可计算出将功率因数由 $\cos\varphi_1$ 提高到 $\cos\varphi$ 所需并联的电容器的容量。

目前我国有关部门规定，电力用户功率因数不得低于 0.9。但是，前面已经讨论过当 $\cos\varphi=1$ 时，电路发生谐振。在电力电路中，这是不允许的，通常单位用户应把功率因数提高到略小于 1。

例 7－8　有一电感性负载，接到 220 V，50 Hz 的交流电源上，消耗的有功功率为4.8 kW，功率因数为 0.5，试问并联多大的电容才能将电路的功率因数提高到 0.95？

解　据题意　$P=4.8\ \text{kW}$　$U=220\ \text{V}$　$f=50\ \text{Hz}$

未加电容时　$\cos\varphi_1=0.5$　$\varphi_1=\arccos 0.5=60°$

并联电容后　$\cos\varphi=0.95$　$\varphi=\arccos 0.95=18.19°$

$$C=\frac{P}{2\pi fU^2}(\tan\varphi_1-\tan\varphi)$$

$$=\frac{4.8\times10^3}{2\times3.14\times50\times220^2}(\tan60°-\tan18.19°)$$

$$=433\mu\text{F}$$

习 题

7-1 正弦交流电的瞬时表达式为 $e=$________；

7-2 我国工业及生活中使用的交流电频率为________，周期为________。

7-3 正弦交流电的三个基本要素是(　　　　　　　　　　　　　　)；

7-4 已知两个正弦交流电流 $i_1=10\sin(314t+30°)$ A，$i_2=310\sin(314t+90°)$ A，则 i_1 和 i_2 的相位差为________，________超前________。

7-5 有一正弦交流电流，有效值为 20 A，其最大值为________，平均值为________。

7-6 已知正弦交流电压 $u=10\sin(314t+30°)$ V，该电压有效值 U 为________。

7-7 已知正弦交流电流 $i=52\sin(314t+60°)$ A，该电流有效值 I 为________。

7-8 已知正弦交流电压 $u=2\sin(314t+60°)$ V，它的最大值为________，有效值为________，角频率为________，相位为________，初相位为________。

7-9 正弦交流电的四种表示方法是相量图、曲线图、________，________。

7-10 正弦量的相量表示法，就是用复数的模数表示正弦量的________，用复数的辐角表示正弦量的________。

7-11 已知某正弦交流电压 $u=U_m\sin(2t+30°)$ V，则其相量形式 ________ V。

7-12 在纯电阻交流电路中，电压与电流的相位关系是________。

7-13 把 110 V 的交流电压加在 55 Ω 的电阻上，则电阻上 $U=$________ V，电流 $I=$________ A。

7-14 在纯电感交流电路中，电压与电流的相位关系是电压________电流 90°，感抗 $X_L=$________，单位是________。

7-15 在纯电感正弦交流电路中，若电源频率提高一倍，而其他条件不变，则电路中的电流将________。

7-16 在正弦交流电路中，已知流过纯电感元件的电流 $I=5$ A，电压 $u=2\sin314t$ V，若 u，i 取关联方向，则 $X_L=$________Ω，$L=$________H。

7-17 在纯电容交流电路中，电压与电流的相位关系是电压________电流 90°。容抗 $X_C=$________，单位是________。

7-18 在纯电容正弦交流电路中，已知 $I=5$ A，电压 $u=\sin314t$ V，容抗 $X_C=$______，电容量 $C=$________。

7-19 在纯电容正弦交流电路中，增大电源频率时，其他条件不变，电容中电流 I 将________。

7-20 由 $R=30$ Ω，$X_L=120$，$C=39.8$ μF 组成的串联电路接到频率 $f=50$ Hz 的电源上，电阻 R 上的电压为 $U_R=60$ V，求：①电路中的电流；②总阻抗；③总电压、电感及电容上电压。

7-21 在 RLC 串联电路中，已知 $R=10$ Ω，$L=0.1$ H，$C=200$ μF，电源电压 $U=100$ V，频率 $f=50$ Hz，求电路中的电流 I，并画出电压、电流的相量图。

7-22 把一个电阻为 6 Ω，电感为 40 mH 的线圈接到 $u=100\sqrt{2}\sin200t$ 的电路上，求阻抗、电流、有功功率、无功功率、视在功率。

7-23　把一个电阻为 6 Ω，电容为 398 μF 的电容串接在 $u=2\sqrt{2}\sin(314t+\frac{\pi}{2})$ V 的电源上，求电路的阻抗、电流、有功功率、无功功率及视在功率。

7-24　一个线圈接到 220 V 直流电源上时，功率为 1.2 kW，接到 50 Hz，220 V 的交流电源上，功率为 0.6 kW。试求该线圈的电阻与电感各为多少？

7-25　有一 RL 串联电路，已知 $R=30$ Ω，$L=1.65$ H，端电压的有效值 $U=220$ V，$f=50$ Hz，求电路的功率因数和消耗的有功功率。

习题答案

第 1 章

1-1 B **1-2** B **1-3** D **1-4** D **1-5** C

1-6 1.2×10^{-5} C, 3.8×10^{-5} C

1-7 3.2×10^{4} V·m^{-1}

1-8 $E=\dfrac{\sqrt{2}\lambda}{4\pi\varepsilon_0 a}$，与水平线成 45°角

1-9 $E=-\dfrac{q}{\pi^2\varepsilon_0 R^2}$

1-10 $\dfrac{\lambda L}{4\pi\varepsilon_0\left(r^2-\dfrac{L^2}{4}\right)}$，沿带电直线指向远处

1-11 ①$1.05\ \dfrac{\text{N}\cdot\text{m}^2}{\text{C}}$；② 9.29×10^{-12} C

1-12 ①$E=0(r<R_1)$；② $E=\dfrac{\lambda}{2\pi\varepsilon_0 r}(R_1<r<R_2)$；③$E=0(r<R_2)$

1-13 ① $E_1=0,(r<R_1)$；② $E_2=\dfrac{1}{4\pi\varepsilon_0}\dfrac{q_1}{r^2},(R_1<r<R_2)$；

③ $E_3=\dfrac{1}{4\pi\varepsilon_0}\dfrac{q_1+q_2}{r^2},(r>R_2)$

1-14 设 P 点对大球球心位矢为，距小球球心为，P 点的电场相当于带正电的大球和带相同电荷密度负电的小球产生的场强之和。

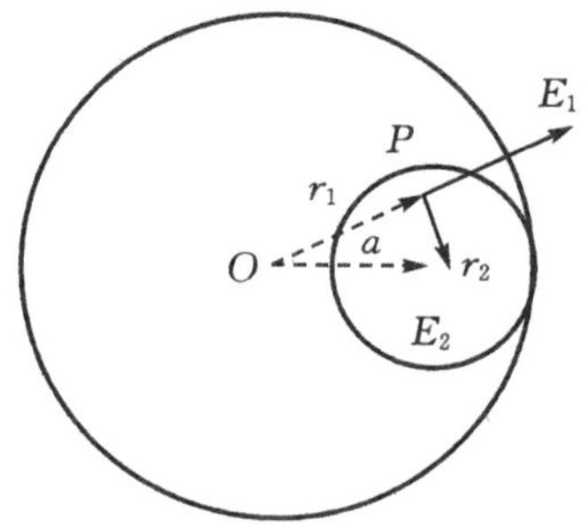

习题 6-13 答案图

(1)大球(+)在 P 点的场强可用高斯定理求得，$E_1=\dfrac{\rho}{3\varepsilon_0}r_1$；

(2)小球(−)在 P 点的场强可用高斯定理求得，$E_2=\dfrac{-\rho}{3\varepsilon_0}r_2$；

(3)叠加即得 P 点的总场强 $E=E_1+E_2=\dfrac{\rho}{3\varepsilon_0}(r_1-r_2)=\dfrac{\rho}{3\varepsilon_0}a$

1-15 $W_{ba}=-1.55\times10^{-5}$ J

1-16 ① $\dfrac{q}{6\pi\varepsilon l}$；② $\dfrac{q}{6\pi\varepsilon l}$

1-17 $U_{12}=\dfrac{\eta_e}{2\pi\varepsilon_0}\ln\dfrac{r_2}{r_1}$

1-18 $\pm\dfrac{\sigma x}{2\varepsilon_0}$

1-19 ① $0 < r \leqslant R_A$, $U_1 = \frac{Q_A}{4\pi\varepsilon_0 R_A} + \frac{Q_B}{4\pi\varepsilon_0 R_B}$;

$R_A < r \leqslant R_B$, $U_2 = \frac{Q_A}{4\pi\varepsilon_0 r} + \frac{Q_B}{4\pi\varepsilon_0 R_B}$; $R_B < r$, $U_3 = \frac{Q_A}{4\pi\varepsilon_0 r} + \frac{Q_B}{4\pi\varepsilon_0 r}$

② $U_A - U_B = \frac{Q_A}{4\pi\varepsilon_0}\left(\frac{1}{R_A} - \frac{1}{R_B}\right)$

1-20 ① $r > R$, $\frac{Q}{4\pi\varepsilon_0 r^2}$; $r < R$, 0 。 ② $r > R$, $\frac{Q}{4\pi\varepsilon_0 r}$; $r < R$, $\frac{Q}{4\pi\varepsilon_0 R}$

1-21 ① 9.0×10^4 V; ② 9.0×10^{-4} J

第 2 章

2-1 D **2-2** C **2-3** D **2-4** C

2-5 $\frac{q+Q}{4\pi\varepsilon_0 R_2}$

2-6 垂直于外表面,垂直于外表面

2-7 $\frac{U^2\varepsilon_0 S}{2d^2}$

2-8 均匀，不均匀分布

2-9 略

2-10 $\frac{1}{d}\Delta u$，金属板的位置对结果无影响

2-11 ①$1\times10^{-7}$ C，2×10^{-7} C； ②$2.3\times10^3$ V

第 3 章

3-1 A **3-2** A **3-3** A **3-4** D **3-5** A

3-6 当 $r < R_3$ 时，$E_1 = 0$；当 $R_3 < r < R_2$ 时，$E_2 = \frac{q}{4\pi\varepsilon_0 r^2}$；当 $R_2 < r < R_1$ 时，$E_3 = 0$；当 $r > R_1$ 时，$E_4 = \frac{2q}{4\pi\varepsilon_0 r^2}$

3-7 $Q_{外球壳} = 0$，$V_{外球} = \frac{q}{4\pi\varepsilon_0 r_2}$

3-8 $\sigma_1 = \sigma_4 = 6\ \mu C \cdot m^{-2}$ ，$\sigma_2 = -2\ \mu C \cdot m^{-2}$ ，$\sigma_3 = 2\ \mu C \cdot m^{-2}$

3-9 ① $\boldsymbol{E}_A = \frac{\sigma}{2\varepsilon_0}$，$\boldsymbol{E}_B = \frac{\sigma}{2\varepsilon_0}$ ，方向都是由 A 指向 B；② $\boldsymbol{E} = \frac{\sigma}{\varepsilon_0}$，方向指向 B；③ $\boldsymbol{E}' = \frac{\sigma}{2\varepsilon_0}$，方向垂直于 A 板，指向外侧）

3-10 ①各导体板带电分别为 $\frac{Q}{2}$，$-\frac{Q}{2}$，$\frac{Q}{2}$，$\frac{Q}{2}$，$-\frac{Q}{2}$，$\frac{Q}{2}$

AB 间电场为 $E_{AB} = -\frac{Q}{2\varepsilon_0 S}$ ，则 $U_{AB} = -\frac{Qd_1}{2\varepsilon_0 S}$

AC 间电场为 $E_{AC} = \frac{Q}{2\varepsilon_0 S}$ ，则 $U_{AC} = \frac{Qd_2}{2\varepsilon_0 S}$

②BC 接地后，$U_{AB} = U_{AC}$ ，各导体板带电分别为 0，$-\frac{d_2 Q}{d_1+d_2}$ ，$\frac{d_2 Q}{d_1+d_2}$ ，$\frac{d_1 Q}{d_1+d_2}$ ，

$-\dfrac{d_1Q}{d_1+d_2}$，0；

$U_{AB}=-\dfrac{d_1d_2}{d_1+d_2}\dfrac{Q}{2\varepsilon_0 S}$，$U_{AC}=\dfrac{d_1d_2}{d_1+d_2}\dfrac{Q}{2\varepsilon_0 S}$

3-11 715 V

3-12 $E_0=\dfrac{q}{4\pi\varepsilon_0}\left(\dfrac{1}{r}-\dfrac{1}{R_1}+\dfrac{1}{R_2}\right)$

3-13 $C=\dfrac{Q_0}{U}=\dfrac{\varepsilon_0\varepsilon_{r1}\varepsilon_{r2}S}{\varepsilon_{r1}d_2+\varepsilon_{r2}d_1}$

3-14 ①4 μF；②4 V

3-15 $q_a=\dfrac{Qa}{a+b}$，$q_b=\dfrac{Qb}{a+b}$；$C=4\pi\varepsilon_0(a+b)$

3-16 [证明]设夹角θ很小，且$\theta\ll\dfrac{d}{a}$，把此电容器可近似视为如图，将上极板与下极板平行的虚线极板看成近似平行的电容器，从图中可计算出板间距离。$\theta\ll\dfrac{d}{a}$，上极板面积$S=a^2\cos\theta$。

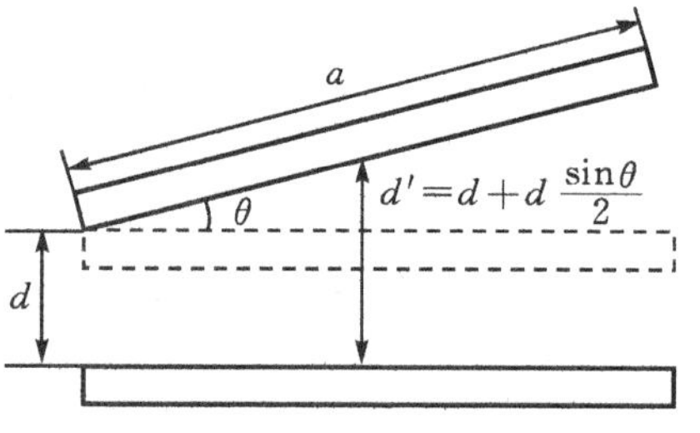

题 3-16 图

由于θ很小，有$\sin\theta\approx\theta$，$\cos\theta\approx 1$，则

$$d'=d+\frac{a\theta}{2}\text{，}s=a^2$$

由 $C=\dfrac{S\varepsilon_0}{d'}=\dfrac{a^2\varepsilon_0}{d+\dfrac{a\theta}{2}}=\dfrac{a^2\varepsilon_0}{d}\left(\dfrac{1-\dfrac{a\theta}{2d}}{1-\left(\dfrac{a\theta}{2d}\right)^2}\right)$

由于$\theta\ll\dfrac{d}{a}$，故$\dfrac{a\theta}{2d}\ll 1$和$\left(\dfrac{a\theta}{2d}\right)^2=0$。因此，命题得证。

3-17 ①设A板与B板间距离为d=0.50 mm。令$C=\dfrac{Q}{Ed}$

$$C_{AK}=\frac{Q}{E\dfrac{d}{2}}=\frac{2Q}{Ed}=2C$$

$$C_{BK}=\frac{Q}{E\dfrac{d}{2}}=\frac{2Q}{Ed}=2C$$

$$C_{AB}=\frac{Q}{Ed}=C$$

其等效电路可以看成是C_{AK}与C_{BK}串联后再与C_{AB}并联，则

$$C_{现}=\frac{1}{\dfrac{1}{C_{AK}}+\dfrac{1}{C_{BK}}}+C_{AB}=C+C=2C$$

原来的电容为$C_{AB}=\dfrac{Q}{Ed}=C$

所以被屏蔽的电容为原来的 2 倍。

(2)不妨令 A 引脚与金属屏蔽壳相碰,则等效电路是由 C_{BK} 与 C_{AB} 并联,所以 $C_{现}=2C+C=3C$,此时电容为原来的 3 倍。

3-18 4.58×10^{-2} F

3-19 3.5×10^{-5} , 1.997×10^{7} C·m^{-2} , $1.749\,6\times10^{-4}$

3-20 ① $\dfrac{4\pi\varepsilon_0 a}{\ln(R_2/R_1)}$;② $\left(\dfrac{\varepsilon_0 R_1}{a}-1\right)\dfrac{Q}{4\pi R_1^2}$

3-21 ① $\dfrac{4\pi\varepsilon_{r1}\varepsilon_{r2}RR_1R_2}{\varepsilon_2R_2(R-R_1)+\varepsilon_{r1}R_1(R_2-R_1)}$;② $\dfrac{(\varepsilon_{r2}-\varepsilon_{r1})Q}{4\pi\varepsilon_{r1}\varepsilon_{r2}R^2}$;③ $\omega_e=\dfrac{Q^2}{32\pi^2\varepsilon_0\varepsilon_1 r^4}$ ($R_1<r<R$), $\omega_e=\dfrac{Q^2}{32\pi^2\varepsilon_0\varepsilon_2 r^4}$ ($R<r<R_2$)

3-22 $W_e=\dfrac{Q^2}{8\pi\varepsilon}\left(\dfrac{1}{R_1}-\dfrac{1}{R_2}\right)$

第 4 章

4-1 C **4-2** D **4-3** B **4-4** C

4-5 13.3 mA·m^{-2}

4-6 $\dfrac{\mu_0 I}{2R}\left(\dfrac{1}{\pi}+\dfrac{1}{4}\right)$,方向:垂直纸面向外。

4-7 1.87×10^{9} A,方向:由东向西。

4-8 $\dfrac{\mu_0 I}{\pi^2 R}$,方向:Ox 轴负方向。

4-9 $\dfrac{\mu_0 Il}{2\pi}\ln\dfrac{d_2}{d_1}$

4-10 ①导线内 $r<R$, $B=\dfrac{\mu_0 Ir}{2\pi R^2}$; 导线外 $r>R$, $B=\dfrac{\mu_0 I}{2\pi r}$

② $B=\dfrac{\mu_0 I}{2\pi R}=5.6\times10^{-3}$ T

4-11 $B=\dfrac{\mu_0 I}{2\pi r}\dfrac{(r^2-R_1^2)}{(R_2^2-R_1^2)}$

4-12 $r<R_1$, $B_1=\dfrac{\mu_0 Ir}{2\pi R_1^2}$;$R_1<r<R_2$, $B_2=\dfrac{\mu_0 I}{2\pi r}$;

$R_2<r<R_3$, $B_3=\dfrac{\mu_0 I}{2\pi r}\dfrac{R_3^2-r^2}{R_3^2-R_2^2}$;$r>R_3$, $B_4=0$

4-13 $8\times10^{-14}\boldsymbol{k}$

4-14 $\dfrac{\mu_0 I_1 I_2 a^2}{2\pi b(a+b)}$,方向水平向左。

第 5 章

5-1 B

5-2 证略

5-3 ① 0;② $I\pi R^2B$,沿 Y 轴负向。

5－4 ①0.078 5 N·m 沿直径向上；②0.0785 J。

5－5 4.78×10^{3}

第 6 章

6－1 B **6－2** A **6－3** D **6－4** A **6－5** B

6－6 ① 3.1×10^{-2} V；②I 的方向为 $a\rightarrow R\rightarrow b$。

6－7 5.02 V

6－8 $\dfrac{v\mu_0 I}{2\pi}\ln\dfrac{d+L}{d}$；电动势的方向由 $a\rightarrow b$，b 端电势较高。

6－9 0.050 T

6－10 $2RvB$；端点 P 的电势较高。

6－11 ① $\sqrt{2}n\pi Ba^2$；② $2n\pi Ba^2$，$\theta=k\pi+\dfrac{\pi}{2}$（$k$ 为任意整数）；③ $\dfrac{2Ba^2}{R}$

6－12 $-N\mu_0 aI_0\cos(2\pi t)\ln\dfrac{d+b}{d}$

6－13 ① $r<R$，$E_k=-\dfrac{r}{2}\dfrac{\mathrm{d}B}{\mathrm{d}t}$；$r>R$，$E_k=-\dfrac{R^2}{2r}\dfrac{\mathrm{d}B}{\mathrm{d}t}$，故电场线的绕向为逆时针。

② $E_k=-4.0\times10^{-5}$ V·m^{-1}，逆时针方向。

6－14 俯视图中，长直载流导线的磁感应线是以其为圆心的一系列圆周，经 t 时间，矩形线框转至如习题 6－14答案图位置，则 $OA=\sqrt{c^2+a^2+2ac\cos\omega t}$。

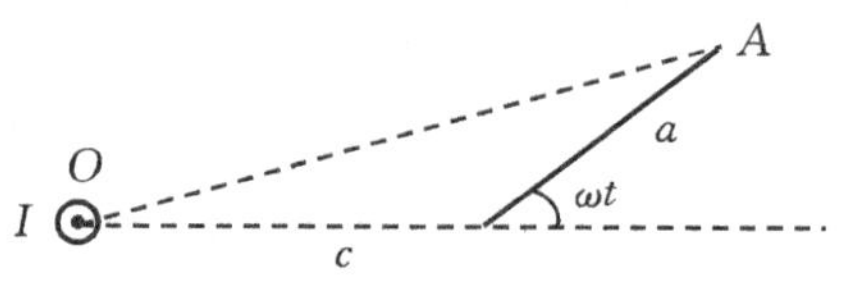

习题 6－14 答案图

经分析，距离导线 c 到 OA 的磁感应线穿过矩形线圈

$$\Phi=\int_c^{\sqrt{c^2+a^2+2ac\cos\omega t}}\frac{\mu_0 Ib}{2\pi r}b\,dr=\frac{\mu_0 Ib}{2\pi}\ln\frac{\sqrt{c^2+a^2+2ac\cos\omega t}}{c}$$

$$\varepsilon=-\frac{d\Phi}{dt}=\frac{\mu_0 Ib}{2\pi}\frac{ac\omega\sin\omega t}{c^2+a^2+2ac\cos\omega t}$$

6－15 $\varepsilon_{OA}=\varepsilon_{OC}=0$，$\varepsilon_{AC}=-\dfrac{\sqrt{3}}{4}a^2\dfrac{\mathrm{d}B}{\mathrm{d}t}$，$\varepsilon_{ED}=-\dfrac{\pi}{6}a^2\dfrac{\mathrm{d}B}{\mathrm{d}t}$，$\varepsilon_{总}=-\left(\dfrac{\pi}{6}-\dfrac{\sqrt{3}}{4}\right)a^2\dfrac{\mathrm{d}B}{\mathrm{d}t}$

6－16 $\dfrac{\mu_0 N^2 h}{2\pi}\ln\dfrac{R_2}{R_1}$

6－17 $\dfrac{\mu_0 l}{\pi}\ln\dfrac{d-a}{a}$

6－18 6.28×10^{-4} H

6－19 证略

6－20 磁能密度 $w_m=\dfrac{B2}{2\mu}=\dfrac{(\mu_r\mu_0 nI)^2}{2\mu_r\mu_0}=\dfrac{\mu_r\mu_0\ (nI)^2}{2}=12.4\ \text{J/m}^3$

总磁能：$W_m=w_m V=2\omega_m s\pi R=6.25\times10^{-4}$ J

6－21 ① $W_{emax}=W_{mmax}=4.5\times10^{-4}$ J；② $q=\pm4.3\times10^{-5}$ C

6－22 $H_y=-0.8\cos(2\pi\nu t+\dfrac{\pi}{3})$ A·m^{-1}，$\boldsymbol{S}=\boldsymbol{E}\times\boldsymbol{H}$

第 7 章

7-1 $e=Em\sin(\omega t+\varphi)$ V

7-2 0.02 ms,50 Hz

7-3 周期、最大值、初相位角

7-4 $60°,i_2,i_1$ **7-5** $20\sqrt{2}$A ,0 **7-6** $5\sqrt{2}$

7-7 $36\sqrt{2}$

7-8 $2,\sqrt{2}$,50 rad/s,$314t+60°$,60°

7-9 解析式表示法、复数表示法

7-10 最大值,初相角

7-11 $\dot{U}_{\mathrm{m}}=U_{\mathrm{m}}\angle 30°$

7-12 电压与电流同相位

7-13 110 2

7-14 超前,ωL,Ω

7-15 变小一倍

7-16 $0.566,1.8\times10^{-3}$

7-17 滞后,$X_C=\dfrac{1}{\omega C}$,Ω

7-19 增大

7-20 1 A,50 Ω,100 V,80 V,160 V

7-21 略

7-22 10 Ω,10 A,600 W,800 V·A,1000 V·A

7-23 10 Ω,0.1 A,0.06 W,0.08 V·A,0.1 V·A

7-24 40 Ω,159.2 mH

7-25 0.058,5.391 W